集成创新设计论丛

精准：

感性工学下的包装设计

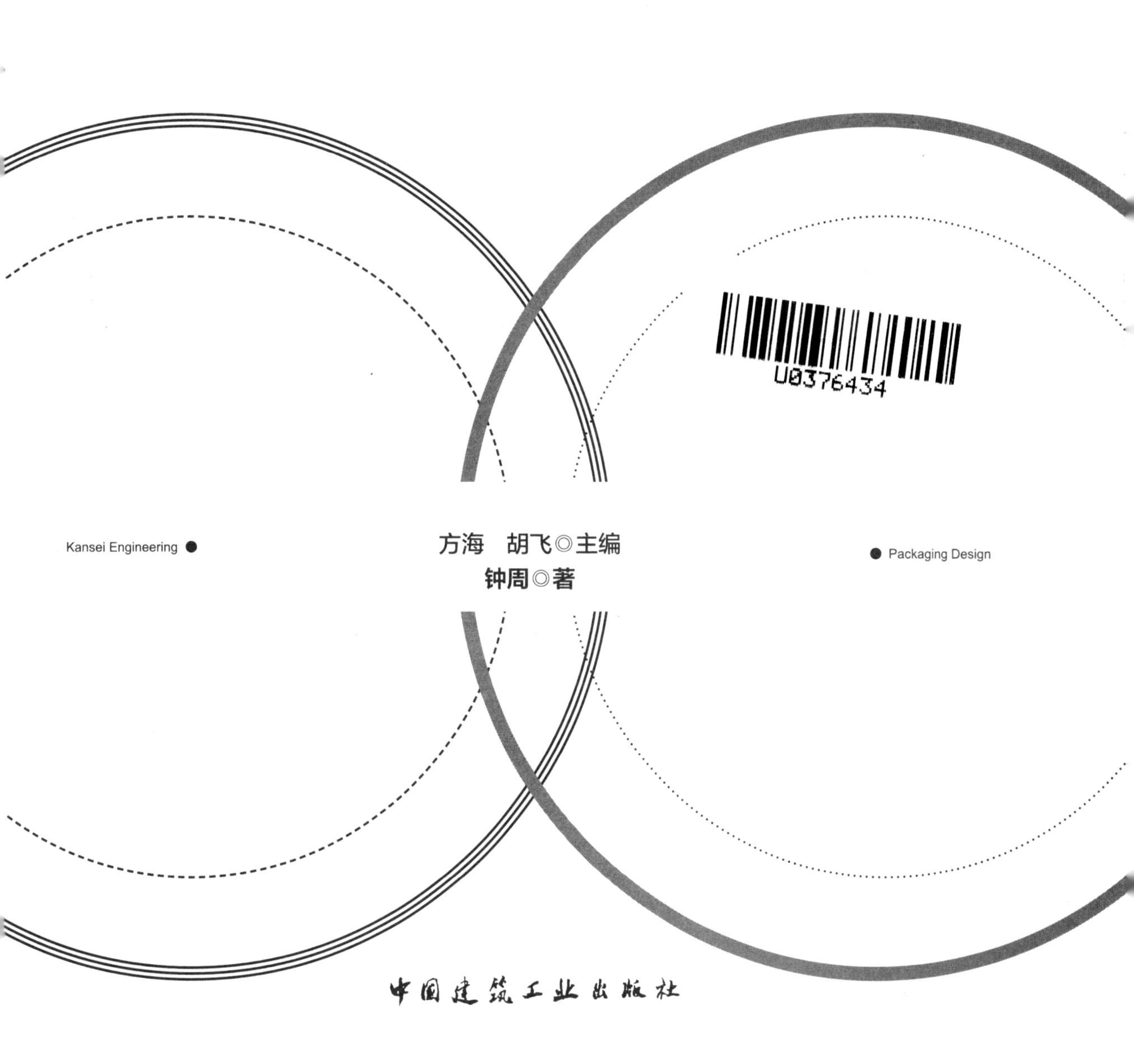

方海　胡飞◎主编
钟周◎著

中国建筑工业出版社

图书在版编目（CIP）数据

精准：感性工学下的包装设计 / 钟周著. —北京：
中国建筑工业出版社，2016.12
（集成创新设计论丛 / 方海，胡飞主编）
ISBN 978-7-112-20187-7

Ⅰ. ① 精… Ⅱ. ① 钟… Ⅲ. ① 包装设计－研究
Ⅳ. ① TB482

中国版本图书馆CIP数据核字（2016）第308334号

责任编辑：吴　绫　唐　旭　李东禧
责任校对：李欣慰　焦　乐

集成创新设计论丛
精准：感性工学下的包装设计
方海　胡飞　主编
钟周　著
*
中国建筑工业出版社出版、发行（北京海淀三里河路9号）
各地新华书店、建筑书店经销
北京锋尚制版有限公司制版
北京云浩印刷有限责任公司印刷
*
开本：787×1092毫米　1/16　印张：14¾　字数：302千字
2016年12月第一版　　2016年12月第一次印刷
定价：47.00元
ISBN 978-7-112-20187-7
（29686）

序 言

这是一个设计正在巨变的时代。工业设计正转向体验与服务设计，传达设计正转向信息与交互设计，文化创意驱动的艺术设计正转向大数据驱动的智能设计……与此同时，工匠精神、优秀传统文化正从被遗忘、被抢救转向前所未有的被追逐、被弘扬。

作为横贯学科的设计学，正兼收并蓄自然科学、社会科学和人文学科的良性基因，以领域独立性（Domain independent）和情境依赖性（Context dependent）为特有的思维方式，积极探讨设计对象、设计过程、设计结果中可靠、可信、可感、可用、可人、可意的可能性和可行性，形成有效、有益、有为的设计决策和原创成果，从而映射出从本体论、认识论到方法论、实践论的完整的设计学科形态。

广东工业大学是广东省七所高水平重点建设高校之一、首批入选教育部“全国创新创业典型经验高校”。作为全球设计、艺术与媒体院校联盟（CUMULUS）成员，广东工业大学艺术与设计学院秉承“艺术与设计融合科技与产业”的办学理念，重点面向国家战略性新兴产业和广东省传统优势产业，以集成创新为主线，经过20余年的发展与积累，逐渐形成“深度国际化、广泛跨学科、产学研协同”的教学体系和科研特色；同时，芬兰“文化成就奖”和“狮子团骑士勋章”获得者、芬兰“艺术家教授”领衔的广东省引进“工业设计集成创新科研团队”早已聚集，国家“千人计划”专家、教育部“长江学者”等正在引育，中国工业设计十佳教育工作者、中国设计业十大杰出青年也不断涌现，岭南设计人才高地正应变而生、隐约可见。

广东工业大学“集成创新设计论丛”第一辑收录了四本学术专著，即，钟周博士的《精准：感性工学下的包装设计》、甘为博士的《共振：社交网络与社交设计》、邹方镇博士的《耦合：汽车造型设计中的认知与计算》、朱毅博士的《复杂：设计的计算与计算的设计》。这批学术专著都是在作者博士论文的基础上经历了较长时间的修补、打磨、反思、沉淀，研究视角新颖，学科知识交叉，既有对设计实践活动的切身考察与理论透视，也有对设计学科新鲜话题的深入解析与积极回应。

“集成创新设计论丛”是广东省高水平大学重点建设高校的阶段性成果，展现出我院青年学人面向设计学科前沿问题的思考与探索。期待这套丛书的问世能衍生出更多对于设计研究的有益反思，以绵薄之力建设中国设计研究的学术阵地；希冀更多的设计院校师生从商业设计的热浪中抽身，转向并坚持设计学的理论研究；憧憬我国设计学界以激情与果敢，拥抱这个设计巨变的时代。

胡　飞
2016年12月
于东风东路729号

前言

2012年，广东工业大学成功从北欧引进了广东省第三批创新科研团队：工业设计集成创新科研团队，该团队开展包含新能源汽车集成设计、创意LED产品设计、节能环保技术在消费类电子产品中的应用等工业设计产业共性技术研发。经过6年的研究，该团队取得丰硕的成果，将于2017年12月进行结项验收。作为对该项目的追踪与扩展研究，本书着眼于产品包装设计的发展研究，根据目前包装设计在我国的发展现状，以源于日本的感性工学为前提，结合“精准化”的理念与技术，致力于解决目前包装设计中的定位不准、创意模糊、情感生硬、效果不佳等问题。

在21世纪，全球产品设计进入了新的发展阶段，和以前仅考虑产品功能和质量的设计不同，人们非常重视情感因素，提出了越来越多的感性诉求。在此背景下，早在1988年第十届国际人机工学会议上就已经确立的“感性工学”（Kansei Engineering）得到了长足的发展。感性工学的核心思想是情感量化与意象分析，其用工程学的方法研究人的感性，将人的感性信息用量化的方式呈现的方法得到大量学者及企业家的认同。在日本及欧美各国，感性工学在机械及日用品的设计中经常被使用，在现代产品设计中发挥着重大的作用。运用感性工学方法设计的产品也在市场中取得了显著的成绩。近年来，国内已有研究人员逐渐注意到了感性工学的应用价值，相继把大量的人力、物力投入到产品感性因素的设计与运用中，取得了一定的经验与成绩，也促进了感性工学在中国的运用与发展，为中国设计提供新的思路与方法。

与此同时，在学科交融的大背景下，艺术与技术结合的设计方法日益重要，艺术不再是不食人间烟火的阳春白雪，而是开始在各个工业领域中发挥着越来越大的作用。工业技术也开始在生硬的外表下寻找人性关怀与精神品位。于是现代工业的发展就自觉不自觉地朝着艺术与技术相结合的方向前进，而且前进的步伐越来越大，已经成了经济发展中一种新的兴奋点。包装设计也顺应这种发展潮流，呈现出了新的特点。包装是产品生产的继续，是产品制造的最后一道工序，是商品流通过程中的第一个环节，同时也是商品的脸面，是消费者认知产品的媒介。包装设计本身就是包含艺术设计与技术设计两大领域的综合性学科，它将艺术与科学结合起来，运用到产品的宣传与美化中，它不是广义的“美术”，也不是单纯的装潢，而是含科学、艺术、材料、经济、心理、市场等综合要素的集合体。当代的包装已不再单以追求使用功能为主导，如何满足消费者多元的需求（心理需求、情感需求、更高层次的审美需求、绿色需求）同时兼顾创造性的和谐、环保、健康的包装形态，是当代包装设计所面临的一个最重要课题。

另外，在经济的浪潮中，一方面产品生命周期不断缩短，产品更新换代的速度日益加快，多品种小批量的生产方式也逐渐成为企业生产的主要模式；另一方面消费者要求对产品有更多选择性，其需求的多样化、个性化成为主流，市场细分成为企业生存的必需手段。在以定位准、高质量、低成本和重环保为核心的经济发展与市场竞争中，节约资源、灵活控制、精准定位已经成为竞争的第一要素，“精准化”的设计方法势在必行。在这种形势下，精准化设计理念出现并越来越受重视。通过它人们能针对市场和客户的需求，建立科学完善的设计系统，最快、最好、最准地拿出设计方案。精准化设计是由产品信息的精准化、设计对象精准化、设计方案精准化、设计质量精准化等部分组成。精准化设计对理论与实践基础，对诸多因子的分析能力，对设计人员的合作能力等方面有较高要求。

基于以上三个时代背景及技术现状，本书从中找出关联点，立足于感性工学在情感量化、个性化定制等方面的优势，研究精准化设计的理念与方法，将其应用到包装设计领域，在艺术与技术互通的框架下实现包装的准确、有效设计，降低包装系统运作的成本，对包装的流通与使用，对产品品牌的开发、消费者的体验、人性的关怀、生态的环保等方面均能产生推动作用。

在本书的写作过程中，西安美术学院李青教授，武汉理工大学郑建启教授，华南理工大学门德来教授，广东工业大学方海教授、郭钟宁教授、陈新度教授、胡飞教授、黄华明教授、孙恩乐教授、蒋雯教授，仲恺农业工程学院的崔英德教授、尚华教授等知名专家给了我相当多的指导和帮助，他们在研究选题、研究方法、文章撰写等多个环节都给了我很多科学的方法和建议，并在感性设计方面给了我大量的资讯和数据，帮助我顺利完成了研究工作，在此表示衷心的感谢。另外，他们在为人处事方面的真诚与无私、在科学研究方面的务实与严谨，也将成为我终身学习的榜样。

最后，希望社会各界专家学者对我的研究提出批评意见，对本书提到的观点和数据进行斧正，共同促进我国在精准化设计方面的研究进程。

钟周

2016年12月

目　录

第1章

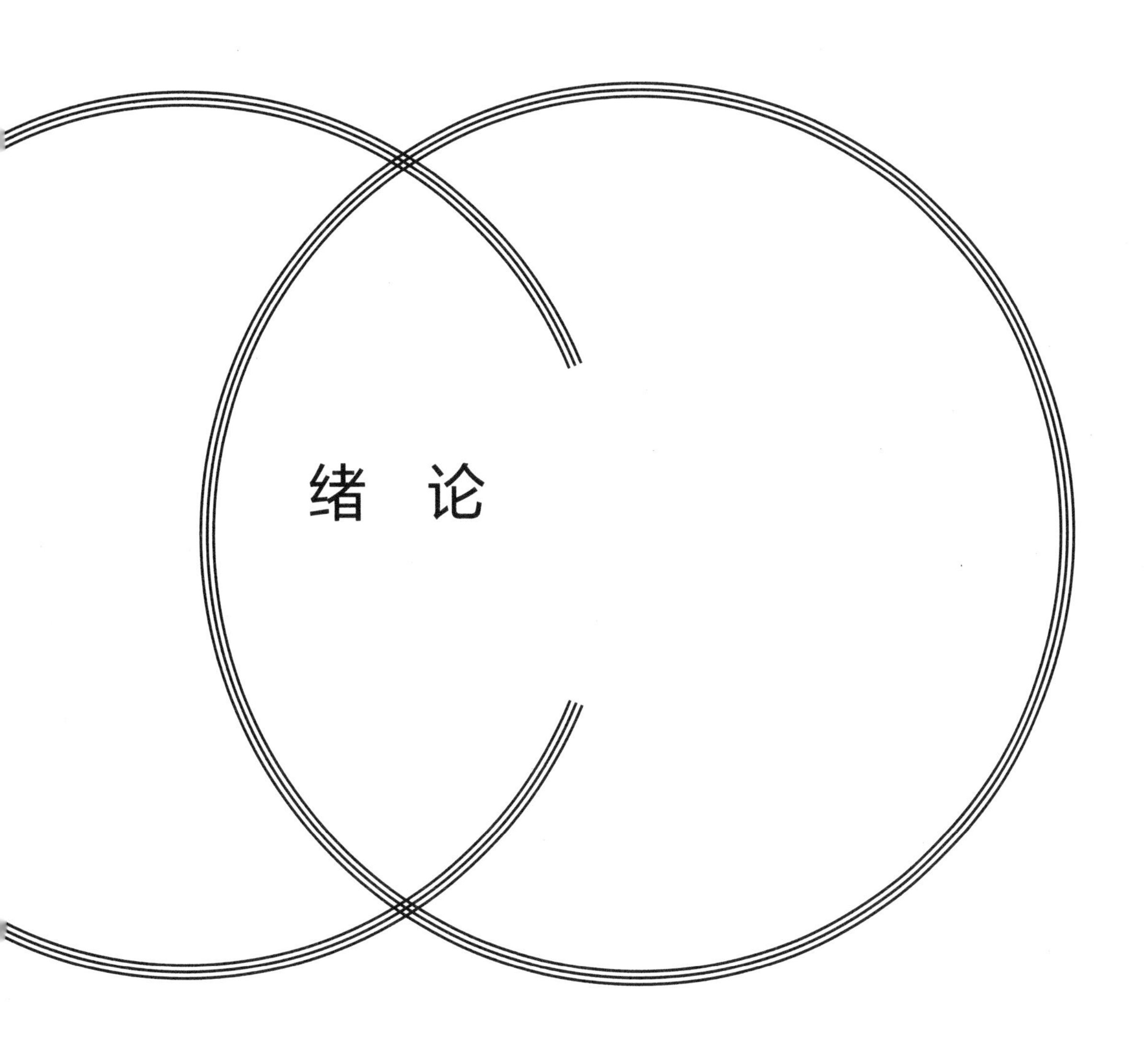

绪　论

随着中国经济的高速发展与人民群众的生活好转，各类包装的需求量在不断增加，对包装设计质量的要求也越来越高。中国包装工业在今后很长一段时间内将持续增长。预计“十二五”期间，中国包装工业的总产值可达到4500亿元，并能保持年均7%的增长速度，到2015年，其总产值可望突破6000亿元。以产品分类，中国纸包装制品产量到2015年可达3600万吨，塑料包装制品946万吨，金属包装制品491万吨，玻璃包装制品1550万吨，包装机械120万台套。包装工业正迎来更大的机会与挑战。

为了适应包装业的发展，本文从文化艺术与工业技术相结合的角度着力研究包装精准化设计的问题，以从跨学科融合的创新中为包装设计与感性工学的发展带来更多的信息参考与智力支持。

1.1 课题来源

2012年，广东工业大学成功从北欧引进了广东省第三批创新科研团队：工业设计集成创新科研团队，该团队开展包含新能源汽车集成设计、创意LED产品设计、节能环保技术在消费类电子产品中的应用等工业设计产业共性技术研发。作为对该项目的追踪与扩展研究，本课题着眼于产品包装设计的发展研究，根据目前包装设计在我国的发展现状，以源于日本的感性工学为前提，结合“精准化”的理念与技术，致力于解决包装设计中的定位不准、创意模糊、情感生硬、效果不佳等问题。

1.2 研究背景

1. **感性工学的方法在世界范围日渐盛行。**在21世纪，全球产品设计进入了新的发展阶段。对比以前仅考虑产品功能和质量的设计，人们开始重视情感因素，提出了越来越多的感性诉求。在此背景下，早在1988年第十届国际人机工学会议上就已经确立的"感性工学"（Kansei Engineering）得到了长足的发展①。所谓感性工学就是用工程学的方法研究人的感性，将人的感性信息用量化的方式呈现。感性工学的核心思想是情感量化与意象分析，它在现代产品设计中发挥着重大的作用。感性工学在设计中的机理与步骤，如图1-1所示。

在日本及欧美各国，感性工学在机械及日用品的设计中发挥着重大的作用，运用感性工学方法设计的产品也在市场中取得了显著的成绩，近年来，国内已有研究人员逐渐注意到了感性工学的应用价值，相继把大量的人力物力投入到产品感性因素的设计与运用中，取得了一定的经验与成绩，也促进了感性工学在中国的运用与发展，为中国设计提供新的思路与方法。

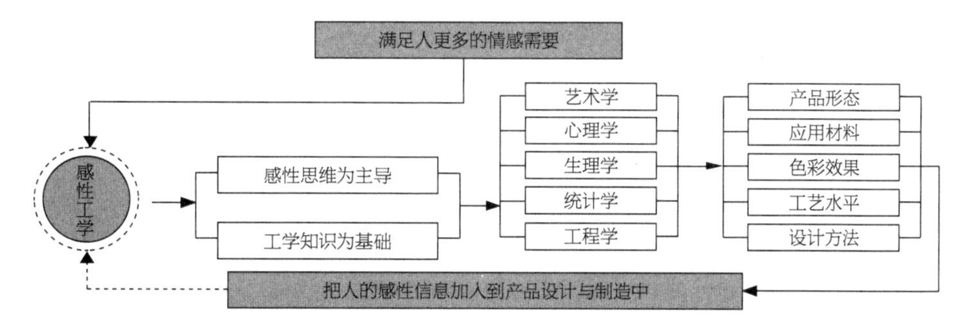

图1-1　感性工学在设计中的应用机理（作者自绘）

2. 艺术与技术结合的设计方法日益重要。在学科交融的大背景下，艺术不再是不食人间烟火的阳春白雪，而是在各个工业领域中发挥着越来越大的作用。而同时，工业技术也开始在生硬的外表下寻找人性关怀与精神品位。于是现代工业的发展不自觉地朝着艺术与技术相结合的方向前进，而且前进的步伐越来越大，已经成了经济发展中一种新的兴奋点。包装设计也顺应这种发展潮流，呈现出新的特点。

包装是产品生产的继续，是产品制造的最后一道工序，是商品流通过程中的第一个环节，同时也是商品的脸面，是消费者认知产品的媒介②。包装设计本身就是包含艺术设计与技术设计两大领域的综合性学科，它将艺术与科学结合起来，运用到产品的

① Vanja Čok, Metoda Dodič Fikfak, Jože Duhovnik. Integrating the Kansei Engineering into the Design Golden Loop Development Process[J]. ICORD'13Lecture Notes in Mechanical Engineering, 2013: 1253-1263.

② Yann R.Chemla, Douglas E.Smith.Single-Molecule Studies of Viral DNA Packaging[J].Viral Molecular Machines Advances in Experimental Medicine and Biology, Volume 726, 2012: 549-584.

宣传与美化中，它不是广义的“美术”，也不是单纯的装潢，而是包含科学、艺术、材料、经济、心理、市场等综合要素的集合体。当代的包装不再单以追求使用功能为主导，如何满足消费者多元的需求（心理需求、情感需求、更高层次的审美需求、绿色需求）同时兼顾创造性的和谐、环保、健康的包装形态，是当代包装设计所面临的一个最重要课题。

3.“精准化”的设计方法势在必行。随着经济全球化进程的加快，全球买方市场已经形成。在经济的浪潮中，一方面产品生命周期不断缩短，产品更新换代的速度日益加快，多品种小批量的生产方式逐渐成为企业生产的主要模式；另一方面消费者要求对产品有更多选择性，其需求的多样化、个性化成为主流，市场细分成为企业生存的必需手段。在以定位准、高质量、低成本和重环保为核心的经济发展与市场竞争中，节约资源、灵活控制、精准定位已经成为竞争的第一要素。

在这种形势下，精准化设计理念出现并越来越受到重视，它能够针对市场和客户的需求，建立科学完善的设计系统，最快、最好、最准地拿出设计方案。精准化设计是由产品信息的精准化、设计对象精准化、设计方案精准化、设计质量精准化等部分组成。精准化设计对理论与实践基础，对诸多因子的分析能力，对设计人员的合作能力等方面有着较高的要求。精准化设计以实现速度提升、质量提升、效益提升为发展目标，其技术体系与技术优势如图1-2所示。

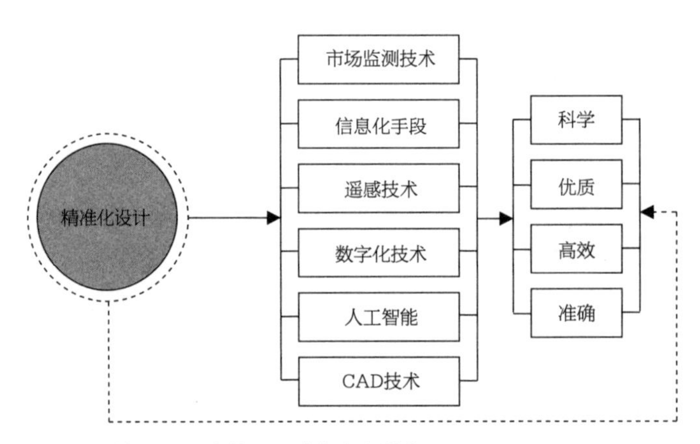

图1-2　精准化设计的原理（作者自绘）

基于以上三个时代背景及技术现状，本文从中找出关联点，立足于感性工学在情感量化、个性化定制等方面的优势，研究精准化设计的理念与方法，将其应用到包装设计领域，在艺术与技术互通的框架下实现包装的准确、有效设计，降低包装系统运作的成本，对包装的流通与使用，对产品品牌的开发、消费者的体验、人性的关怀、生态的环保等方面均能产生推动作用。

1.3 研究意义

1. 适应产品差异化的需要，促进包装行业的发展。随着社会的发展与变化，人们拥有越来越多样化的商品体系，对个性化的需求越来越大；另一方面，社会分工日益细化，工作差异越来越大。这样，制造行业面临的竞争越来越激烈，市场单一的需求将被彻底打破。当企业拿到的订单都是小批量甚至只有一件产品时，企业管理者可以做的事情就只有一个，那就是产品差异化，包括产品本身与产品包装的差异化生产。要实现产品差异化，就需要考虑如何加快对客户需求的反应，提高速度，降低成本，精致准确地设计出能够满足使用需要与体现情感特征的产品与包装。

本课题可以为包装个性化定制提供方法支持，同时扩充精准化设计的理论体系。

2. 整合“产品同心圆”，提升产品的品牌形象力。随着产品同质化的加剧，具有品牌效应的产品在市场上占据了主导地位。这让很多产品不得不注重品牌形象的建设。而产品品牌与包装存在着千丝万缕的关系，于是在产品质量领先的同时，如何在包装上体现品牌的价值成为市场对包装业发展的新要求。为产品量身定做包装，建立产品包装的文化、结构、装潢等体系，从形象、气质、品位等方面打造“产品同心圆”服务，为品牌传播带来积极效应，使产品档次得到有效提升，是包装功能的新体现。

包装精准化设计能以消费者需求为中心，以艺术展示为媒介，用精准的包装策略建立起产品与消费者之间最直接有效的沟通桥梁，创造出有品质，有个性，有丰富情感的产品形象，充分刺激终端销售，为产品营销与品牌建立带来深远的影响。

3. 优化包装产业结构，推动相关行业共同成长。从包装项目的建立到包装印刷成品的输出，再到市场流通，这是一系列复杂的过程。如何能在这个过程的每个细节中确保品质，最大限度地发挥包装的功能，满足市场的需要，并降低整体包装的成本，这就需要可行的包装精准化的设计方法。

通过提供精准化设计，我们不仅可以促进包装企业自身的成长，还可以促进材料供应商、包装生产商、经销商等相关主体的成长。对材料供应商来说，包装精准化设计能促进其对材料的开发与利用，丰富品种，扩充市场空间。于生产商来说，包装精准化设计能增加其业务量，使其生产能力得到提升[①]。对于经销商而言，精准化包装能使其在服务水平和获利能力上得到显著提高。总之，采用了精准化设计方法后，包装产业链中的各个主体不但可以降低设计、生产、采购成本，还可提高管理水平，降低库存损耗和清仓削价风险，最终提高了利润，更具市场竞争力。

---

① Jongbaeg Kim Ph.D., Yu-Ting Cheng Prof., Mu Chiao Prof., Liwei Lin Prof. Packaging and Reliability Issues in Micro/Nano Systems[J]. Springer Handbook of Nanotechnology, 2007: 1777-1806.

4．依托环保理念，引领未来包装可持续发展的方向。传统包装设计耗时耗力，不但需要投入大量人力物力，还不能保证设计质量与市场效益，容易造成产品与包装的废弃。另外，传统的包装设计不会主动将环保理念纳入设计规划中，没有能力系统地考虑环保的问题，无法有效地降低材料的损耗与废弃物的污染。本课题研究的包装精准化设计方法不但可以用科学的程序在设计中准确定位，还能将人的感性信息与生态环保进行有机结合，淘汰落后的生产方式，引领未来包装可持续发展的方向。

1.4　国内外研究现状

1.4.1　感性工学的研究与应用现状

国外许多企业早已将感性工学纳入自己的产品开发与市场研究中来。1987年，马自达位于横滨的汽车研究院成立了具有示范意义的“感性工学研究所”。紧接着，其他各大企业也纷纷效仿，如日本索尼、本田、日立、松下、三菱、佳能、爱普生等，它们都采用感性工学的方法进行产品品牌研发，取得良好效果。此外还有全球顶级日用品公司——宝洁，它也开始选择感性工学来研究消费者行为，并对产品属性进行评价与反馈，以此来指导消费品的设计工作，取得巨大的成就。

日本是最早设立感性工学的学会组织的国家，1993年日本筑波大学教授原田昭开始筹备感性工学会，到了1998年，该学会正式宣布成立。据2012年的统计数据显示，已经有3000多名来自各类大学、科研机构、设计公司和制造企业的人员加入。目前，该学会每年举行近40个主题的会议，为感性工学的发展做出了先导性的作用。

韩国也紧随其后建立了感性工学组织。但是在中国，感性工学作为一种新兴的产品研究和开发方法，却一直缺乏深入、系统的整理和研究。只有极少数的公司和学者、设计师意识到感性工学在设计过程中的重要性。他们在各种刊物发表的相关论著如下。

王怡濛2010年在艺术百家期刊发表《论感性工学的心理基础：集体无意识》，提出在如今的消费社会中，产品设计的趋势已由功能主义逐渐转变为产品语意的走向。刘胧、汤佳懿、高静2010年在现代制造工程期刊发表《基于感性工学工作流程的汽车内饰设计研究》，采用基于感性工学的产品设计方法，建立了基于感性工学的产品设计工作流程，介绍感性工学的内容和执行程序，研究感性工学在汽车内饰设计中的适用性。张仲凤、黄凯2012年在中南林业科技大学学报发表《基于感性工学的家具造型创新设计研究》，通过分析感性工学应用于家具造型创新设计的必要性，提出了基于向前定量推论式感性工学的家具造型创新设计框架。胡玉康、王景会、潘天波2012年在西南交通大学学报（社会科学版）发表《新视野：建筑感性工学的维度及其价值》，论述了建筑感性工学是建筑美学与建筑工学相结合的产物，建筑设计在感觉参数、知觉意象与听觉系统等感性工学维度上具有独特的美学理念。

从以上论著中可以看出，虽然一部分设计师通过设计实践逐步体会到用户感性的重要性，希望将感性工学作为产品研发方法运用到自己的设计实践中去，但是他们对感性工学的研究还是比较零散的，国内尚缺乏有关于感性工学的丰富深入的理论资料。

国内外的研究水平与现状如图1-3所示。

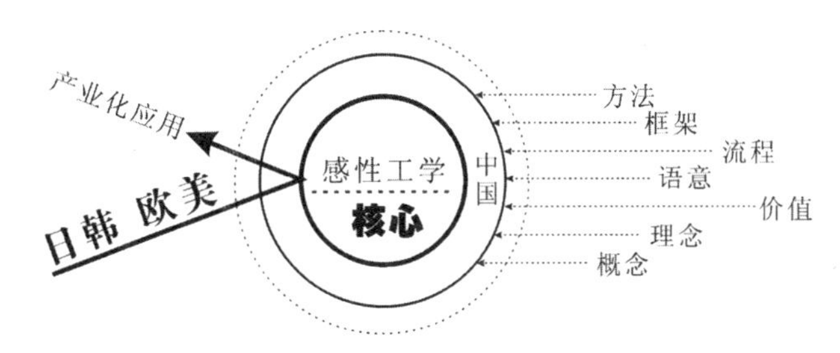

图1-3 国内外对感性工学的研究现状（作者自绘）

1.4.2 包装设计的国内外发展现状

包装行业目前仍处于高速发展阶段。2013年全球包装市场规模达5000多亿美元，预计未来五年将继续保持3.1%的复合增长率，到2018年或将超过5500亿美元。而我国则在2011年成为仅次于美国的第二包装大国，包装业在我国的发展空间巨大。

但目前我国包装仍存在着较大的不足，一是不便利包装、过度包装、虚假包装泛滥；二是市场意识缺乏，包装无法取得应有的经济价值；三是模仿成风，未走出低水平重复的泥潭（毕凤霞，2010年）。而国外的包装设计则发展得较为成熟。日本、北欧、英国、德国等世界各国的包装设计已经与本国社会、文化、生活、经济融为一体，产生了富有特色的风格。其中，北欧的国家一直重视环保和自然，很早就体现出了深厚的包装生态观；西欧的意大利时常引领世界包装文化的潮流；而亚洲的日本则走现代与传统相结合的道路，对出口产品的包装采用国际认可的设计原则，对于国内消费的包装则充分体现传统材料与精致工艺的运用，具有宁静、简约的特征；在美国，设计的商业化气息非常浓，包装设计受此影响，以流行时尚的形态博得消费者的青睐，其促销功能被发挥得淋漓尽致。

在包装设计的前沿研究方面，学界与业界更多关注的是包装设计的各种效果与评价，如乔兰2011年2月在《包装工程》中发表《包装设计的审美意境》，研究包装审美意境的营造；刘妤、顾晓菁等人2014年在《装饰》发表《包装设计效果的模糊评价研究》探索了新的评价方法。而在情感化设计与交互设计方面也引起了较大的研究热潮，很多研究生都在学位论文中有过研究，如赵漪宁在2012年的硕士论文《包装设计中情感因素的研究》、宋艳杰在2013年的硕士论文《商品包装的情感化设计研究》、张朦朦在2013年的硕士论文中也阐述了交互式设计理念在包装设计中的作用。但在情感精准化方面，国内还比较少见，国外方面，Brett Stevens，Eric Mendelsohn等人在2002年曾发表*Packing Arrays and Packing Designs*提到包装创意在矩阵中的准确表达问题；Sankar Basu，Dhananjay Bhattacharyya等人在2011年发表*Mapping the distribution of packing topologies within protein interiors shows predominant preference for specific packing motifs* 论述了包装图案在特定设计中的主要偏好分布规律问题；Giovanni Brunazzi，Salvatore Parisi等人2014年在*The Importance of Packaging Design for the Chemistry of Food Products*中提到包装设计准确性的重要程度分析方法。但在包装情感化的整体精准化设计中，目前还停留在阐述其重要性与意义的阶段，详细的应用方法与流程还有待不断探索与完善。

1.4.3 国内外精准化技术研究现状

“精准化”最早被提出是在管理与营销行业，美国人Doughtery，J D 1975年1月在Aviation，space，and environmental medicine，46期，1页：Review of aviation safety measures which have application to aviation accident prevention中首次提到精准化营销的概念。我国学界最早开始精准化研究的是在农业科技中，1998年王修伯在山东农业期刊中发表《着力发展农业现代化》一文首次提出了精准化农业的理念。而较系统地论述精准化理念则是李娟在2001年国际市场期刊中的《试试“精准化营销”》。目前我国关于精准化理论与方法的文献不多，在中国知网上检索“精准化”，仅能得到文献582篇。其中，蒙显雄、李奇2009年4月在《现代商贸工业》期刊中发表《网络广告的精准营销探析》谈了精准营销的优势；李秀峰、刘利亚等人2009年11月在《中国农业科技导报》中发表《精准化管理——我国农业信息化的下一个方向》中提出了实施精准化管理的必然性；韩冬2011年12月在《中国品牌》期刊中发表《浅谈品牌精准化色彩营销》，分析了精准营销的内涵与必要条件。

在以上的研究中，学者们从管理与营销的角度阐释了精准化的内涵、优势与实施方法，他们对精准化概念的理解比较一致，对其优势也有比较正确的认识。但这些成果多停留在表面层次，理论系统还不够深入和完善，尤其是在精准化设计方面的论述还比较欠缺。具体包括以下几个方面：

（1）**研究领域不够广**。针对管理与营销行业的研究比较多，在其他领域的研究则比较少。由此可见，精准化的理念还有比较大的发展空间，应用领域也可进一步扩大。

（2）**应用研究不够细**。对精准化的概念、内涵、前景等理论性研究比较多，对具体应用的技术、方法、工具等实践性的研究比较少，我们还可以进一步细化。

（3）**产业关联不够密**。只孤立地研究其在某一部分产业环节中的应用，缺乏对整个工业环境、市场环境与设计、生产、销售、废弃物处理等整体的把握和协调。

（4）**配套技术不够多**。只单独地研究精准化理念的本身，缺少与其他工业技术及方法配套的应用研究，与其他系统及规则的对接研究也不够。

1.5 课题的研究目标与内容

1.5.1 研究目标

扩展包装设计在快速化、精准性方面的理论，建立了一套行之有效的包装精准化设计方法，开创了包装与产品、消费者一体化精准对接的先进设计模式，并提高了针对性、灵活性与可控性。它有效地解决了目前包装设计领域中定位不准、创意模糊、资源浪费、程序复杂、反应滞后等问题。科学、高效、优质、准确地为企业提供精良的包装设计方法，适应包装“大量与多样、单向与多向、功能与精神、效率与效益”并存的发展形势。

1.5.2 研究内容

（1）**情感与量化**。扩展感性工学的相关理论和方法，扩充现有的情感量化方法，增加其他相应的情感化设计方法，使感性工学能够在更多的设计领域中得到应用。

（2）**文化与品牌**。研究包装设计的审美观并实现精准量化，同时在设计文化的背景下研究市场与品牌的精准定位问题。

（3）**定位与控制**。研究将包装材料、造型、结构、装潢等各种因素一体化精确定位的设计方法，建立相互协调与控制的设计机制。

（4）**评价与反馈**。建立包装的精准化反馈与评价系统，并时刻与设计环节相对接。

本课题的研究内容、研究框架及相互间的关系，如图1-4所示。

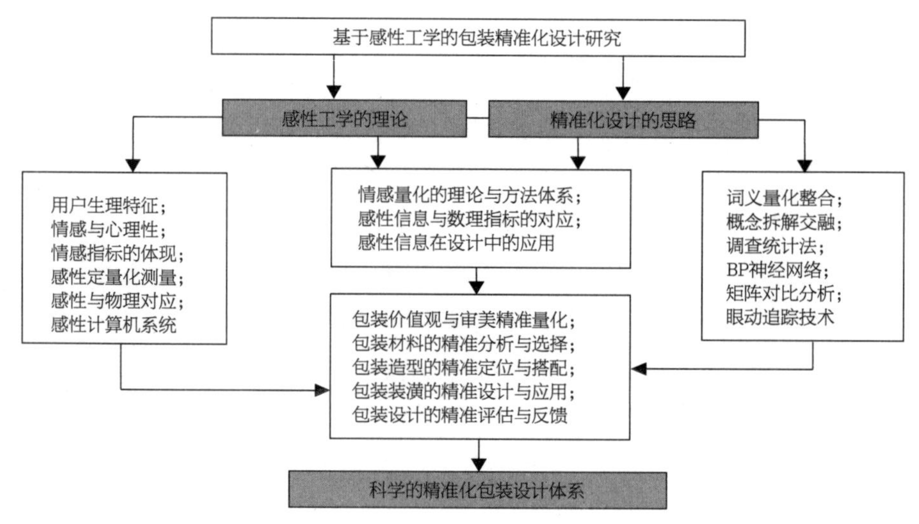

图1-4　课题研究框架（作者自绘）

1.6　课题的研究方法与技术路线

1.6.1　研究方向

（1）**宏观与微观**。宏观上分析感性工学、精准化技术与包装设计的运行环境，在宏观层面寻找其结合点与突破点；微观上探究情感量化、神经网络、阶层类比分析等方法在包装材料、结构、装潢设计领域的精准应用细节。

（2）**理论与实践**。理论上研究感性工学、精准化设计的技术原理与运行机制，并在文化内涵与审美价值的结合中研究包装设计的方法。实践上构建并实施基于感性工学的包装精准化设计体系，并进行多角度的实践尝试，检验其应用效果。

（3）**横向与纵向**。横向上综览其他设计方法的实施理念和应用效果，比较其与精准化设计方法在包装设计上的差异，建立可资借鉴的参照系。纵向上对包装精准化设计进行深入探讨，开发各种关键技术，实现理论的纵深发展。

（4）**整体与局部**。既从整个包装行业、工业设计行业和文化产业中研究我国包装设计的现状，又在具体的技术局部中深入细致地探求应用方法与技巧。

1.6.2　研究方法

（1）**文献研究法**。通过高校丰富的藏书和网络资源，对包装、感性工学、精准化设计的文献资料进行梳理和综合，从中寻找薄弱环节并掌握最新研究动态。

（2）**调查访谈法**。通过对包装企业进行实地考察和对包装业界有突出成就的人士及相关调查对象的访谈和交流，明确我国包装业存在的问题，探索改进措施。

（3）**比较研究法**。探究其他国家包装业发展的先进经验，对比分析我国现阶段产品包装中存在的问题，完善我国包装业运作体系的架构。

（4）**理论深入法**。在感性工学的理论基础上深入探讨精准化设计方法在包装领域应用的理论，寻求一定层次的突破，为其在工业应用中提供可靠的支持。

（5）**实践操作法**。选取多个有典型代表意义的包装设计方案，在包装生产企业进行实地试验，用实际的实践成果检验该法的实施效果，并对其薄弱环节进行细致的改善。

1.6.3 技术路线

（1）**研究的准备**。主要是资料的收集工作与对包装企业的联系工作，为后面的研究提供准备和支持。

（2）**研究的启动**。结合感性工学的研究状况与包装业的发展现状，从中寻找解决现存问题的理论与方法，并从大量的设计案例中发现精准化设计的优势与在包装领域中应用的可行性，全面启动相关研究。

（3）**研究的进行**。寻找感性工学的理论突破，在精准化设计方法中打破行业隔阂，联通其与相关产业的关联点，探索科学可行的方法与技术。

（4）**研究的深入**。把前阶段研究产生的理论成果在现实的包装企业中进行实践，围绕感性信息的精准化，结合包装各个部分的设计，检验其科学性与适用性。

（5）**研究的成果**。经过一系列的理论与实践研究工作后，在大量的数据与案例的基础上，提出基于感性工学的包装精准化设计方法与理论，实现既定的研究目标。

本文的总体技术路线，如图1-5所示。

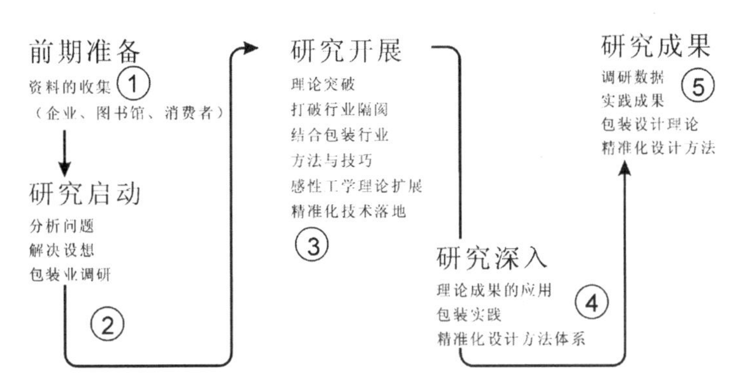

图1-5 课题研究的技术路线图（作者自绘）

第2章

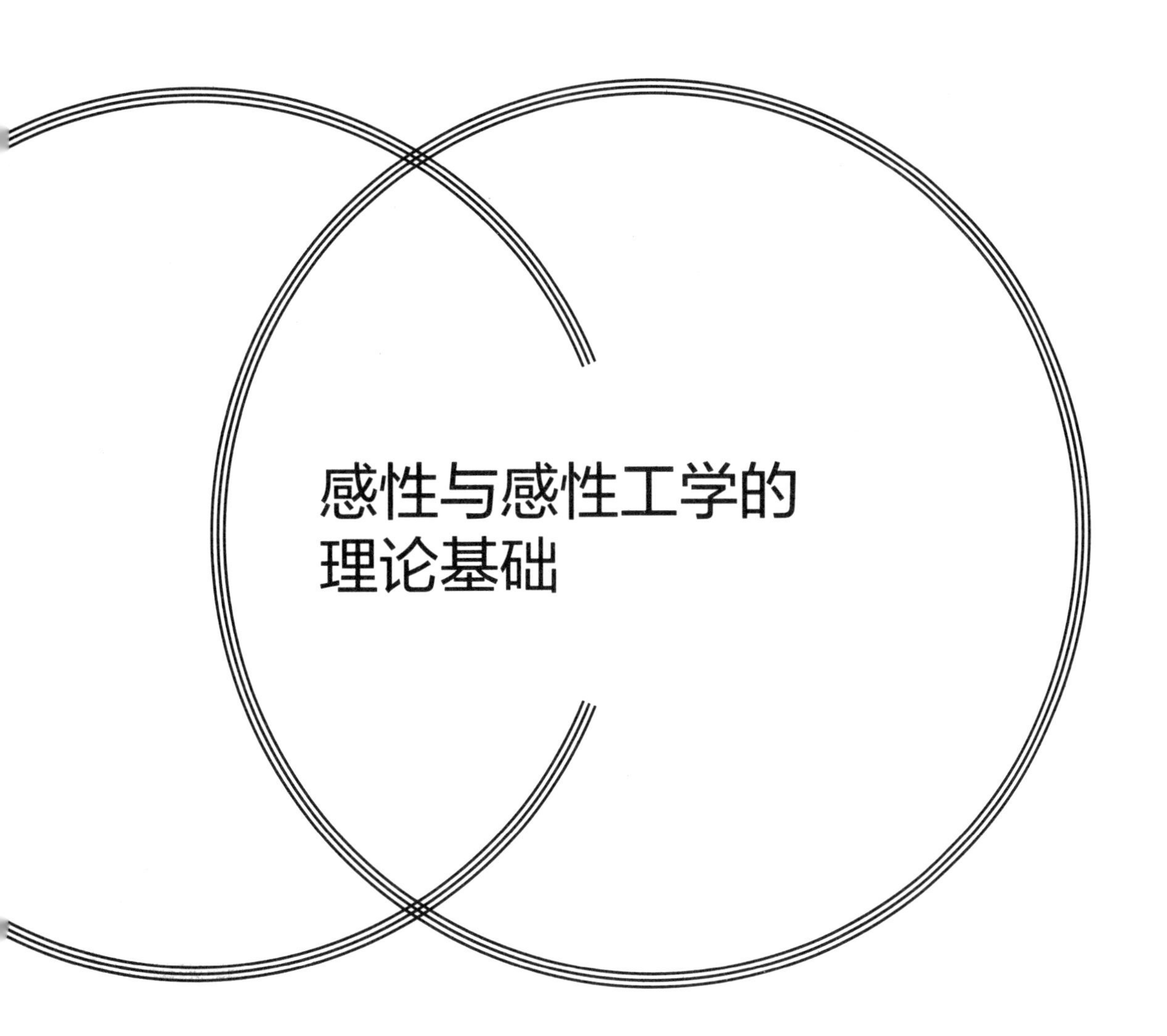

感性与感性工学的理论基础

从机器大工业代替手工作坊开始，机器便成为我们生活中不可缺少的伙伴。但用机器批量生产出来的产品缺乏情感性，已经不能满足今天人们对产品的情感要求。另外，消费者是否产生购买行为，已由单纯产品功能的具备转变为对产品整体感觉的好坏。日本人首先关注到了这个问题，并尝试了解决方法，提出了建立于数学、统计学、心理学、工程学和设计学等多门学科之上的“感性工学”这个概念，建立起设计中感性和理性之间的相互关系，将设计的理性技术与人的感性信息充分融合并加以发展，为产品设计提供了一条新的思路。

感性工学是20世纪90年代之后日本致力开拓的新学科之一，它将过去非理性、难以量化、只能定性分析、无逻辑可言的感性反应，运用现代数学方法与计算机技术加以量化，在工业生产与产品设计中发挥重大作用。长町三生①将这种技术定义为“将感性信息翻译为设计要素的技术”。感性工学作为一个独立的学科，包含了把人类情感和产品属性相互联结和转换的一系列技术。

2.1 感性的内涵与特征

随着社会生产力的提高和人们生活方式的改变，消费者对产品的要求越来越高，他们不仅要满足物理性与生理性的使用需要，更关心情感上的需求，纯粹“功能性”的产品已经无法在市场上立足了，具有“情感机能”与“对话机能”的产品才能受到人们的重视。人们的消费行为已经进入到第三个时代，即感性消费时代。

在感性消费时代，人们更多追求商品的精神价值、情感意义与心理满足，从物质

① 前日本广岛大学教授，对感性工学有突出贡献的领军人物。

消费转向对商品“现代的”、“亲近的”、“时尚的”等情感信息的“符号消费”[①]。在这样的时代下，设计师们必须充分考虑产品使用对象的审美心理，最大限度地满足用户的情感需求，并努力在产品细节中体现出来，使商品以贴心的情感服务为基础，做到“个性化”、“情感化”，才能赢得消费者的心理认同与购买行动。

2.1.1 感性的概念

《现代汉语词典》给“感性”下的定义：指属于感觉、知觉等心理活动的（跟‘理性’相对）。《辞海》将感性解释为：在实践中外界事物作用于人的感觉器官而产生的感觉、知觉和表象等直观形式的认识。从专业术语的词源看，“感性”其实是一个日文词汇，与“感性”相对应的英语词汇是“Kansei”，日本感性工学专家长町三生教授认为，“感性”是人对事物所持有的感觉或意象，是对事物心理上的感受，可诠释为“感知”、“感觉”、“印象”等人们对事物的情绪体现。

感性是人们对外界事物的最直接反应，人们通过自己的眼、耳、鼻、舌、身等肉体感官接触客观外界，引起不同的感觉，并在头脑中产生相应的印象。感性既是一个静止的概念（指人的感情与获得的某种印象），又是个动态的概念（是对事物未知的、多义的、不明确的信息从直觉到判断的过程）[②]。

2.1.2 感性的本质内涵

感性是人们认识事物与行为反应的必然存在，它表面上是人无意识的感受，但其对人们的各种行为有着极大的影响与指引作用，尤其在设计工作中，其成为必须考虑的因素。认识它的本质对我们的社会生产与生活有巨大的帮助。

（1）感性是人们对外界事物的主观印象。感性是人们运用视觉、听觉、感觉、嗅觉、味觉及思维认知等所有感官对事物、环境、状态持有的特定的感觉和意象。比如高大或矮小、美丽或丑陋、昂贵或便宜、温柔或粗暴等。这些感觉都是高度主观的，不需任何逻辑与推理便可得到，它们是人们对外界事物的直接印象。在产品设计的领域，感性就是消费者对产品的大小、颜色、功能、操作易用性以及价格等

---

① Vanja Čok, Metoda Dodič Fikfak, Jože Duhovnik.Integrating the Kansei Engineering into the Design Golden Loop Development Process[J].ICORD'13Lecture Notes in Mechanical Engineering, 2013：1253-1263.

② 李立新. 探寻设计艺术的真相[M]. 北京：中国电力出版社，2008：272-279.

所作的主观评价[①]。

（2）**感性是人们对世界万物的综合表达。**感性并非由某一感觉器官和某一时段单独产生，而是综合人的多个感觉器官之后所产生的心理反应。不但如此，这种心理反应还受以前的生活经验影响。如当你看到一辆车“很气派!”时，并非仅受到视觉的刺激，而是在经过眼睛——视觉的刺激，耳朵——听觉的鉴别，手脚——触觉的感受，大脑——记忆的对比后所得到的综合性印象。

（3）**感性是时刻变化的不确定因素。**因为感性不由某一单独的事物属性决定，而是在经过综合平衡所有属性后得出的，所以，感性不易被人们捕捉，有时甚至也难以被人们自己所察觉。美国著名现代建筑师路易·艾瑟铎·康认为“不可度量的是心理、精神。心理是通过感觉和思想表达的，我相信这总是不可度量的。”[②]人能够表达情感和思想，但是情感变化几乎是无法预知的。比如在产品研发过程中，不同于产品功能、制造工艺的确定性，人们对产品的感性具有更多的不确定因素，因为人类心理上的“感性量”和“感觉量”是个难以测定的数据。

2.1.3 感性与理性的辩证关系

就思维层面，人的活动具有感性和理性之分，感性是相对于理性而言的，感性是认识事物的最初阶段，而理性则是通过对事物的表面现象、外部环境、内在性质的联系而进行的推理判断，人们对事物的认识总要从感性阶段上升到理性阶段[③]。

感性是人的本质，只要是人的活动，都具有不同程度的情感色彩。即使科学家们在从事理性的科学研究时也有情感的活动，它们与科学家的信念及情绪有着千丝万缕的关系（图2-1），也对科研的成败有巨大的影响。事实上，很多伟大的科学家都具有极为感性的一面，如20世纪相对论之父爱因斯坦，他小提琴及钢琴造诣极高，可见感性因素在任何人的精神世界中都存在并且占据着重要地位。在现代审美评价中，我们将这种

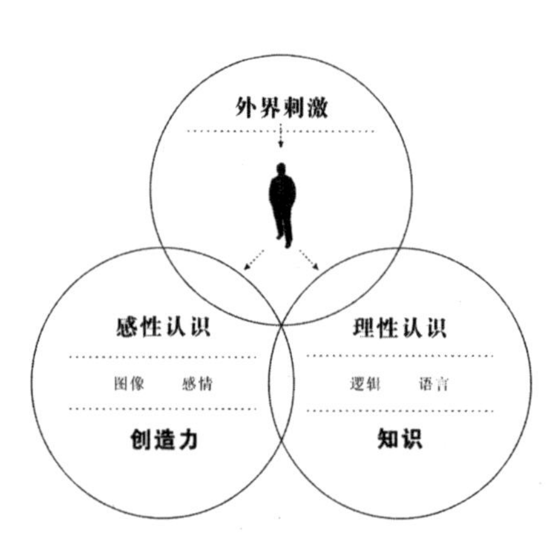

图2-1 感性及理性认识的形成与相互影响

① Mitsuo Nagamachi, Andrew S.Imada Kansei Engineering: An ergonomic technology for product development [J]. International Journal of Industrial Ergonomics, 1995,（15）: 1-74.

② [英]赫伯特·里德. 工业艺术的历史与理论[C]. 李砚祖. 外国设计艺术经典论著选读·上. 北京：清华大学出版社，2006：13-32.

③ 李砚祖. 设计新理念：感性工学[J]. 新美术，2003,（4）：20-25.

以感性为主导的行为，归之为求真的认识价值系统[①]。

人类所有的行为都是感性与理性的统一，在产品设计中，如何寻找感性与理性的良好结合点，实现经济和社会效益的最优化，是设计师的基本任务。

2.2 感性工学产生的背景

第二次世界大战之后，人们注目于人类社会和生存环境在总体上的和谐，全球设计进入了一个迅速发展的新时期，传统功能主义设计的内涵已经发生了变化，扩展为集社会、信息、环境及物质等多种因素于一体的设计新体系。众多发达国家为了达到时代提出的新要求，纷纷将设计提升到国家发展的核心层面，如美国提出“设计美国”的口号，日本实施“设计立国”的战略等[②]。

另一方面，随着信息全球化的推进，设计学开始出现与之关系密切的学科，如人机工程学、心理学、市场学、预测科学相结合。这些以人为出发点的理论与观念都为感性工学的出现与发展提供了广阔的舞台。伴随这种设计、生产、消费方式的变化，各种社会价值观、生活形态、思维方式都产生了重大变化，感性工学的诞生就与这场重大的时代变革有关，这些变革归结起来有以下四个方面。

1. 多样化生产方式的来临

20世纪初，起始于欧洲并很快蔓延到北美的工业化进程，使得当时的工业技术飞速发展，在1900～1930年之间，工业界全面进入机械化时代，机械生产的标准化、生活产品的多功能化正是当时人们所追求的。当时，企业主所关注的问题是如何谋求最高劳动生产率，扩大再生产。除了工厂的规模和企业的利润外，产品的内部协调、外表整洁、包装和装潢等都被制造厂商弃之不顾了[③]。于是，批量生产、形式统一、缺乏个性的低廉消费品大量充斥市场，人们的生活因此而失去创造性。

到了20世纪70年代中期之后，人们已不再满足于那些冰冷而机械味十足的工业产品，希望可以得到更加符合自身需求的、赏心悦目的、富有感情的产品[④]。本来因产品质量差而名声扫地的日本多家企业依赖于小批量生产的理念和先进的技术，改变了

---

① 陈望衡. 境界本体论[M]. 北京：商务印书馆，2004：09-23.
② 汤凌洁. 感性工学方法之考察[D]. 南京：南京艺术学院，2008：56-59.
③ [法]德尼・于斯曼. 工业美学机器在法国的影响[C]. 李砚祖. 外国设计艺术经典论著选读・上. 北京：清华大学出版社，2006：177-193.
④ 汤凌洁. 感性工学方法之考查[D]. 南京. 南京艺术学院. 2008：56-58.

“好的设计”的标准[①]，成为全球质量的代表，并成功打入欧美市场[②]。从此，以制造为导向、以产品为中心的生产方式逐渐转化为以市场为导向、以消费者为中心的设计方式，多样化生产制造方式的时代已经来临。

2. 多向化信息交流的形成

在旧的生产方式中，消费者是完全被动的，只能购买和接受产品制造商的现成产品。然而，信息化时代来临了，消费者不再满足于被动接受，走上了由自己做主的大舞台。

信息化时代的设计是一个开放接纳的、持续变化的过程。是制作者和消费者、设计师和社会大众平等参与的创造性行为。在这个过程中，消费者“既是观众又是演员”。由于获取和发送信息的渠道大增，以往信息的单向传播改为双向或多向的互动交流。消费者可以将自己的诉求通过多种对话方式传递到设计师和生产商处，制造商也可以通过各种信息渠道对产品进行改进和发展。在此过程中，企业关注的焦点也不再停留在物质实体本身，而是更加重视使用者的体验和感受。企业与消费者之间必须架起多向化信息沟通的桥梁，通过与使用者在社会、文化、精神等多层面上的信息交流，才能创造出受欢迎的产品。

3. 消费者需求的不断变更

在1984年前后，日本的东京理科大学有位博士叫狩野纪昭（Noriaki Kano），他在调查研究时发现消费者需求的某些变化规律，加以总结后提出了著名的Kano模型（图2-2），它用二维坐标表示消费者满意度随产品品质变化的关系，是一种能预测与反映消费者满意度走势的模型。

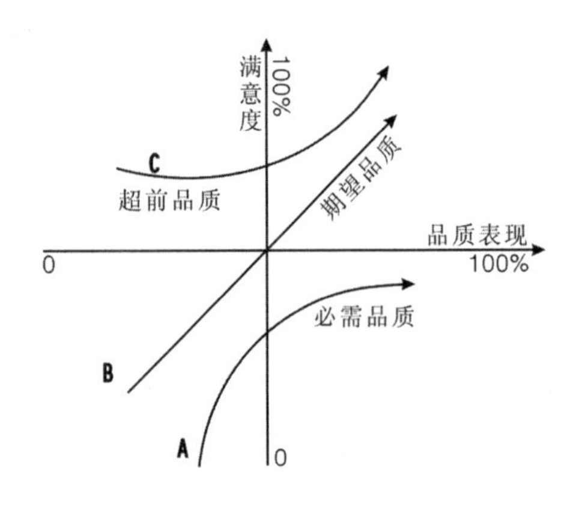

图2-2　狩野纪昭提出的kano模型

如图2-2所示，A线代表必需品质，是一些理所当然的必需需求，消费者一般不会表达出对这类品质的需要，得到满足后也不会有更高的满意度[③]；但如果得不到满足或表现欠佳，其不满情绪会急剧增加。B

① [德]弗朗索瓦·布克哈特. 什么是“好的设计”与如何表现今天[C]. 李砚祖. 外国设计艺术经典论著选读·下. 北京：清华大学出版社，2006：53-56.

② 许言，郭俊显. 品牌形象与产品造型之关系探讨[J]. 工业设计，2006，34（2）：193-199.

③ [美]汤姆·米切尔. 产品设计的错误观念[C]. 李砚祖. 外国设计艺术经典论著选读·下. 北京：清华大学出版社，2006：21-27.

线代表期望品质，消费者通常会提出对此类功能的需求，其品质好坏也会得到近乎正比的高低满意度。C线代表超前品质，这些品质即使不具备也不会让消费者产生不满，而一经满足，即使尚不完美也能使其满意度急剧上升。

所有产品都要经历这样一个特定的生命周期。当一个新功能面世时，消费者认为它是“超前品质”；当一段适应时间后消费者将其当成“期望品质”；最终该功能会出现在每个产品中，从而成为“必需品质”①。可见，消费者的需求是不断变化的，企业必须顺应消费者需求的变更，开发更加人性化、感性化的产品才能适应市场。

4. 人们环保意识的日渐加强

20世纪中期形成的大量生产、大量消费、罔顾环境的经济模式已经给人类带来了灾难性的后果，违背了人类生产的宗旨。人类生产的宗旨是创造一种优良的生活方式，而生态与环境是得到这种生活方式最基本的前提。优秀的产品设计应该有助于引导一种能与生态环境和谐共存的、可持续发展的生活方式。

人是环境的产物，产品也是环境的组成部分，优秀的产品设计在“产品——人——环境”三者之间的关系中，始终处于一种和谐有序的状态。进入20世纪下半叶后，对人友好，对环境友好的生态设计观受到重视。对人友好，指的是设计应该有利于人的身心健康，有利于改善家庭关系和社会关系；对环境友好，指的是设计在满足使用要求的同时，应考虑回收处理，减轻对环境带来的负担。

这种环保意识与对可持续发展的重视也是感性工学诞生的时代背景。

2.3 感性工学的定义

感性工学的“感性”与汉语中的“感性”来源不一样，它是明治维新时期思想家西周在论述欧洲古典哲学时提出的，因为当时英文中难以找到与日语“感性”含义相同的词语，所以用日语“感性”的音译“Kansei”代替，“感性工学”也相应地表述为“Kansei Engineering”。作为一门新兴学科，感性工学还是一个较为模糊的概念，还没有达成一个公认的权威定义，不同的学者对其有不同解释。②

---

① [德]拉哈德·莱西克. 德国设计：管理与营销的相互作用[C]. 李砚祖. 外国设计艺术经典论著选读·下. 北京：清华大学出版社，2006：297-303.

② Mitsuo Nagamachi，Andrew S.Imada Kansei Engineering：An ergonomic technology for product development [J].International Journal of Industrial Ergonomics，1995，(15)：1-74.

日本材料工学研究联络委员会所作定义为“感性工学经由解析人类的感性，有效结合商品设计技术，在商品众多特性中体现感性的因素。”

广岛大学教授长町三生所作定义为“感性工学是一种以消费者为导向的产品开发技术；一种将消费者对产品所产生的感觉或意象予以转化为设计要素的技术。”是将人们的想象及感性等心愿，翻译成物理性的设计要素，进行具体开发设计的技术①。

我国黄崇彬教授的定义是“就是要以工学的手法，将人们各种感性因素定量化，再找出该感性量和工学中的相关物理量的联系，建立高元函数关系，作为工程发展时的基础。”该感性量包含了生理上的‘感觉量’以及心理上的‘感受量’。

综合以上说法，感性工学是一种顾客导向的产品发展技术，其以工程学的方法研究人的感性，并将人们模糊不清的感性需求及意象进行量化，再找出该感性量与工学中各种物理量之间的关系。最后将人的感性信息与产品细节或服务过程结合起来进行新产品的开发研究，将这些感性信息具体转化为细部设计的形态要素（图2-3）。

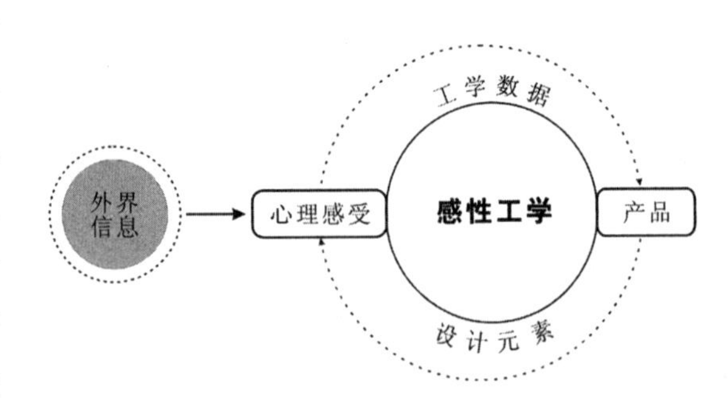

图2-3　感性工学的应用解析

因此，感性工学是一门从工程学的角度给人们带来喜悦和满足的产品设计制造科学，是以满足消费者取向为产品发展方向的技术，是一种将消费者对产品的感觉或意象转化成设计要素的方法②。

2.4　感性工学的内涵

感性工学以工程学的方法研究人的感性，并将这些感性信息具体转化为细部设计的形态要素。它除了是可以运用的设计工具外，更是可以辅助掌握人们感性的利器，其内涵有以下四方面。

① 长町三生．感性工学和方法论[M]．日本，感性工学委员会，1997：93-99.

② Nagamachi Mitsuo.Kansei Engineering and Comfort[J].International Journal of Industrial Ergonomics，1997：79-80.

1. 感性工学是一种产品研发方法

感性工学是一门以消费者取向为产品发展方向的技术，是一种将消费者对产品的感觉或意象变成设计要素的技术。感性工学运用先进的现代工具，帮助消费者表达自己的感受，甚至是一些消费者本人都没有意识到的情感，如收割机驾驶员对机器易控性的感受、保健杯使用者对健康的认识，从而帮助消费者表达出对产品的设计需求。设计师也可借助该技术准确便捷地获取消费者对产品、概念、特性的主观评价，了解消费者潜在的感受和需求，在客户满意度与生产成本之间取得平衡点，设计出好的产品。感性工学的主要任务是探讨人与物体之间的相互关系，将消费者心里的产品意象、情感和概念转译为设计方案和具体的设计参数，它是为产品设计服务的，是一种产品研发的方法。

2. 感性工学是一种人因探讨技术

人因工程学以生理学、心理学、解剖学、测量学等相关学科为基础，研究“人—机—环境”系统，使产品设计更能体现人的身心需求，实现三者总体性能的优化，使处于各种条件下的人能有效、安全、健康和舒适地进行工作与生活的科学[①]。人因工程学强调在设计和管理中充分考虑人的因素，着眼于提高人的工作绩效，防止人的失误，既要做到有利于人“安全、高效、舒适”的“机宜人”，也要考虑通过培训和管理使“人适机”，而不能片面强调任何一方面。

感性工学主要针对人们感知层次因素作研究，可将人们模糊不清的感性需求及意象转化为细节设计的要素，并实现产品设计与人的情感相互作用、相互适应、相互促进。这种技术与人因工程学有极大的交叉点，本质上也算是一种人因探讨技术。

3. 感性工学是一种感性评价系统

用户评价某种产品，是看他们在产品使用中，设计如何成功地满足用户的需求。然而，对于一般消费者来说，用恰当的语言文字来表达自己的“感性”评价并不是很容易。[②]众所周知，人的心理是通过感觉和思想表达的，是难以测量的，况且人们的感性并不只由某一种产品属性决定，而是由许多属性综合决定，因此，就连设计师有时也难以精确辨别出产品的哪些属性可以唤起人们的某种感性，并如何随着人们的情感改变而改变产品的属性。

感性工学的出现一定程度上解决了这个问题，感性工学的精髓在于以定量研究的

---

① 百度百科：http：//baike.baidu.com/view/761650.htm.

② [英]汤姆·米切尔. 产品设计的错误观念[C]. 李砚祖. 外国设计艺术经典论著选读·下. 北京：清华大学出版社，2006：21-27.

方法，以绝对理性的思路去研究感性的应用原理[①]。它结合人的感性与工程技术，以理性的工学知识为基础，以变化莫测的感性思维为主导，把人的感性评价用工学数据表示出来，帮助人们在科学评价的基础上较为准确地表达个人的需求。所以，感性工学是一种基于工学原理的评价系统。感性工学的评价原理，如图2-4所示。

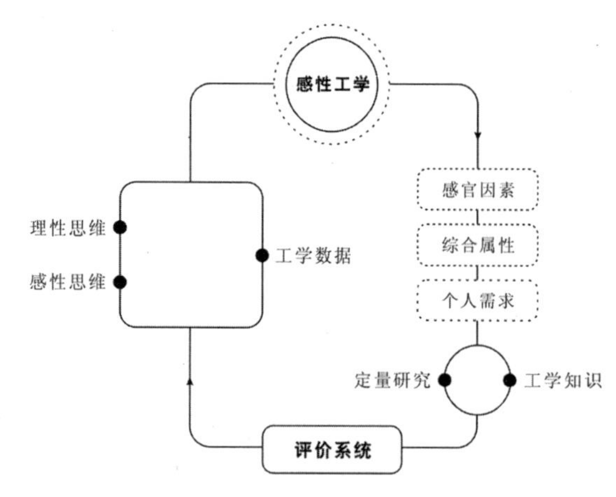

图2-4 感性工学的评价原理

4. 感性工学是一种市场定位技巧

市场定位是指根据竞争者现有产品在市场上所处的位置，针对消费者或用户对该种产品的某种特征、属性和核心利益的爱好程度与心理感受，强有力地塑造本产品与众不同、个性鲜明的形象[②]。

感性工学是一种以消费者需求为导向的产品开发技术，其核心内容就是以工程学的方法研究人的感性，并将其量化，最后将人的感性信息与产品或服务的设计要素结合起来进行新产品的开发研究。感性工学的这些功能可极大地帮助企业进行市场定位，按照消费者的性格爱好与心理状况开发产品，占据有利的市场位置。

2.5 感性工学的学科领域

传统的学科，一般其应用原理和知识范围比较固定，较少有跨学科间的协作。而设计是一种综合的作业活动，涉及的领域广泛，是由多学科的交叉和整合的活动。英国学者约翰·克瑞斯·琼斯认为："这种活动如要成功，必须将艺术、科学、数学作适当的融合，如果认为其只属于其中一种专业领域，那么设计活动就难有成功的希望。"[③]。原田昭教授认为，感性工学的综合与交叉涉及艺术科学、心理学、残疾研究、

① [美]路易·艾瑟铎·康．形式与设计[C]．李砚祖．外国设计艺术经典论著选读·上．北京：清华大学出版社，2006：241-249.

② 百度百科：http：//baike.baidu.com/view/177980.htm.

③ [英]约翰·克瑞斯·琼斯．设计方法[M]．张建成译．台北：六合出版社，1994：57-65.

基础医学、运动生理学等人文科学和自然科学的诸多领域[①]。实验心理学、认知心理学、消费心理学、神经科学、生理学、产品语义学、设计学和制造学、市场营销学等都是构成感性工学的研究领域，这些领域已不再与设计平行，没有交点的领域，成了设计过程中必须有效整合的部分。

在具体研究内容方面，现在的感性工学与20世纪80年代末并没有太大的变化，具体包括以下几个方面：

（1）从人的因素及心理学的角度去探讨用户感觉和需求种类。

（2）建立用户感性需求与生理指标的对应关系。

（3）以工学理性的手法，将用户的各种感性信息进行定量化测量。

（4）通过统计分析建立感性量与工学物理量之间的高元函数关系。

（5）从定性和定量方面在消费者的感性意象中提炼出相应的设计特性。

（6）建构材料、形态、色彩、功能等感性工学人机数据库系统。

（7）应用感性工学系统设计出符合用户感官及心理需求的产品。

（8）对于设计产品进行相应的认知工学解析。

2.6　感性工学的发展历程

与感性工学相关的研究很早就已经在日本展开。在日本物理学界原本就有“感应工学”与“诱导工学”的研究，他们直接或间接地为感性工学奠定了理论基础。

1970年，日本广岛大学町三生最先将感性分析导入住宅、汽车等工学的研究领域。

1986年，日本马自达（MAZDA）汽车公司山本健一社长在美国密西根大学世界汽车技术会议中发表题为“汽车文化论”的演讲,“感性工学”首次见诸文献[②]。马自达公司也于次年在横滨创设了“感性工学研究室”，专门探讨汽车内部装饰的感性问题。其后，日本丰田、日产和三菱汽车公司也相继成立类似研究室，积极展开感性工学在汽车工业中的应用。

1988年，长町三生在雪梨国际人因工程学会中发表论文，称其原本主张的“情绪工学”（Emotion Technology）更名为“感性工学”，并发表了其近17年来的研究成

① [日]原田昭．感性工学研究燕略[C]．清华大学艺术与科学研究中心．清华国际设计管理论坛专家论文集．2002：1-12.

② Yamamoto K.Kansei engineering-the art of automotive development at Mazda[M]. Ann Arbor：The University of Michigan，1986：1-24.

果，如《汽车的感性工学》、《感性工学与新产品开发》、《感性工学及其方法》、《快适科学》等论文或著作。这使感性工学的研究体系得以最终确立，长町三生亦成为对感性工学有突出贡献的领军人物。

日本作为感性工学的诞生地，也是该学科研究最完善和先进的国家。1995年，日本举行首届“感性工学研讨会”。1997年，“日本感性工学学会”成立。目前，日本国土交通部、日本专利局、日本产业技术综合研究所、日本索尼、本田、日立、松下电工、三菱电子、资生堂、竹中工务、佳能、爱普生、韩国科学技术院、韩国现代汽车和三星电子等都是感性工学研究与应用的生力军。

感性工学的相关研究也逐步扩展到欧美国家，他们中的许多大学和研究机构都设立了研究情感因素的研究所及相关课题。如英国的诺丁汉大学，其人类工效研究室的建立时间较长，是较为知名的研究机构。此外还有瑞士的日内瓦大学、比利时的布鲁塞尔自由大学、英国的伯明翰大学、美国的伊利诺斯州立大学等众多单位都设立感性工学研究室并取得一系列的成果。在企业方面，美国福特汽车公司、德国的波尔舍汽车公司和意大利的菲亚特汽车公司都热衷于感性工学的应用研究①。

近年来我国也陆续开始对感性工学进行研究，清华大学美术学院、西安交通大学、浙江大学等相继都发表了相关论文，并和日本合作开展相关研讨。中国美术学院则为工业设计专业开设了相关课程，讲授感性工学的概念与方法。台湾的成功大学、云林科技大学、台北科技大学和交通大学等也正在进行相关的感性工学应用的研究。

尽管感性工学作为一种有效的人机工程技术已经取得了一定的研究与应用成果，但其出现在设计领域时间不长，所涉及的内容还远远不足，仍有大量问题等待解决，所以对其的研究仍处于初级阶段，需要更多的学者、设计师来关注与研究。

2.7 感性工学的应用领域

感性工学最初运用在汽车设计上，现在已经运用于包括日用品、室内环境、视听产品等广泛领域，如图2-5所示，是感性工学的应用汇总。

如图2-5所示，只要与“感”有关的，如听觉、味觉、嗅觉、视觉、触觉等五感延伸出的一系列感性设计方法都基于感性工学体系。下面对其主要实用领域做简要阐述。

---

① Viviane Gaspar Ribas EL Marghani，Felipe Claus da Silva，Liriane Knapik，Marcos Augusto Verri.Kansei Engineering：Methodology to the Project Oriented for the Customers[J].Emotional Engineering vol.2.2013：107-125.

1. 车辆设计制造领域

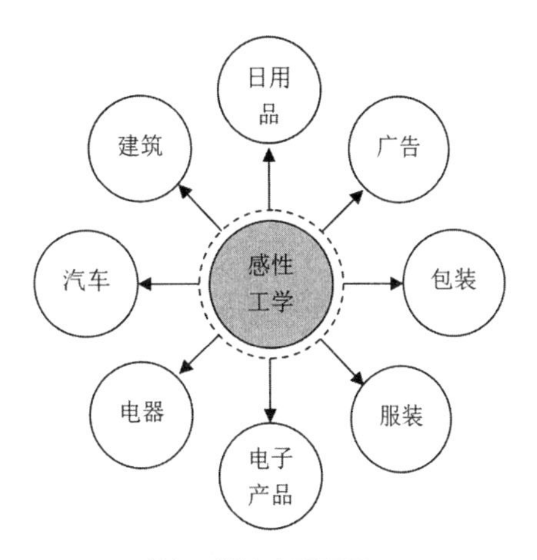

图2-5 感性工学的应用图示

感性工学在日本首先是在汽车产业中应用的，当时马自达、三菱、丰田、本田汽车都积极开展有关感性工学的研究。它们将感性、舒适、方便、愉悦作为车辆设计的出发点，通过分析消费者的心理来努力突破造型的外部形式①。马自达追求个性化的车内装饰，设计出符合使用者需要的宽敞感和舒适感。三菱汽车则将感性化的驾驶台设计作为研发中心。此外，韩国现代汽车、美国福特汽车、德国波尔福汽车与奔驰汽车、意大利的菲亚特公司等都成为感性工学的使用者和探索者。

日本及英国的一些院校还与企业合力进行有关汽车外观、内部装饰、汽车仪表盘、速度表和方向盘设计等方面的研究。

2. 电子电器设计制作领域

日本不仅在汽车工业领域，在电子电器的设计制造领域也贯穿着感性工学方法的应用。夏普公司对摄像机的表面液晶显示屏进行了感性设计，三洋电器对彩色打印机的色彩系统进行了优化设计②。另外，还有日本松下和富士、韩国LG和三星电子、瑞士的伊莱克斯等都将感性工学运用到产品的研发过程中。

3. 服装纺织品设计领域

服装是跟人体直接接触的物品，其对设计的要求更高，因此感性工学在应用到服装类产品设计时更加讲究。很多服装品牌都设立了专门的人体科学研究机构，力争在新产品的研发中找到创意的源泉。

如华歌尔、乔治·阿玛尼、范思哲、夏奈尔等都先后投入巨资研究不同消费者的体形、尺寸、结构等特征，用完整的计测方法采集数以万计的人体数据。这些庞大的数据成了服装设计生产的基础，为新产品的不断问世立下了汗马功劳。

---

① Nagamachi Mitsuo.Kansei Engineering：A new ergonomic consumer-oriented technology for product development[J].International Journal of Industrial Ergonomics，1995：3-11.

② Tetsuo Hattori，Hiromichi Kawano.Information Theoretic Methodology for Kansei Engineering：Kansei Channel and SPRT[J].Biometrics and Kansei Engineering，2012：233-258.

4. 包装广告设计领域

1995年，日本研究者神藤富雄对咖啡罐、啤酒瓶、牛奶瓶等包装外观进行了感性设计，使包装颜色的设定、标识形状的创意更能体现产品特色。长町三生也对日本Milbon女性美发护发产品的包装设计进行了市场调研和感性评价。

英国Faraday包装公司联合英国利兹大学一起为宝洁公司的产品进行了包装的感性分析，通过测量人们对不同质地、形状、颜色的包装样本的反应提出了一系列新的包装理念，接着再运用感性工学对这些理念进行设计体现。另外，德国维尼雅化妆品在包装设计中也运用了感性评价方法进行分析研究。

5. 其他产品设计领域

除了以上这些产品设计领域外，感性工学方法在其他工业产品领域也有所涉及，例如剪草机的把手设计，起重机的按钮使用力度研究，婴儿车的刹车装置等。涉及的公司有日本的小松机械、松本电工等。

在建筑设计领域，感性工学也为解决桥梁与周边环境融合问题提供了办法。另外，1997年长町三生为厨房设计建立了感性工学支援系统，1998年日本群马大学西川向一对家庭浴室设计进行了感性检验等，感性工学的应用领域相当宽泛。

2.8 感性工学的实施方法

要使感性工学有效实施，必须根据从人机工学中测量的数据和心理学中的理论来了解消费者对相关产品的真实感受，并由消费者的综合感受来捕捉其各种喜好的信息，同时建立起一种人机工学的技术用以满足社会的转变以及人们的喜好倾向[①]。感性工学的应用过程如图2-6所示，首先收集感性词汇，将其进行处理后形成各类数据库，再通过一定的规则对应到设计元素，最终输出产品[②]。

在感性工学的应用中，我们必须建立科学的分析方法与应用工具，这其中涉及定性分析与定量分析，还有数据库的应用问题，下面详述如下。

---

① 李砚祖. 设计新理念：感性工学[J]. 新美术，2003：22.

② 长町三生. 感性工学和方法论[M]. 日本：感性工学委员会，1997：93-99.

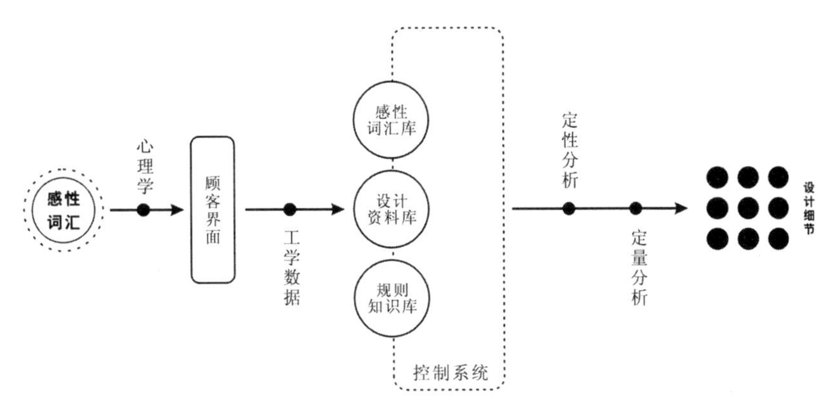

图2-6 感性工学应用的系统图

2.8.1 定性与定量分析

任何事物都具有质的规定性与量的规定性两个方面，是质与量共同定义的统一体。其中质主要用于区别其他事物的本质特性，而量是事物在规模、程度与比例中的存在状况。质可用文字描述，用定性分析的方法进行研究；而量则需用数值表示，用定量分析的方法进行描述。

1. 定性分析

定性分析是对事物在质的方面进行的分析，其通过对各种现象、事物、信息进行去伪存真的提取加工，由表及里地认识事物的本质现象，寻找其内在规律，研究事物的性质、相互关系以及运动发展。定性分析以经验、常识、感觉等定性材料为加工对象，以大量的事实为基础，用普遍认可的公理或逻辑，从内在规律及矛盾变化的角度出发，阐释所对应的事物。定性分析常用主观描述性的语言表达分析结果，只是感觉性的描述，具有不确定性。

定性研究的方法主要有抽象与具体、分析和综合、归纳与演绎等三种，研究层次有两个，一是缺少数据支撑的纯定性分析，以概括性的结论为成果，具有明显的思辨色彩；二是结合定量分析进行研究，是更高级别的层次，在现实研究中经常使用。定性分析可以为定量研究明确对象及性质，分析事物量变与质变的关系与原因。

2. 定量分析

在科学研究中，我们必须通过相关方法来获取各种不同的指标参数，体现事物的数量、效率、质量、速度等情况，对研究对象作出科学的鉴别与判断。定量分析就是这样的方法之一。

定量分析主要运用数学和符号化的方法，有目的地收集研究对象或其某种属性的量化信息，对其进行抽象的分析或精确的计算和比较，达到认识事物或现象的数量特征，揭示其内在规律的要求，是对事物或现象在“量”方面的分析，又称量化分析①。定量分析就是以数字化信息为基础进行分析，主要搜集用数量表示的资料或信息，并对其进行测算、检验和分析，最后获得精确量化的结论。定量分析是科研活动中的常用方法，其可以测定研究对象的多项特征数值，并把不同对象的特点作量化比较，由此寻找各研究对象的发展规律。由于定量分析的目的是研究事物的量化发展趋势，也称定量研究，其结果必然是定量的描述，具有确定性。

3. 定性与定量分析的关系

所有方法都是有共通与关联之处的。定性分析可作定量分析之前提。任何分析都必须经过定性的分析后再进行定量的研究，以避免盲目性与凌乱性。另一方面，定量分析能为定性分析提供支持，使定性分析的结果更加科学客观。定量分析需要依靠数学模型与统计数据，得出研究对象的相关指标与数值。定性分析主要通过经验与直觉，根据相关资料，对事物的性质与发展规律作出判断。相比而言，定量分析较为科学，但要用到一定的测量统计工具和相关数学知识，操作难度较高。而定性分析较为主观，但在数据条件比较差的情况下也能得到有效应用。

总的来说，定性与定量分析虽有差别但不能被割裂，在现代科学研究中，定性分析也开始借助数学工具，定量分析也要先对问题进行定性。可见，二者是相互搭配、相互补充的关系，只有灵活结合才能发挥应有的作用。

4. 定性与定量分析的方法

在现代科学研究中，定性与定量分析都要通过调查问卷的方式进行。调查问卷是研究人员获得客观资料可利用的方法与工具之一，问卷的形式可分为开放式问卷与封闭式问卷。

（1）**开放式调查问卷**。该类问卷不设固定的问题与答案选项，在调查时，人们可针对相关问题自由发表意见，回答时没有过多的限制。开放式调查问卷可取得较为广泛甚至是意外的建议，但如果受测者的参与兴趣不高或表达能力欠佳时，就无法得到有价值的以及确定的答案，造成统计与分析的困难。

（2）**封闭式调查问卷**。该类问卷有固定的答案选项，问卷设置方式一般有单项选择、多项选择、顺序排列、图解评价、项目核对等方法。封闭式调查问卷统计容易，但受测者作答时不能灵活发挥，有一定的约束性，不易得到问卷之外的意见。

---

① Yoshio Shimizu.Human Being and Kansei Engineering[J].Biometrics and Kansei Engineering，2012：177-189.

2.8.2 感性工学计算机系统

感性工学计算机系统（Kansei Engineering Computer System，简称KES）也叫“感性工学支援系统”，主要工作方式是通过对计算机技术、人工智能、神经网络、模糊逻辑等方法的运用，建立相关的数据库和计算机推理系统①。该系统运用数学工具构建感觉与设计元素之间的关系，进行感性词汇和物理特性之间的转译工作，把用户的感性意象转化为设计细节。该系统是动态平衡的系统，可以进行定期更新，以适应新的变化趋势。该系统既可以作为设计师的设计工具，快速地将自己的想法转化为实际的产品元素，也可以成为消费者选择产品时的参考工具，正确选到真正喜欢的产品。

感性工学计算机系统可分为“前向式感性工学系统”与“逆向式感性工学系统”两大类型②，前者采用定量方法，搜集感性信息，再将其转译为设计要素；后者是将设计提案转译为感性评估，从而帮助设计师判断产品特性，进行感性诊断③。两者相结合便是一个可双向转换的复合式感性工学系统，如图2-7所示，此系统能够同时执行意象评估与设计要素转换工作，同时为设计师和消费者服务。

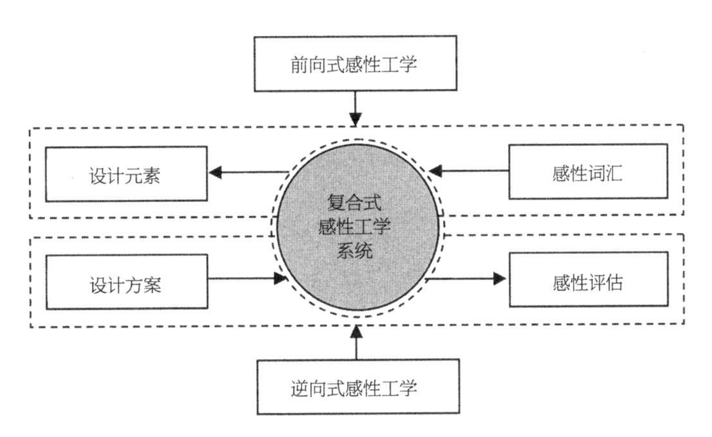

图2-7 复合式感性工学系统

感性工学计算机系统的操作要依靠四个数据库，其结构如图2-8所示。

---

① Mitsuo Nagamachi.Kansei Engineering and Rough Sets Model[J].Rough Sets and Current Trends in Computing Lecture Notes in Computer Science, Volume 4259, 2006: 27-37.

② 陈国祥，管倖生，邓怡莘等. 感性工学——将感性予以理性化的手法[J]. 工业设计（中国台湾），2001, 29（1）: 109-123.

③ Matsubara Y, Nagamachi M.Hybrid kansei engineering system and design support[J]. International Journal of Industrial Ergonomics, 1997, 19（2）: 81-92.

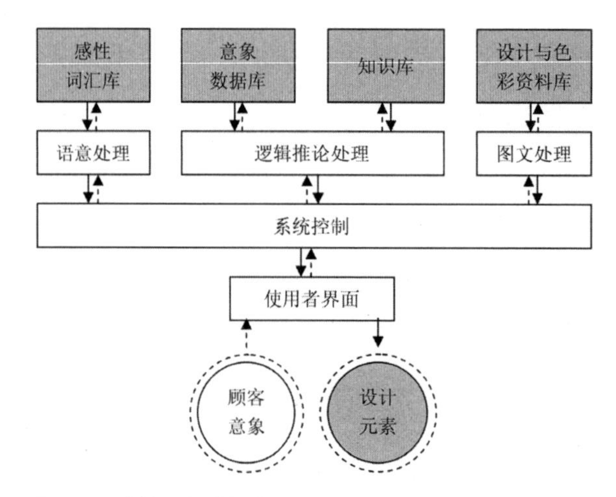

图2-8 感性工学数据库系统

1. 感性词汇数据库（Kansei Word Database）

感性数据库包含大量用户对产品感受的感性词语，如“轻快”、“舒适”、“整齐”等。这些感性词汇的收集来自询问、访谈、座谈、查找资料等多种途径。在得到词汇后，我们就要精选，去除较为相近的与没有具体意义的词语，缩减至大概100个左右具有概括性的感性词汇。然后通过某种度量方式的应用，得到感性词汇语意空间，即建构了感性词汇数据库。

2. 意象数据库（Image Database）

意象数据库将根据语意差异量表得出的评价结果再次用数量理论进行分析，获得一张感性词语与设计要素之间数理关系的列表，该列表是一系列介于感性词汇与设计要素间的统计关联。从中可归纳出若干个对设计细节有贡献的项目，这些项目包含图片、视频及真实产品样本等，这就是意象数据库。这样，设计师可针对某一感性词汇得到大量设计细节的数据。

3. 知识库（Knowledge Database）

知识库主要包括了一些必要的转换和运算规则，包含了与决定感性词汇高度相关的设计元件的所需尺度，用来决定感性词汇与设计细节的相关性①。另外，知识库也收集了目标客户的生活习惯和思维方式等方面的资料。

---

① Bianka Trevisan, Anne Willach, Eva-Maria Jakobs, Robert Schmitt.Gender-Specific Kansei Engineering: Using AttrakDiff[J]. Electronic Healthcare Lecture Notes of the Institute for Computer Sciences, Social Informatics and Telecommunications Engineering, Volume 69, 2012: 167-174.

4. 设计与色彩资料库（Design and Color Database）

该库包含设计造型资料库和色彩资料库，包括了某类设计的所有方面，系统中所有的设计细节都在这两个数据库中。当把某一个感性词汇输入到此系统后，知识库中的特定数据法则便将其和某一产品图像联系起来，其产品草图的形态和颜色也会由相应的数据库设定好。比如运用此系统设计衣柜，用户只需用他们自己的语言描述理想中的房间，系统便会按照用户的生活方式和思维习惯为其挑选一个衣柜的设计。

2.9 感性工学的优势

1. 真实体现用户的想法

以往的产品设计，虽然也以前期的市场调查为依据，但最终还是以设计师的主观意象为主要设计方向，这样得出的产品，可能无法满足消费者的需求[①]。而感性工学却能更有效地体现用户的想法，将用户使用产品后的感受转化为具体的数据，供设计师参考并协助设计，能更准确地把握产品的设计方向和设计元素，并按用户的想法对设计的方案进行修正，对设计的效果进行评估。

2. 简化设计过程的环节

在用传统方法进行设计时，我们往往要用到复杂的设计程序，很多设计师在设计过程中都非常艰难和痛苦。有了感性工学的方法后，设计师在设计的过程中就可以不单靠“冥思苦想”来构思，而有了能够囊括用户想法的创意开发工具。依靠感性工学，设计师能够准确地抓住用户的想法，并且进行量化，其数值结果跟设计元素直接挂钩，能给广大设计师带来灵感的启发与创意的依据，大幅简化设计流程，提高设计品质。

3. 优化设计开发的环境

在目前的经济产业结构中，开发一个全新产品的时间过长，成本过大。很多设计师会因为经济效益的关系，对同个产品进行多次重复设计，久而久之，这些低水平重复的工作就会使设计师创意枯竭，缺乏动力，造成非常不好的后果。但在感性工学的

---

① Motoki Kohritani, Junzo Watada, Hideyasu Hirano, Naoyoshi Yubazaki.Kansei Engineering for Comfortable Space Management[J].Knowledge-Based Intelligent Information and Engineering Systems Lecture Notes in Computer Science, Volume 3682, 2005: 1291-1297.

计算机系统中，我们将各种设计元素以数字的形式存储在计算机的数据库中。有了这个数据库系统，设计师就能更可靠地得到创意依据，能根据市场与经济的潮流方便地得到多元与客观的创意源泉，无须抄袭与重复设计，有效地保护了知识产权，净化了设计开发的社会环境。

2.10 本章小结

感性工学以工程学的方法研究人的感性，并将人们模糊不清的感性需求及意象进行量化，再寻找出该感性量与工学中的各种物理量之间的关系。最后将人的感性信息与产品或服务的设计要素结合起来进行新产品的开发研究。它是一种消费者导向的产品人因工程发展技术。

感性工学依托数学、统计学、心理学、工程学和设计学等多门学科的理论支持，成功建立起设计中感性和理性相互结合的关系，将设计的理性技术与人的感性信息充分融合并加以发展，为产品设计提供了一条新的思路。其科学性和易用性已经在汽车、电器、服装、广告等多领域的长时间使用中得到证实，为现代设计的发展提供了切实可行的道路。

第3章

基于感性工学的精准化设计理论分析

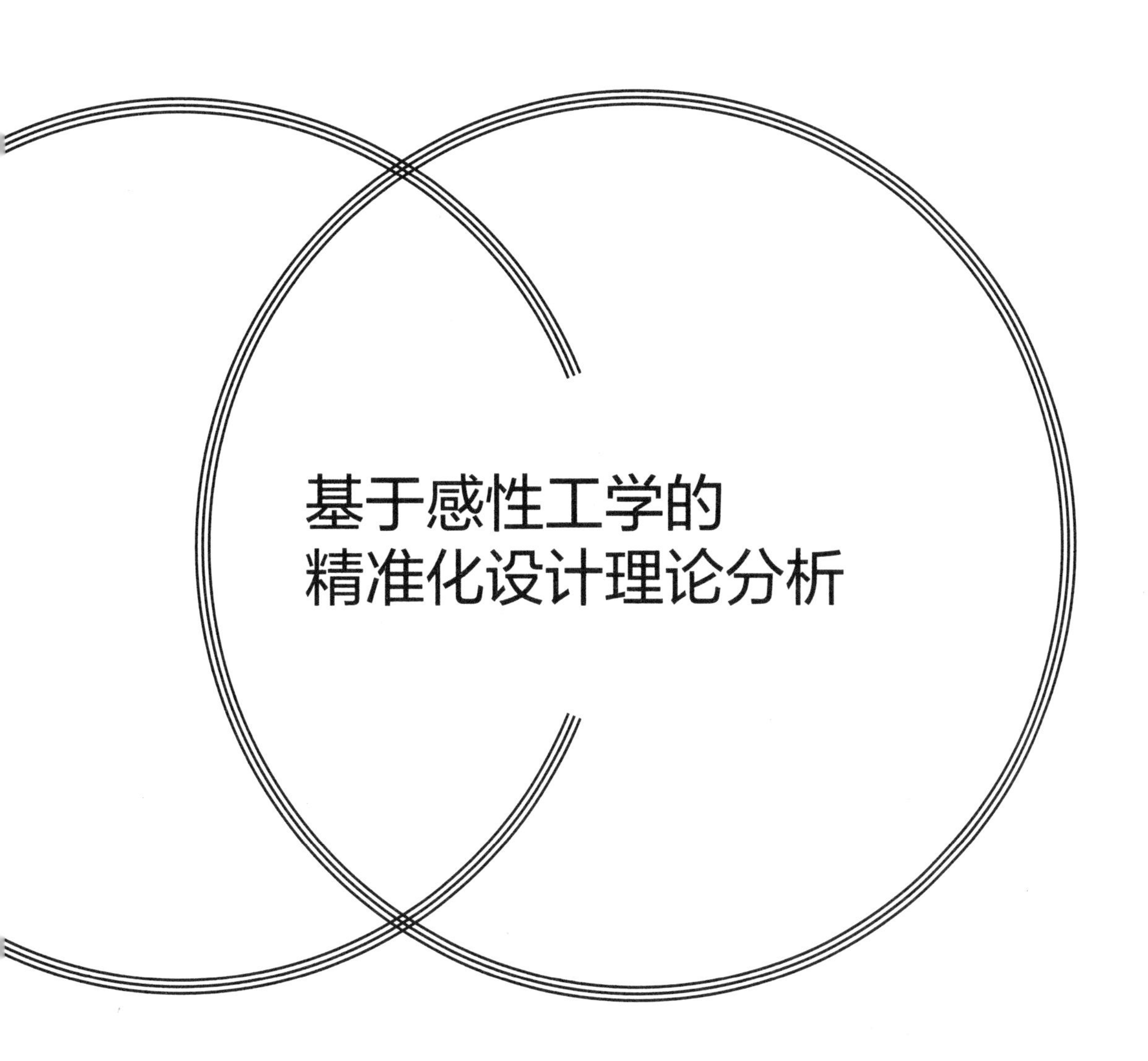

随着经济的快速发展，产品生命周期不断缩短，产品更新换代的速度日益加快，多品种小批量的生产方式逐渐成为企业的主要生产模式。另一方面，生活水平的提高与精神活动的丰富使人们对产品有了更高的要求，个性化、情感化、精致化的产品将成为主流。在这种形势下，我们需要更先进的方法以确保设计效果，需要使产品设计定位准、质量高、效果好，才能满足消费者的需要，适应市场的变化。

但目前我们很多设计方法都是笼统而模糊的，致使市场中充斥着大量设计盲目、质量欠佳、情感错位、难以使用的产品，这样不但浪费了生产资源，也制约了经济的发展。能否实现设计工作的灵活控制、精准定位已经成为商品竞争成败的第一要素。所以，精准化设计方法必须得到重视与发展。

在精准化包装设计方法的研究中，为了能够更准确、全面地把握精准化设计的内涵与外延，我们就要先充分了解“精准化”的理论框架与应用现状。

3.1 “精准化”提出的背景

精准化的理念是在一定的社会背景和现实状况下，由人们根据一定的技术条件与资源状态提出并逐步发展的，其提出的背景如图3-1所示。

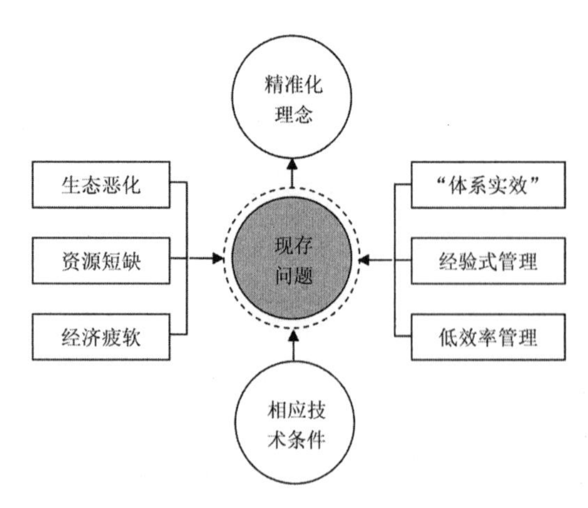

图3-1 精准化理念的提出背景

1. 社会生产存在的问题增多

当前，我国工业产品质量安全状况总体上是在不断提高的，但存在的问题依然不少。我国是能源消耗大国，能耗限制已成为我国工业发展的重大制约因素，影响了各行业的发展。另一方面，我国当前正处在人均GDP由1000美元向3000美元过渡的阶段，社会发展正处于生产结构大幅度调整和消费转型活跃的时期中，各种矛盾与问题呈高发趋势[①]。据有关研究，我国水资源消耗巨大，而耕地资源也在以每年0.3%以上的速度减少，另外，很多自然灾害与重大事故也日益频繁。在这种情况下，我国要实现经济稳步提高、人们生活逐渐进步，难度比较大。要找到经济发展的新方向，协调处理好环境污染、资源短缺、经济疲软的问题，我们需要从“精准化”寻找出路。

2. 企业管理效果欠佳

目前很多生产制造型企业，尤其是中小企业，其管理方式是由过去的传统中发展而来，虽然不少企业都导入了国际流行的全面质量管理、人性化管理等方法，对提高企业管理水平起到了一定的促进作用，但是由于生产管理与生产实际之间缺少“信息互动”这一纽带，不能对生产的实际状况进行准确有效的分析，使具体管理与生产控制相脱节，严重地造成“体系失效”[②]。究其原因，是企业对生产过程中技术、工艺、设备、原材料、环境的控制多数靠经验办事，产生的决策缺乏科学细致的依据，数据管理缺乏，无法形成理论依据，导致在提高产品质量、降低物耗、节能减排、安全生产等方面难有实效，走弯路与错路。简单地说，就是管理活动未达到“精、准”的要求。

在设计行业中，由于行业组织、国际市场经验和信息方面等原因，以及市场管理机制在一定程度上存在缺位，不可避免地导致我国设计业的管理混乱，发展停滞不前。这些现状也促使了人们必须思考“精准化”在设计管理中的应用。

3. 相关技术条件成熟

技术进步是实施精准化生产管理的核心，没有配套的技术作支撑，精准化的设计、生产、管理全部都只能是一句空洞的口号。而当这些技术成熟时，精准化设计的方法便能水到渠成。

目前，我国已经建立了完整的工业技术体系，信息技术、智能决策技术、模拟模型技术、网络技术、数据库技术及数字化技术等均已成熟，可以大规模推广应用[③]。为我国精准化设计的实施奠定了坚实的技术基础。

---

① 李秀峰，刘利亚，卢文林. 精准化管理：我国农业信息化的下一个方向[J]. 中国农业科技导报，2009, 11（2）: 34-38.

② 毛磊. 精准生产管理促进提质降耗减排[J]. 中国高新技术企业，2013年第33期：79-81.

③ 李秀峰，刘利亚，卢文林. 精准化管理：我国农业信息化的下一个方向[J]. 中国农业科技导报，2009, 11（2）: 34-38.

3.2 “精准化”应用的状况

精准化技术目前主要应用在农业、管理、营销方面，分别产生了精准化农业、精准化管理、精准化营销的几个理论分支，现分述如下。

3.2.1 精准化农业的提出

精准化农业是在土地资源减少，生态环境恶化的情况提出的，它由十个系统组成，如全球精准定位系统、农田信息采集系统、农田遥感监测系统、农田地理环境系统、作物生产管理专家决策系统、智能化农机器具系统、环境监测系统、系统集成、网络化管理系统和培训系统等。下面对一些主要的系统作简要说明。

1. 全球精准定位系统

精准化农业普遍采用了先进的GPS系统，该系统在农田信息获取与耕作区域定位方面具有强大的功能。目前，人们在精准化农业中广泛采用DGPS技术，即“差分校正全球卫星定位技术”[①]。它的突出特点是地理定位功能强，能随着不同地面状况与定位目的智能化地调节相应的精度。GPS系统可带动智能化农业机械装备的自动作业。如带产量传感器及小区产量生成图的收割机械，自动控制精密播种、施肥、洒药机械等。

2. 农田遥感监测系统

遥感技术（Remote Sensing，简称RS），是精准化农业在田间信息获取中要用到的核心技术，依靠它能时刻掌握农田概况、区域信息、作物长势、环境变化、生长变异等情况，并为农田灌溉、培土施肥、除草灭虫等田间劳作提供信息与技术的支持。

3. 农田地理信息系统

地理信息系统（Geographical Information System，简称GIS），精准农业不能缺少 GIS的支持，有了它才能构成农作物生长信息库。在GIS中，田间信息与作物情况都能及时得到显示与处理，是精准化农业实施精准化管理的重要工具。

---

① Kelly Thorp.Precision Agriculture[J].Encyclopedia of Remote Sensing Encyclopedia of Earth Sciences, Series 2014: 515-517.

4. 专家咨询决策系统

专家咨询决策系统能根据知识库提供农作物种植知识并对其生长过程进行模拟，对出现的问题进行分析与处理。该系统主要由一系列的数据库组成，包括生产资源数据库、作物管理知识库、投入产出模型库等，此外还包含数据模型运行的推理程序和人机操作界面。

5. 智能化机械装备

精准化农业的基础就是生产的自动化与机械化，在农田耕作、精密播种、施肥撒药、收割归仓等一系列操作中实现精准化控制。

精准化农业的实施状况，如图3-2所示。

图3-2 精准化农业的实施状况

精准化农业的核心是建立一个完善的农田地理信息系统（GIS），可以说是信息技术与农业生产全面结合的一种新型农业。精准化农业并不过分强调高产，而主要强调效益。它将农业带入数字时代和信息时代，是21世纪农业发展的重要方向。

3.2.2 精准化管理的发展

精准化管理是指管理主体对某类社会活动的过程管理进行深化提升的一种体系方法，其核心是以建立监视设备、测量设备适应预期用途的有效测量管理体系为基础，综合运用计量、标准化的管理手段，寻求各要素之间的最佳匹配。能够有效消除影响活动效果的不确定因素，降低物耗、能耗和废弃物排放，提高管理质量和安全水平，实现优化投入产出的目标①。

① 毛磊. 精准生产管理促进提质降耗减排[J]. 中国高新技术企业，2013年第33期：79-81.

精准化管理是对传统管理方式的进一步提炼和理论总结，是一种扩大了的管理概念和理论，其主要包括计量和标准化两大类要素。计量就是以各种量化技术为基础，以测量系统的数据化、信息化、标准化为方法，以实现单位统一、量值准确为目的，它对整个管理过程起着参考、指导、保证和仲裁的作用①。为企业生产与质量管理、环境与安全管理、能源与设备管理工作的顺利开展提供准确的分析，为提高现代的管理水平、产品质量以及经济利益保驾护航，以确保最终的社会效益。

3.2.3 精准化营销的优势

所谓精准化营销，是指企业在营销时，根据特定的目标消费者，在营销战略、手段、方式、价格等方面有的放矢地采取相应的措施，以实现最好、最优的营销目标②。实行精准化营销对企业来说有着十分重要的意义。它可以适应消费者的个性需要，赢得更多的消费者其对品牌的忠诚，有利于企业扩大市场占有率，降低营销成本，以较少的营销投入，取得较好的营销效果，提高企业的利润率。

营销定位是"精准化"的保证。营销定位就是利用市场中任何有利的机会，选择合适的产品和市场，进行控制与扩张，以争取更大的市场占有率。由于营销定位直接关联到营销方法，决定着营销目标的实现，因此，营销定位是精准化营销的核心。只有选择了正确的营销定位，才能提高市场针对性，使企业在经营活动中有明确的方向，当市场状况产生变动时，还能迅速调整营销策略和广告投放，避免盲目被动。精准化营销的另一个功能是迅速确定市场方向，找准经济增长点，避免乱开发而浪费有效资源。

精准化营销根据企业的资源、产品周期、竞争对手、市场特性等情况，精确地开展产品定位和营销活动，为产品塑造与众不同、富有冲击力的鲜明个性，迅速提高企业的市场竞争力。

3.3 精准化设计的概念与内涵

3.3.1 精准化设计的概念

对于精准化设计的基本思想可以用JCIT（Just and Correct In Time）来描述，即

① 洪利红. 中小企业精准化生产管理思想及其措施研究[J]. 对策与战略，2013年10月：143-144.

② 蒙显雄，李奇. 网络广告的精准营销探析[J]. 现代商贸工业，2009-04：93-94.

为:“只在需要的时候，按需要的量，提供准确的设计，生产所需的产品”①。精准设计中的“精”即为“精益”是指质量“精”，是不断追求高质量与高品位的设计；也指控制“精”，能把握设计管理各个环节中影响质量、能耗的关键控制点；还指标准“精”，是指对设计过程管理的要求细致、明确，防止出现漏洞。“准”即为“准确”，是数据“准”，能对各控制点实现有效计量，为设计控制和管理分析提供准确的依据；还指评价“准”，是严格质量控制，使设计表现符合消费者的要求，保证优良的设计成果。其总体概念解释，如图3-3所示。

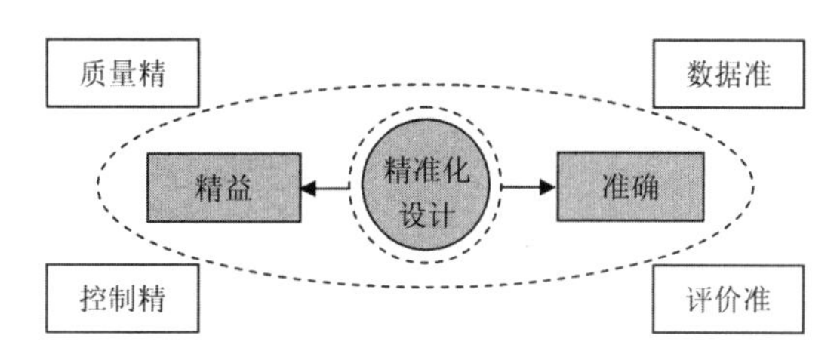

图3-3 精准化设计的概念解释

精准化设计就是在设计的过程中做到精细准确，对各个要素的作用机理进行细致的分析与控制。精准化设计是通过准确细化数据分析来发现问题、解决问题的，其用精细准则、精量标准来描述和表达设计中的各项内容②，准确地提取各类影响因子，分析因子间相互作用与不同比重，并巧妙地将其进行有机的整合③，提出相关的指标体系。精准化设计不仅要实现成果的精益化，还要改变传统成果管理中存在的问题，通过信息化手段追求成果效益的最大化，为后续设计提供数据储备与参考信息。

精准化设计能够带来良好的绩效，是企业提质降耗，快速发展的切实可行之路。

3.3.2 精准化设计的内涵

精准化设计系统是使设计工作科学、高效、优质、准确的系统④。主要包括5个方面，即设计对象精准化、设计信息精准化、设计方案精准化、设计效果精准化、设计成本精准化。

---

① 韩冬. 浅谈品牌精准化色彩营销[J]. 中国品牌，2011年12月：87-88.

② 徐聪智，李桂文. 人居建筑与环境设计需要“精准性”[J]. 哈尔滨工业大学学报，2003年5月：34-37.

③ 高霞. 人居建筑与环境设计精准性的几点思考[J]. 门窗，2013年7月：412.

④ 王广书，李明亮. 胜利油田东部油区精准化钻井工程研究[J]. 中国石油大学胜利学院学报，2013年9月：16-19.

1. 设计对象精准化

由于精准化设计注重研究谁是自己的目标顾客与潜在顾客，并对他们的生活习惯及个人偏好进行详细的调查与分析，能依托调查统计建立内部数据库，准确掌握顾客的核心资料。有了这些资料的帮助，我们就能对设计方案作出精准的判断，更加准确地将产品设计为那些真正有需要的人服务。

2. 设计信息精准化

设计作为生产的前端，其本身信息的精准化是基本要求。设计信息的精准化也就是信息的实时性和准确化[①]。设计部门通过设计过程中的市场调查信息、用户需求信息、生产技术信息等的实时共享与传输，为设计过程提供精准、有效的智力支持。并通过设计方案及成果的精确表达为消费者提供细致的应用说明，如产品的零部件数量、零部件尺寸、装配方法和公差范围等。这些信息的精准性必须靠测量技术和信息化手段来保证，非数字化的方法是很难实现精准化的。

3. 设计方案精准化

在精准化设计模式中，设计方案不是机械僵化的“千人一面”，而是具体精确的“量身定做”，对每一个设计方案都依据“一行业一模式、一产品一方案、一环节一对策”的“三个一”设计模式来进行，通过这些模式，我们可以制定针对性强、可行性强、科学性强的精准化设计方案。

4. 设计效果精准化

由于精准化设计了解消费者，可以制定针对特定群体的设计方案，将设计盲点尽可能减少，从而达到设计效果的精准化。精准化设计以高质量、高标准的理念，能针对消费者的审美特点和企业的生产条件，加强设计管理，完善设计程序，细化设计方案。这些措施确保了设计效果精准化的实现。

5. 设计成本精准化

成本精准主要是针对企业而言，由于只需要针对目标顾客进行设计，这自然会减少企业资源的一些不必要的浪费，提高设计、生产的回报率。

成本精准化也要求选用精良的用材与设备，通过精心策划和精工制造，精简节约各种资源，在加工过程中实施精良管理和总量、分量的有效控制。

---

① 韩冬．浅谈品牌精准化色彩营销[J]．中国品牌，2011年12月：87-88.

3.3.3 精准化设计的特点

1. 实现设计管理由定性向定量的转变

定性管理具有直观、简单的特点，比较注重发挥主观意识。与传统的定性管理相比，精准化设计管理以计量经济学、控制论、系统论等数学方法为基础，侧重的是一种定量管理。精准化设计管理的可操作性强，其手段切实可行，能够解决定性管理所不能解决的一些复杂问题①。

2. 实现设计由末端控制向前端控制的转变

传统的设计只注重末端效果的控制而忽视前端控制，但末端控制往往效果不明显，风险也较大，一旦有差错就需要承担巨大的代价，造成资源的浪费与成本的提高，在一定程度上削弱了企业的竞争优势②。精准化设计是一种新的设计模式，使设计的侧重点在前端，其前端控制模式能克服这些缺陷，一旦出现问题，设计部门对技术措施可以做到有理可查，有据可依，便于发现问题的所在，寻找解决问题的突破口，使问题消失在萌芽状态。

3. 技术措施由概念化向精准化转变

所谓的概念化是指对技术措施有大概的了解，大体掌握施工节奏和方法，但对具体如何执行、安排，到每一个具体的环节如何实施，详细的技术参数如何把握等问题不能明确，缺乏具体量化的数据，只能依靠经验进行设计，这样势必出现老套落后、针对性差的问题③。实现高端设计必须由概念化向精准化转变，具体包括基础理论使用的精准化、设备及工具应用的精准化、参数控制的精准化、技术措施的精准化等方面。精准化设计方案以大量的实测数据为依据，由相关技术专家制定，具有较强的科学性。

4. 设计工作由经验性向数字化转变

数字化指的是设计工作的每一个节点都能以数字为标准制定技术方案，而且都规定在最佳的范围之内。一旦不符合要求，可立即进行调整。由经验化的设计方式向数字化的设计方式转变是新型设计方法的一个明显特征，它能保证设计的质量，同时也

---

① 洪利红. 中小企业精准化生产管理思想及其措施研究[J]. 对策与战略，2013年10月：143-144.

② L. Nátr.Robert, P.C., Rust, R.H., Larson.W.E. (ed.): Proceedings of the 5 th International Conference on Precision Agriculture and Other Resource Management[J]. Photosynthetica, 2002, Volume 40, Issue 1: 30.

③ 毛磊. 精准生产管理促进提质降耗减排[J]. 中国高新技术企业，2013年第33期：79-81.

有助于反过来总结设计经验，提高设计能力。

5. 有别于标准化又优于标准化

标准化是属于过去工业时代的，它具有明显的限制性和单一性，强调的是批量化和集约化生产，技术重点是产品型号的协调。而精准化是在知识经济发展后信息时代的产物，强调的是个性化、人性化、一体化的产品设计与生产方式，其将产品置于更大的人文与生态环境范围来考虑。

3.4 精准化设计的优势

实施精准化设计的方法，能够促进量化科学的发展和推进量化方法的应用，避免在传统设计方法中无法消除的模糊性与随意性，在更大的工业环境中做到宏观控制、精准定位，通过精良的技术和精湛工艺，实现精准化的设计成果①，其优势如图3-4所示。

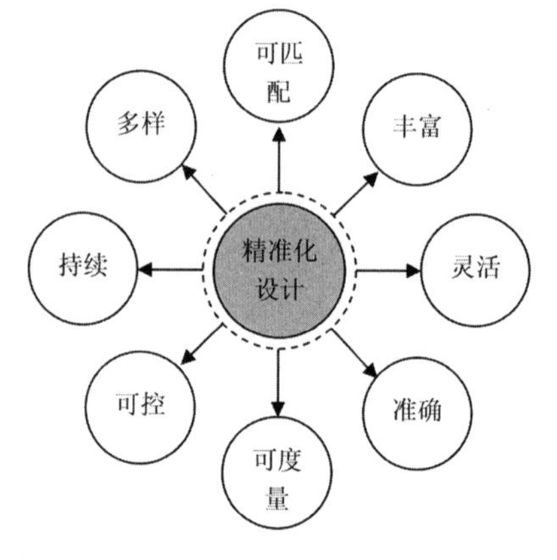

图3-4 精准化设计的优势

1. 可适应性强

精准化设计采用精良策划的思路，精密计算、灵活多变。精准化设计可针对不同人群的审美水平和身心状况来设计产品，还可按照需要优化组合，以多样化的方案适应不同的需要。

2. 可控制性强

由于地域、经济、人本、市场条件的不同，传统的设计效果会受到较多因素的影响。但精准化设计的行为策略和实施方案都具有明显的目标性和方向性，能适时、适量、适地控制，随时跟踪设计效果②。另外，由于精准化设计注重用户的反馈，能及时调整设计策略以便取得更好的效果。

---

① 徐聪智，李桂文. 人居建筑与环境设计需要“精准性”[J]. 哈尔滨工业大学学报，2003年5月：34-37.

② 蒙显雄，李奇. 网络广告的精准营销探析[J]. 现代商贸工业，2009年4月：93-94.

3. 可匹配性强

由于在设计全过程中，精准化设计方法是按照统一的测量标准实施规则进行的，具有同步性与规范性，容易使设计产品灵活匹配，性能可靠。有助于能流、物流、人流、信息流、技术流形成良好循环，有助于资源的高效配置。

4. 可度量性高

精准化设计增加了审美与创意的可量化指标，这些指标体系为设计方案、设计效果、最终效益的度量提供了方法与依据。通过度量手段，各种设计问题都可以在标准化的指标体系中进行反映、分析、解答和决策，有效减少了设计过程中的不确定性，容易达到既定目的。

5. 可持续性强

精准化设计拥有计量、工艺、标准化、监测、环保等环节与要素，这些要素能帮助设计团队根据自身的实际情况，制定科学而合理的管理措施，有助于及时发现问题，并及时采取措施进行改正，减少设计流程中时间与资金的浪费，提高生产效率，节约成本①，增强可持续性。

3.5 精准化设计的实施基础

要实现精准化设计，一定要具备科学的方法和技术基础，确保理论上、技术上、方法上都能为实现真正的精准化提供支持与保障。以便全面实现精准化的设计目标。

1. 要有充分、可靠的知识与技术

实现精准化，必须具备大量的知识与技术，要依靠人们经验的积累与知识库的完善，形成不同领域与不同类型的知识汇集。此外，还需要依靠基于信息共享的设计全面信息化，依靠设计理论和应用经验，依靠完善系统和高新科技，例如人工智能、IT技术、遥感技术、监测手段、信息处理等，这些庞大的知识与技术是实现精准化的必需前提。有了它们才能使设计工作科学化、智能化、信息化，才能使传统设计业不断

① 洪利红．中小企业精准化生产管理思想及其措施研究[J]．对策与战略，2013年10月：143-144.

升级[①]。

2. 具有科学完善的设计管理制度

精准化设计的实施必须依靠完善的管理制度，没有科学的管理制度，设计工作是无法有序进行的，更难以实现精准化的设计目标。要实施精准化设计，就必须在尊重法律和科学规律的基础上，制定可执行的、人性化的、科学合理的设计管理制度。

设计管理制度的科学性来自于内部与外部两个方面。从外部而言，制度的设计要考虑企业、社会、客户等多方面的利益诉求，要尽量做到平衡[②]。从内部而言，制度的设计要考虑到企业内部或设计团队之间各个部门的状况，减少各个部门在设计实施工作中出现的摩擦问题。此外，管理制度还应当体现以人为本、和谐共进的理念，有吸收意见与反馈提高的机制，能够根据企业的发展情况进行及时的更新与完善。

3. 具有与市场及生产体系结合的机制

设计的成果要最终通过生产走向市场。为了确保设计的科学性与前沿性，我们在精准化设计中必须跟市场动态、生产体系结合起来，要有灵活、自觉吸收最新资讯的机制，并能够运用实时的市场数据精确调整设计方向，能够通过最新的工艺水平使设计作品有更完整的功能。

相反，如果没有与市场及生产相结合的机制，设计工作就会像一只无头苍蝇，无法精准定位，实现既定的设计目标，就会产生大量过时、无用的产品，最终会使精准化设计方法形同虚设，发挥不了其应有的功效。

4. 设计者要具有整合诸多因素的能力

传统的设计方法存在着各种各样的问题，如定位不准、创意模糊等，究其原因，是由于设计人员长期依赖单一的知识层面、过窄的专业技术、落后的管理法规，对影响精准化设计实施的因素控制不力，整合能力差[③]。为了避免这种情况的出现，设计人员必须加强对知识系统的学习，提高相关因子的整合能力。

精巧整合与一般性的综合手段不同，其需要对各种因素进行互补性配置，建立各因素的优化网络，以此来巧妙化解有潜在威胁的大风险因素，使其他因素在相互关联中得到具体而准确的设计参数。良好的因素整合能力可以在相关条件的集合中，增强

---

① 徐聪智，李桂文. 人居建筑与环境设计需要“精准性”[J]. 哈尔滨工业大学学报，2003年5月：34-37.

② John V.Stafford, Jim Schepers.Introduction: Special Issue on 8th European Conference on Precision Agriculture (ECPA) [J]. Precision Agriculture.February, 2013, Volume 14, Issue 1: 1.

③ 高霞. 人居建筑与环境设计精准性的几点思考[J]. 门窗，2013年7月：412.

设计因素相互关联、相互平衡、相互支持的作用与功效，为实现设计的自动控制打下基础，满足新时代设计发展的要求[①]。

5. 设计者之间要具备精诚合作的能力

精准化设计的原则是资源共享、科学搭配、优化结构。设计组织者要善于挖掘团队的智慧，并将全体合作者的知识经验与创意成果汇集，才能形成有价值的创新模式和设计方案[②]。

当今的设计在发展方向与创作方法上都与传统设计有明显的不同，以前靠单打独斗的方式已经无法实现当前的设计目标。我们只有依靠设计团队的结构优化与能力搭配才能取得良性的发展。在设计团队中，每一个成员都是不可或缺的一员，他们之间的精诚合作可以促使设计者积极地从更宏大的社会环境中去获得创作灵感，实现1+1＞2的效果。

3.6 精准化设计的基本流程

每个方法都有相应的操作流程，流程的科学性是确保其功效发挥的保证。精准化设计的方法有明确的流程，具体如图3-5所示：

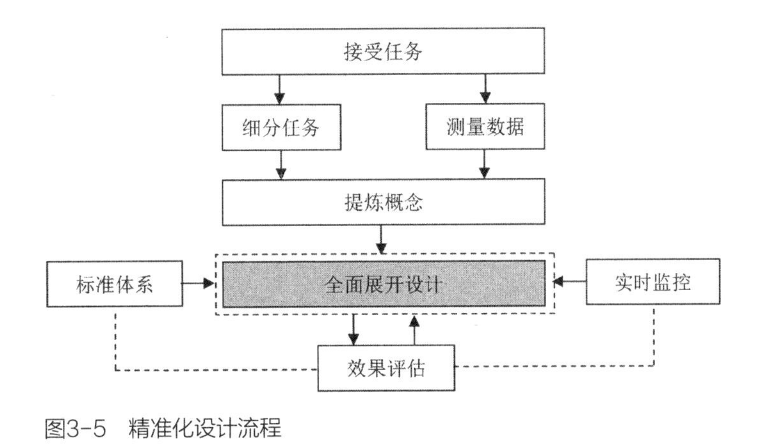

图3-5 精准化设计流程

① Margaret A.Oliver，John Stafford.Special issue of papers from the 7th European Conference on Precision Agriculture（ECPA）[J]. Precision Agriculture，August 2010，Volume 11，Issue4：317-318.

② 徐聪智，李桂文．人居建筑与环境设计需要“精准性”[J]．哈尔滨工业大学学报，2003年5月：34-37.

1. 接受设计任务，确定设计细节

所有设计工作的第一步都是首先明确设计任务，精准化设计方法也不例外。在接受一项设计任务时，我们要运用精准化的理念对设计任务进行分解，从不同的指标体系中确定设计细节。同时对设计目标进行精准化的管理，明确设计团队的分工与合作方式。

该项工作非常重要，是设计任务能够开展下去并保证成果质量的前提。

2. 建立测量体系，提供准确数据

精准化设计是建立在数据之上的，要使设计成果精准、科学，就必须建立完整的测量体系，配备测量仪器，完善数据采集系统，规范数据的采集、分析与利用①。依靠测量管理体系，做到“数据采集、数据分析、数据控制、数据管理”的一条龙管理模式，以科学的数据来实现设计的精益与准确。

精准化设计的数据类型包括：消费者意象数据、市场动向数据、同类产品数据、企业管理数据与行业水平数据等②。这些数据没有统一的模式，可根据设计目标和对象灵活变动，但必须确保来源真实，测算准确。

3. 形成设计概念，全面展开设计

在大量的数据支持下，我们可以根据市场与消费者的需求，结合技术现状，形成精细的设计概念，并将概念细致分解成易于执行的设计细节。在验证各概念细节之间的关系与结合方式后便可全面展开设计。精准化设计方法是以团队的方式进行的，在设计展开时，不同的小组或个人要保持信息的共享与沟通，使不同的设计细节之间可以无缝连接。

全面设计的时长没有统一规定，一般是根据项目的大小而定，但它们有一个基本的原则，就是不能为赶时间而牺牲质量，否则精准化的成效便无从保证。

4. 完善标准体系，实时监测进程

精准化设计与传统设计方法有很大不同点。精准化设计的标准不是笼统模糊的，而是清晰具体的。对设计效果的测评也不是总结式的，而是实时监测、实时修正的，当存在某些问题时要求能够及时发现和纠正，避免更大的浪费。在这种要求下，我们要完善标准体系，为实时监测提供依据，并在监测过程中设立预警机制，确保过程控制严谨、有效。

---

① 毛磊. 精准生产管理促进提质降耗减排[J]. 中国高新技术企业，2013年第33期：79-81.

② John V.Stafford, Jim Schepers.Introduction: Special Issue on 8th European Conference on Precision Agriculture (ECPA) [J]. Precision Agriculture, February 2013, Volume14, Issue1: 5-9.

5. 按质完成设计，精细测评效果

经过监测与调控，到整体设计完成之后，我们就要对设计效果进行测评。该测评不是概括式的，而是要把测评指标细化为各个参数和不同细节。测评的方法因不同设计种类与目标而异。

精准化测评必须以准确的数据为基础，通过测评体系的实施，得到详细的检测数据，并通过数据分析来综合评定设计的等级与成效，以判断该设计能否投入市场[①]。在投放市场后，我们还要对市场的反应以及预期的竞争力做精细的评估，这也是精准化方法能够长期有效实施的一个保证。

3.7 感性精准化设计的实施方法

精准化设计的实施需要有系统的一套方法，结合感性工学的思想与情感量化的理论，其主要包含以下几个方法。

3.7.1 调查统计

1. 统计学的内涵

统计就是计数，这个一般人都懂。我们的生活离不开统计，无论是小家庭还是大企业，乃至整个国家的运作都要依靠统计的帮助。人均月收入、年产值等这些数据就是统计的一种形式[②]。世界上所有国家都有统计部门，他们的职责就是对经济、人口、环境等数据进行统计，并把结果提供给相关部门作决策参考。因为统计数据的重要性，目前不但决策部门与相关学者会关心数据的走向，普通民众也非常关注物价指数等统计数据，以此作为消费与投资的依据[③]。

统计学是人们针对某类事物进行资料收集、数据整理、描述分析的学科。新华字典对其定义为“研究统计理论和方法的科学”，也是一种方法系统。它的主要功能是为人们的决策提供依据，主要目的是要解决生产或生活中的问题，从中找到相关的信息并用统计方法进行分析，然后针对目标问题作出科学结论。统计学研究的对象有两个：

---

① 王广书，李明亮．胜利油田东部油区精准化钻井工程研究[J]．中国石油大学胜利学院学报，2013年9月：16-19.

② 余隋怀，苟秉宸，于明玖．设计数学基础[M]．北京：北京理工大学出版社，2006：9-11.

③ 管于华．统计学[M]．北京：高等教育出版社，2005：8-13.

第一，收集资料；第二，分析数据。统计学的发展需要不断吸收新的知识与经验。关于统计学的形象与内涵如图3-6所示。

图3-6　统计学形象与内涵

2. 统计的工具

目前世界上最广泛使用的统计工具是社会科学统计软件包（Statistical Package for the Social Science，简称SPSS），是美国SPSS公司于20世纪80年代中期开发的一个大型统计软件包。SPSS是世界上最早采用图形菜单驱动界面的统计软件，它的操作界面极为友好，输出结果美观漂亮。SPSS的基本功能包括数据管理、统计分析、图表分析、输出管理等。SPSS统计分析的过程包括描述性统计、均值比较、一般线性模型、相关分析、回归分析、对数线性模型、聚类分析、序列分析、数值简化与多重响应几大类，其中每类又分为多个统计环节或类型，能满足各种复杂的统计要求。SPSS还能直接识别与读取EXCEL和DBF的数据文件，并与其他数据进行无缝对接与分析，非常灵活便捷，因此它和BMDP及SAS成为国际上享有盛誉的三大统计工具，以致学术界对用SPSS工具完成的统计与分析结果充分信任，可以不必说明算法，可见其影响之大和信誉之高。最新的12.0版采用DAA（Distributed Analysis Architecture，分布式分析系统），全面适应互联网，支持动态收集、分析数据和HTML格式报告。在统计结果的输出方面，SPSS也有出色的表现，它配有专业的绘图程序，能根据各类数据的特点绘制出丰富的图形。该软件还可应用于经济学、生物学、心理学、地理学、医疗、体育、农业、林业、商业、金融等各个领域，在我国社会、自然科学各个领域发挥了巨大作用。

SPSS在精准化设计中，具有得天独厚的优势，具体如下：

（1）**自动化程度高**。系统会按照指令自动处理数据，使统计过程极为简单。

（2）**功能模块强大**。能通过相关模块完成几乎所有基本统计乃至专业统计的任务。

（3）**图表类型丰富**。各种风格与功能的图表齐全，使统计结果的显示更为美观。

（4）**软件兼容性强**。能与其他软件数据互传，能打开与保存多种数据文件格式。

（5）**语言系统科学**。该软件内置VBA客户语言（SaxBasic），能与Syntax命令行语言混合编程，可以大大提高工作效率[①]。

---

① 毛子夏. 基于感性工学产品造型设计的理论分析研究[D]. 南京：南京航空航天大学，2007：46-53.

3. 因子分析

在调查统计中，调查对象一般是多变量的，而且样本的信息量非常大。在这些样本及其许多变量间都会存在一定的关系，使信息重叠或样本缺失的现象经常发生，带来了分析研究的偏缺性与复杂性。为了改善这种现象，我们在研究中要通过增加观测变量对所研究的事物和现象进行多角度的观测，寻找数据规律。于是，因子分析法应运而生，它从大量数据中找出有潜在特性的共同因子，并通过这些共同因子得出全体数据的结构特征，最终将多个复杂的实测变量转化为少量的综合变量。因子分析法就是这样一种能优化信息结构，实现最少数据丢失、最大观测角度的多元数据统计法。

因子分析主要包含调查与分析两个阶段，其中调查阶段主要是样本筛选与问卷设计、调查对象选择和开展调查。而分析阶段则包括数据统计与筛选、因子分析与聚类分析等内容，最终得出产品的某种统计信息。

4. 聚类分析

聚类分析（Cluster Analysis），又被称为群分析，是一种按照物以类聚的思想，对样本进行某种分类的多元分析统计法。聚类分析法源于古老分类学，但古老分类法无法满足人类现代分类的要求，因此人们经过实践把数学方法应用进来，把数学与统计学、计算机技术、经济与管理等众多领域的知识进行综合，形成了今天的聚类分析法[①]。聚类分析是指将统计数据进行集合、分组，成为由相似的对象组成的多个类的分析过程，它的目标就是在相似的基础上对数据进行科学分类。

聚类分析法被应用到很多领域，在数据描述，分析数据相似性，并最终实现数据源分类的方面具有较突出的优势。

聚类分析研究的对象不是个体，而是大批量的样本，在分析时没有可供遵循的模式，即要在没有任何先验知识下把样本按各自性征进行合理归类。

3.7.2 阶层类别分析

阶层类别分析（Category Classification）又称为感性信息分类、前向定性推论式感性工学、前向式感性工学A类等，这种方法不需牵扯具体的数学运算，也不需要电脑进行分析，是所有精准化方法中最简单、运用最普遍并最易操作的一项技术[②]。该

---

① 苏建宁，李鹤岐，李奋强. 产品设计中的感性意象定位研究[J]. 兰州理工大学学报，2004年4月：40-42.

② Yamamoto，K.Kansei Engineering-The Art of Automotive Development at Mazda [J]. Special Lecture at The University of Michigan，1986：56-59.

法通过划分层次方法建立产品的感性结构，最后转化为设计中的细节，从而指导设计工作。

阶层类别分析法需要以团队的方式进行，开始时首先要对产品做一个感性市场的调查，通过用户访谈、市场调研、报刊网络资料收集等方式来取得各种渠道的信息。团队成员吸收了这些信息后，对课题有了一定的了解，再把各自的想法进行充分讨论，提出设计要达到的总体目标（常以形容词方式出现），该目标就是0阶产品概念。

考虑到0阶概念的抽象性，团队成员需要通过头脑风暴法等创造技法，充分发挥想象力，把其转译成稍微具体的多个概念，这就是1阶感性概念。接着再对1阶的各个概念分别细分为多个感性子概念。以此类推，渐次向下拆解展开成清晰且有意义的子阶层，如2次感性、3次感性……直到能够得到产品设计的详细物理参数阶层（称为"N阶"）为止①，如图3-7所示。这个"感性——物理特性"的树状图关系，就是贯穿阶层类别分析法的一条主要脉络。

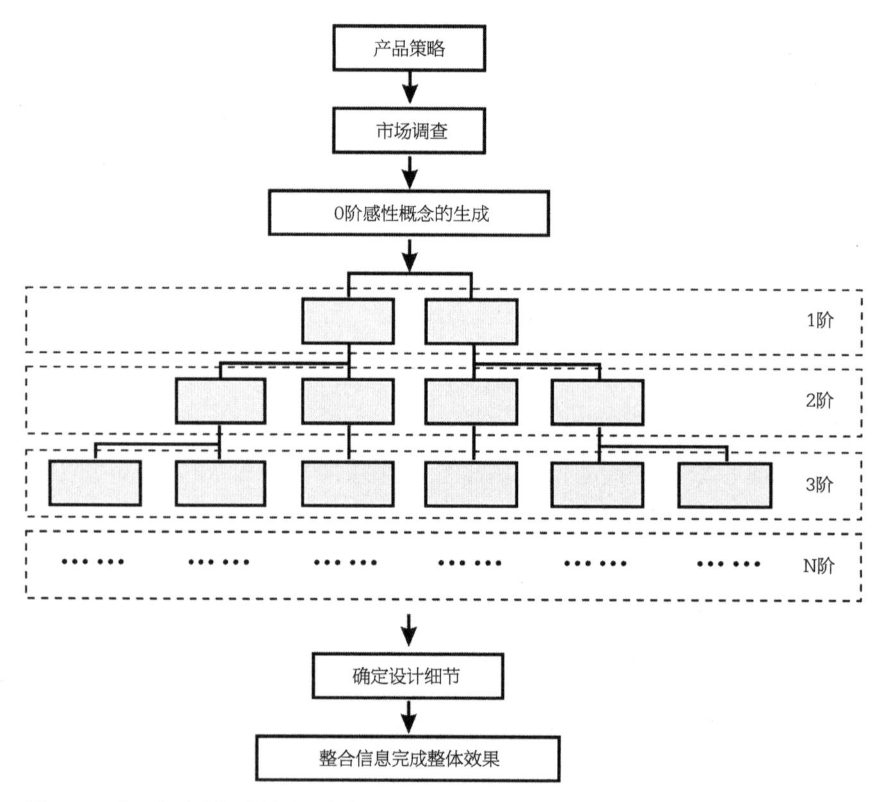

图3-7　阶层类比分析法的应用框架

① 罗仕鉴，潘云鹤. 产品设计中的感性意象理论、技术与应用研究进展[J]. 机械工程学报，2007，43（3）：8-13.

3.7.3 语意差异分析

语意差异分析是感性工学里最重要的情感量化方法之一，也是感性精准化设计的必需方法。早在20世纪上半叶，人们就开始了心理测量法的使用，因为它不需要复杂的测量仪器，应用简单。在众多心理测量法中，美国心理学家奥斯古德（Charles E. Osgood）及其同事于1957年提出的语意差异分析法（简称SD法）是最具有影响力的[①]，其首先被应用到心理学的研究中，后来被逐渐运用到经济学、社会学、设计学等多个领域。语意差异分析的流程如图3-8所示。

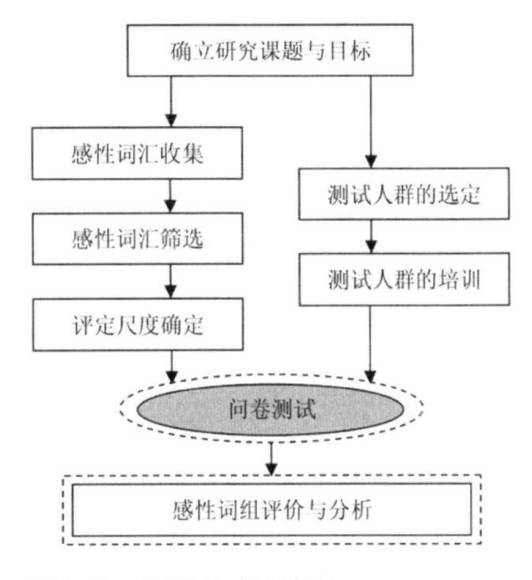

图3-8 SD法的应用流程

语意差异分析法包含三个部分：被评价的事物或概念、形容词、受测者。在使用中需要有多对（10～30）类似“漂亮的—丑陋的”等含义相反的形容词从多个维度来测量人们模糊的心理概念。在应用该法时，多对相反的形容词分别排列在度量表的两端，然后设置奇数的评价等级，如5级或7级。受测者根据个人感觉在这些对立的量尺上对某个事物或概念进行评估（图3-9），然后把多人的评估结果进行汇总，以此来了解某种意象或概念在人们心目中的感觉程度。

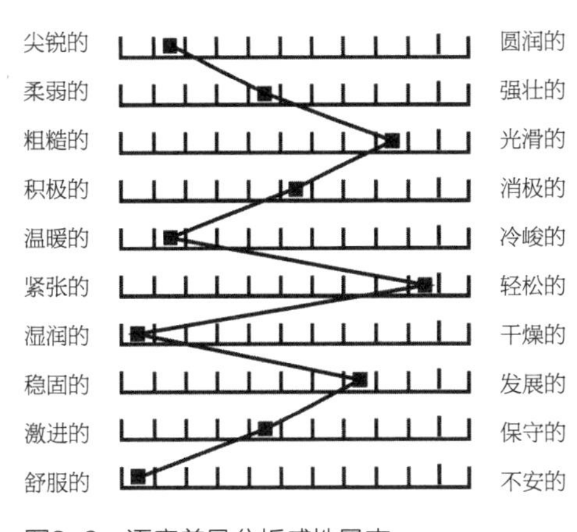

图3-9 语意差异分析感性量表

语意差异分析法在诞生之后迅速成为感性工学中情感量化的基本方法之一。它是感性意象的研究基石，是最常使用的一种态度测量技术。被广泛用于文化的比较研究、个人及群体间差异的比较研究，以及人们对周围环境或事物的态度、看法的研究等。

3.7.4 质量功能展开

质量功能展开（Quality Function Deployment，简称QFD）的方法诞生于1950年，被誉为“QFD之父”的日本质量管理专家赤尾洋二（Yoji Akao）和水野

① OSGOOD C E, SUCI C J, TANNENBAUM P H.The measurement of meaning [M]. Urbana: University of minois Press, 1957: 34-46.

滋（Shigeru Mizuno）提出，目的是使产品或服务得到预先保证，进而满足顾客需求[①]。第一个有记载的QFD应用的是1972年日本三菱的Kobe造船厂，日本丰田汽车也于1975年开始运用QFD来解决汽车生锈方面的问题。现在，QFD已经成为一种成熟的产品开发方法，在许多国家中广泛运用，不同于日本公司将QFD当成一个品质保证工具，更多的欧洲公司将QFD视为产品研发中的一种决策支持方式[②]。

1. 质量功能展开的定义与内涵

赤尾洋二将QFD定义为“将顾客的需求转化成产品的质量特性，然后明确产品设计标准，再将这些标准系统地扩展到产品相应功能部件、零件或服务项目的质量上，以及其作用发挥过程中的互动关系上”的一种系统分析的技术与方法[③]，是多层次的演绎与分析方法，能将消费者的感性认识通过多个指标转化为产品的工艺要求、零部件特性、工程条件、生产标准、具体工程特性的方法[④]。这些定义能有助于我们今天更好地理解质量功能展开的内涵。

质量功能展开理论是一种以满足用户的需求为主旨，以市场需求为导向，以消费者认知为依据，采用系统、规范的方法进行调查与分析，能对产品在顾客需求、技术状况、竞争能力等方面提供全方位的测定与保证，具有科学性与易操作性。QFD是一种贯穿产品开发与生产过程的质量管理技术，它将顾客的需求层层递进地分解到产品开发的全过程，通过一层层的分解实现客户的需求。

2. 质量功能屋的结构与功能

QFD中最核心的部分是一个矩阵集合——质量屋（Quality House），如图3-10所示，其为美国学者J.R.Hauser和DonClausing在1988年首创的一种二元矩形展开图。质量屋的结构包括左墙（顾客需求）、天花板（技术需求）、房间（关系矩阵）、屋顶（技术矩阵）、右墙（市场竞争评估）与地下室（技术竞争评估）6个部分。在实际的应用中，质量屋的具体结构可能会略有不同，有时候可能不设屋顶，有的时候市场竞争评估和技术竞争评估可能会有所增删[⑤]。

---

① Ralf Schmidt, Hartwig Steffenhagen.Quality Function Deployment [J]. Handbuch Produktmanagement, 2002：683-699.

② 秦观生. 质量管理学[M]. 北京：科学出版社，2002：45-64.

③ 王晓暾. 不确定信息环境下的质量功能展开研究[D]. 杭州：浙江大学，2010：34-45.

④ Ken Tomioka, Fumiaki Saitoh.A Method for Developing Quality Function Deployment Ontology. Human Interface and the Management of Information [J]. Information and Interaction for Learning, Culture, Collaboration and Business, Lecture Notes in Computer Science, Volume 8018, 2013：632-638.

⑤ 付艳. 质量功能展开（QFD）：一种顾客驱动的先进质量管理技术[J]. 价值工程，2007年9月：8.

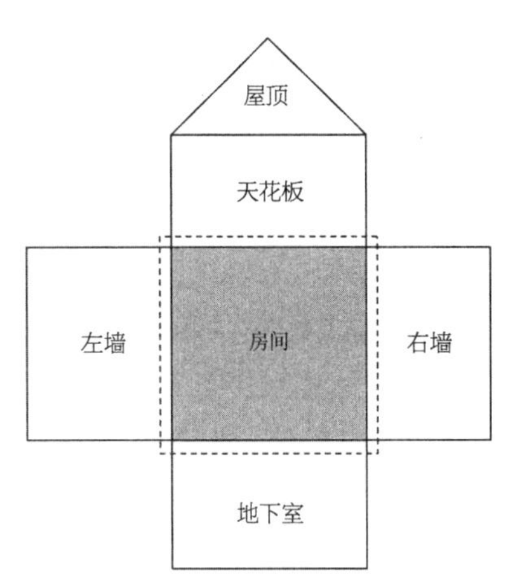

图3-10 质量屋模型结构

（1）**左墙**。质量屋中所需求的输入量，包括顾客需求和重要程度两部分。

（2）**天花板**。是针对各种需求所采取的方法、技术需求或工程措施，是由顾客需求转化来的、可操作的、可度量的技术[①]。当这些需求都实现时，顾客需求也就相应地全部满足了。

（3）**房间**。关系矩阵，表示顾客需求与技术需求之间的关系，常用强、中、弱来表示，也可有中间等级，用数字来表示。

（4）**屋顶**。相关矩阵，表示各项工程措施之间的相关程度和相互作用，包括叠加强化或抵触消减，在选择质量特性及指标时必须考虑它们的相互影响。

（5）**右墙**。市场竞争力评估矩阵，从顾客的角度评估本行业的产品或服务的满意程度，可把市场现有产品或服务的优势、弱点、需改进点显示出来[②]。其数据通过市场调查得到。

（6）**地下室**。技术竞争能力评估矩阵，包括技术需求的指标及其重要程度、相关目标值的确定等，目的是以便确定应优先改善的技术需求，如何改善等。

质量功能展开在具体的应用中，往往还要用到其他分析方法，或者说和其他方法搭配使用，如头脑风暴法（Brainstorming）、语意差分法、统计法等。该方法目前的发展趋势主要表现为自身的优化以及与其他设计理论的整合或集成研究[③]。

3.7.5 眼动分析技术

眼睛是人类获取外界信息的重要工具，据统计，人们约有80%～90%的信息是利用眼睛从外界获取的[④]。眼睛的作用不单是产生视觉，同时还是表露心灵的窗口，通过观测人眼的注视点转动轨迹，我们可以了解人类难以触摸的心理活动和精神状况。于是眼动分析技术便发展起来，它通过对眼睛瞳孔的测量以及视线轨迹的跟踪，以定量和定性的方法一起综合分析，探寻人的心理活动。

---

① José Lamartine Galvão Campos. Quality function deployment in a public plastic surgery service in Brazil [J]. European Journal of Plastic Surgery, August 2013, Volume 36, Issue 8：511-518.

② Dr.Keijiro Masui. Environmental Quality Function Deployment for Sustainable Products [J]. Handbook of Sustainable Engineering 2013：285-300.

③ 张海沸. QFD在汽车内饰件开发方面的应用[J]. 上海交通大学学报，2007年4月：180-187.

④ 韩玉昌. 眼动仪和眼动实验法的发展历程[J]. 心理科学，2000，23（4）：454-457.

1. 眼动的基本方式

眼动分析技术就是从眼动轨迹的影像记录中分析注视点位置、注视的时间与次数、瞳孔大小与眼跳距离等多项数据，从而研究人们在认知过程中的情况[①]。眼动有三种基本方式：注视（fixation）、眼跳（saccades）和平滑追踪（Smooth Pursuit），现对其分述如下。

（1）**注视**。注视是指在正常的观察活动中，眼睛焦点在被视目标上的停留，且停留时长至少在100ms以上的状况。眼睛在注视时才能对外界的视觉信息进行加工。在一个画面中，人们注视的区域与时间各不相同，被注视的次数多或时间长的部分则表示更易受到人们的关注[②]。于是，研究人员可以根据注视情况获知不同画面的焦点位置。

（2）**眼跳**。当人们的视线从某注视点转到另一注视点时，其产生的运动过程就称为眼跳[③]。眼跳在日常生活中经常发生，当人们的眼睛在观察与搜索感兴趣的物体时，眼球的移动不是平滑的，而是跳跃式的，于是眼跳就发生了。

（3）**平滑追踪**。当人的眼睛捕捉到引起关注的目标时，该目标的运动速度被转化为信息并输入到中枢系统，中枢系统便会配合眼睛产生不间断伺服运动，以追寻这个目标，这就是平滑追踪的过程。在视觉系统检测目标速度与反馈控制中，平滑跟踪在全程进行，从不间断。当眼球在追踪运动物体时，其过程定位并不是完全精确的，必须在追踪过程中用微量的眼跳来加以校正[④]，以把视觉刺激锁定在中央视觉内，使成像保持清晰。

2. 眼动技术的应用

眼动技术（Eye Movement Technique）的主要应用方法是从人们的视线轨迹中推断其关注的内容，早在19世纪就有科学家通过人的眼睛来研究人类心理活动，用眼动数据辅助探索眼睛和人的心理之间的关系。眼动技术在提出之初主要是用于心理学领域，但其作为一种通用的定量分析方法，必然会有更广泛的用途。于是随着自身的进一步优化和计算机技术的深入渗透，眼动分析技术随处可用了，如广告评估、产品研发、网站开发、界面设计、导向识别等，其分析结果也日趋精确。

根据眼动技术发明的眼动仪是人类探索各种视觉信息的传播方式，观察不同心理

---

① Sacha Bernet，Christophe Cudel，Damien Lefloch.Autocalibration-based partioning relationship and parallax relation for head-mounted eye trackers [J]. Machine Vision and Applications February 2013，Volume24，Issue2：393-406.

② 阎国利．眼动分析法在心理学研究中的应用[M]．天津：天津教育出版社，2004：56-61.

③ 周爱堡．试验心理学[M]．北京：清华大学出版社，2008：23-43.

④ 安璐，李子运．眼动仪在网页优化中的实验研究[J]．中国远程教育，2012年05月：87-91.

活动的有效工具。眼动仪是一种利用眼动技术跟踪眼睛的运动状况，然后进行视觉信息的数据分析，以研究观测者的心理活动的仪器。它利用现代光电传感技术来感应眼球转动的情况，再借助计算机对各种数据进行处理，最后加以分析得出研究结果。其工作原理如图3-11所示。

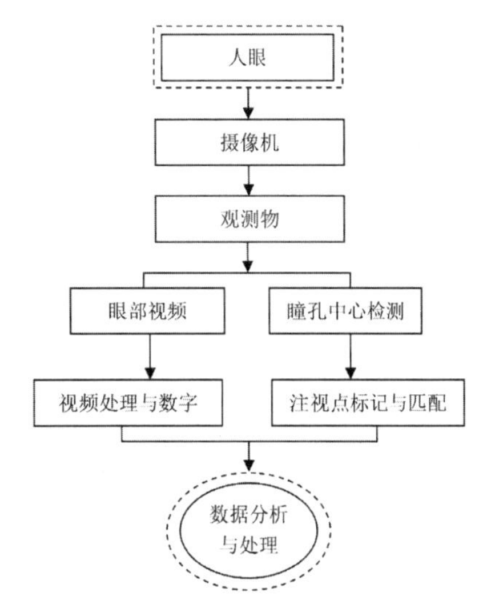

图3-11 眼动仪工作原理

目前，眼动仪被广泛用于注意、视知觉、阅读等领域的研究①。瑞典斯德哥尔摩大学最先应用眼动仪研究不同年龄的人们对图片的记忆能力状况，并测试1岁大的婴儿对图片方位的感知能力②。后来，眼动仪被用到了广告领域，分析人们在接触广告时的眼动特征，通过注视时间、注视次数及先后顺序等数据进行广告投放效果的测试③。后来，人们还研究了用视线来操作机器的方法，帮助残疾人创造更便利的生活方式。

3. 眼动仪的分析参数

眼动仪的技术原理先后经历了观察法→后像法→机械记录法→光学记录法→影像记录法等演变过程，现在已经较为成熟，在心理学、经济学、设计学等多个领域都有应用。我国从20世纪后期开始重视对人们视觉的测量研究，但测量设备（眼动仪）的制造技术还比较落后，一般都是靠从国外引进。目前市场上有不同厂家生产的多种眼动仪，如 EyeLink眼动仪、青研EyeLab眼动仪、EVM3200眼动仪、faceLAB4眼动仪、EyeTrace XY眼动仪、Tobii X50眼动仪、Smarteye5.4 眼动仪等。

现代眼动仪一般包括光学系统、瞳孔中心坐标提取系统、视景与瞳孔坐标迭加系统和图像与数据的记录分析系统等四个系统，主要有头盔式与摄像头式两种类型，前者主要用来分析处理现场观察的眼动参数，后者主要用来分析处理人们观察目标物体（如图片、视频等）过程中的眼动参数。

现在流行的眼动仪都是非接触式的，在测试时，被试者首先要身心放松，然后像

① Takumi Toyama.Object Recognition System Guided by Gaze of the User with a Wearable Eye Tracker [J]. Pattern Recognition Lecture Notes in Computer Science, Volume 6835, 2011: 444-449.

② Specific Targeted Research Project.Analysis of Synergies in Spontaneous Babbling[R]. NEST Contract No.50 1 0, Stockholm University, 2004: 13-23.

③ 程利，杨治良，王新法. 不同呈现方式的网页广告眼动研究[J]. 心理科学，2007，30（3）：584-587.

平时看显示器一样注视着眼动仪的屏幕，屏幕会根据测试的要求显示各种预先设定的图片，受测者只需平静地注视并跟踪自己感兴趣的内容，眼动仪就可准确收集被试者的眼动信息[1]。紧接着，眼动仪自带的分析软件就会自动绘出每张图片热点图（Heat map）及焦点图（Gaze plot）等。这样，研究人员就可对这些眼动轨迹进行分析，从而了解被试者的关注点与兴趣度。如图3-12所示，使用瑞典Tobii眼动仪对网页样本进行眼动追踪的热点图。

图3-12 眼动追踪热点图

当我们运用眼动仪来对测试者的心理过程进行分析时，主要有以下参数：

（1）观察时间长度。

观察时间长度指关注某个注视点所停留的时间，它包含了分辨兴趣区所有的注视点以及在它们之间移动的时间，反映了获取视觉信息的难易程度[2]。观察时间长则表示受测者在该处获取信息比较困难，但也能反映受测者对该处比较感兴趣。

（2）注视次数计数。

注视次数计数指受测者观察目标区域时产生的注视点个数，它反映了区域的重要程度[3]。在测试中，注视次数计数高的主要原因一是受测者对该区域感兴趣，二是对该区域产生疑惑。另外，注视次数的多少也反映了受测者对材料的熟悉程度，与注视时间密切相关。

（3）第一次到达目标兴趣区时间。

第一次到达目标兴趣区时间指被试人群花了多少时间找到该兴趣区域，也是被试

① Chandan Singh，Dhananjay Yadav. User Ranking by Monitoring Eye Gaze Using Eye Tracker. Proceedings of the Third International Conference on Soft Computing for Problem Solving[J].Advances in Intelligent Systems and Computing，Volume 258，2014：235-246.

② Hildegardo Noronha，Ricardo Sol，Athanasios Vourvopoulos.Comparing the Levels of Frustration between an Eye-Tracker and a Mouse：A Pilot Study[J]. Human Factors in Computing and Informatics Lecture Notes in Computer Science，Volume7946，2013：107-121.

③ 赵新灿，左洪福，任勇军. 眼动仪与视线跟踪技术综述[J]. 计算机工程与应用，2006年12月：108-120.

者理性度量兴趣区重要性与学习效率的重要指标之一[①]。注视点最先出现在哪个兴趣区域，证明该兴趣区域内存在着被试人群首先要了解的信息，即被试人群对该区域产生了兴趣。

（4）眼动轨迹图。

眼动轨迹图是将眼动信息用数据和图形的方式呈现出的轨迹视图，能最具体、最直观和最全面地反映眼动的时空特征[②]。

（5）瞳孔大小。

瞳孔直径与人的情绪和认知加工有密切关系。如看到了讨厌的东西时瞳孔就会缩小，而发现感兴趣的物体时瞳孔就会增大。另外，人们在阅读时记忆负荷越大时，瞳孔就越大。

（6）眼跳距离。

眼跳距离指在眼跳运动中，两两注视点间的距离。眼跳距离与视觉加工的信息内容有关。

（7）丢失时间。

丢失时间指在注视过程中，被试者并没有注视到被试材料的时间。导致的原因可以是被试材料的难度和被试者的疲劳等多种原因。

以上所述的所有眼动参数都不能独立表达清楚受测者真正的内心活动与感性认知情况[③]。因此，在应用中需要将七者相互结合，同时辅以问卷调查、访谈论证、结果核查等多种方式加以修正，才能获得较为可信的用户感性需求。

3.7.6 人工神经网络

人工神经网络（Artificial Neural Network，简称ANN）是人类在对大脑神经网络认识、理解的基础上人工构造的能够实现某种功能的神经网络，是理论化的非线性人脑神经网络数学模型，其发展是包括语义学、美学、心理学、人机工学等多学科相融合的结果，包括人工智能、CAD技术、模拟技术、优化技术等。目前人工神经网络在计算机辅助工业设计（CAID）中广泛运用。

---

① Goldberg H.J, Wichansky A.M.Eye Tracking in Usability Evaluation: A Practitioner'S Guide [J]. The Mind's Eye: Cognitive and Applied Aspects of Eye Movement Research.2003: 493-516.

② Hussein O.Hamshari, Steven S.Beauchemin.A real-time framework for eye detection and tracking [J]. Journal of Real-Time Image Processing December, 2011, Volume 6, Issue 4: 235-245.

③ 李旺先，张电扇，王媛媛. 阅读中的眼动方法述评[J]. 吉林省教育学院学报，2011,（1）: 129-131.

1. 人工神经网络的优势

人工神经网络通过模拟人脑中神经元的某些运行方式（图3-13），模仿人脑的某些功能，具有了一些人工智能的基本特征，总体来说神经网络的主要优势有以下5点：

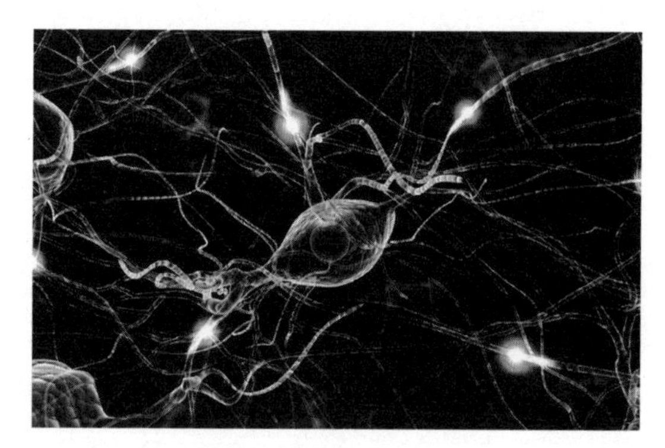

图3-13 人脑神经元运行状态

（1）**推理速度快**。神经元在人工神经网络中的排列是有规律的，它以并列或分层的序列进行，多种信号能同时传递到神经元的输入端进行计算，这种分布性结构非常适合并行计算。因为每一个系统中的神经元都是一个相对独立的处理单元，因此我们可以把整个神经系统看作一个分布式的计算系统，合理地避免了以往的“匹配冲突”、“无穷递归”与“组合爆炸”等计算机运算的顽固问题[①]，使推理速度更加快捷。

（2）**可学习性强**。人工神经网络可以根据样本特征与学习算法来模拟实际环境，并能对输入的数据进行自动适应与自动学习，因此即使结构很小，但能持续地存储，有效地扩大专家知识库。

（3）**容错性强**。由于神经元的大量连接与互通，人工神经网络具有“联想记忆”与“联想映射”的功能，这有利于提高专家系统中的容错能力，克服传统系统的“窄台阶”问题，降低因少量神经元失效而产生的影响，保障整体系统功能的稳定。

（4）**泛化能力强**。人工神经网络具有系统的自动协同能力，能进行大量非线性运算，并充分接近复杂多变的非线性模型。当输入的数值发生小量变化时，其输出结果不会有过大差异。

（5）**通用性强**。人工神经网络内部知识的表示形式是统一的，任何知识都可通过学习，以与范例相同的形式存储于同一种神经网络的各关联中。这对知识库的管理来说是相当方便的。

2. BP神经网络的理论框架

BP（Back Propagation）网络是1986年由Rumelhart和McCelland为首的科学家小组提出，是一种按误差逆传播算法训练的多层网络，是目前学界最常应用的一类神经模型。BP网络是建立以权重描述变量与目标之间特殊线性关系的一类人工神经网

---

① 钱康. 配永磁机构真空断路器的预击穿特性研究[D]. 北京：北京交通大学，2010：23-31.

络，它能学习大量的数据输入，并实现存贮与运算输出。在这个过程中，其无须数学方程，用反向传播的方法不断调整神经网络的阈值和权值，能从一堆复杂的数据中找到规律，使网络中误差达到最小。

BP网络模型是一种拓扑结构，包括输入层（input）、隐藏层（hide layer）以及输出层（output layer），其结构如图3-14所示。应用BP网络的实质就是拟合这种非线性函数关系。相比于其他网络，它建模简单，不依靠目标问题的过往规则和先验知识，具有很好的适应性，适合解决生活与生产中的非线性与多元性预测问题。

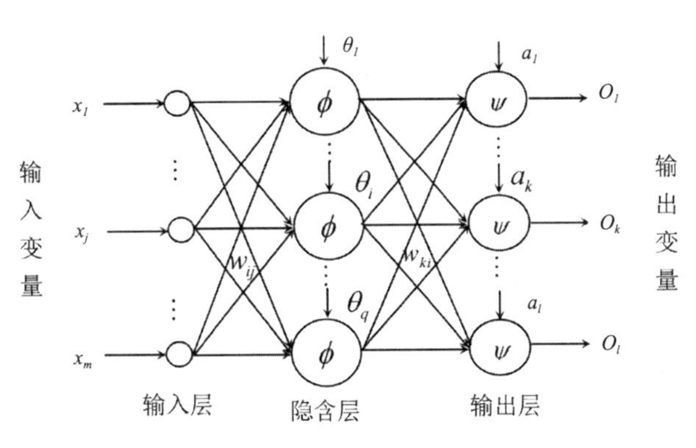

图3-14　BP神经网络结构

图中　x_j ——网络输入层中第 j 个节点的信息输入，$j=1$，…，M；

w_{ij}——网络隐含层从第i个节点到网络输入层第 j 个节点间的权值；

θ_i ——网络隐含层中第i个节点处的阈值；

w_{ki}——网络输出层中第k个节点到网络隐含层中第i个节点间的权值，$i=1$，…，q；

a_k ——网络输出层中第k个节点处的阈值，$k=1$，…，L；

O_k——网络输出层中第k个节点处的信息输出。

BP神经网络对非线性的预测和推导性问题的解决较有优势，其标准的学习算法是一种简单的最速下降静态寻优算法，基本公式如式（3-1）所示：

$$\Delta W(n) = \eta \frac{\partial E}{\partial \omega\,(n-1)} + \alpha \Delta W(n-1) \tag{3-1}$$

式中　W ——权值；

n ——样本数；

η ——学习速率；

α ——惯性因子；

E ——误差[①]。

BP神经网络在正向运算时，从输入层中传入的样本经多个隐藏层进行处理后，最终到达输出层，当输出的数值期望值不符时，则进行误差反向传播，不断调整权值。此过程一直进行到网络输出误差减少到可接受的程度，或进行到预先设定的学习次数为止。如图3-15所示，为基本BP算法公式的推导过程。

---

① 韩力群. 人工神经网络理论、设计及应用[M]. 北京：化学工业出版社，2007：68-76.

3.7.7 德尔菲法

德尔菲法（Delphi Method）[①]是现代预测和决策过程中的常用方法，它本身是社会科学方法的一种，适合在社会调查与分析中应用。德尔菲法在20世纪40年代由O. 赫尔姆联合N. 达尔克首次提出。当时，兰德公司最先使用该法进行设计预测，取得良好效果[②]。后来经过T. J. 戈尔登以及兰德公司的进一步发展，德尔菲法的程序更加科学，其操作方法也更加便捷，深受调查工作者的欢迎，于是被迅速传播，现在已在多个领域得到成功的应用。

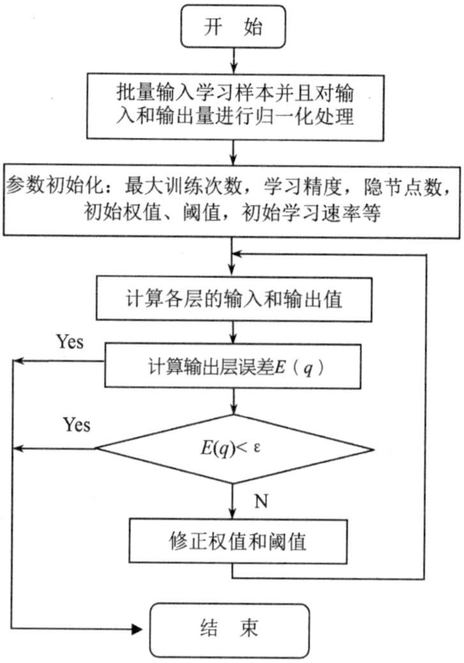

图3-15 BP算法程序流程图

1. 德尔菲法的基本步骤

德尔菲法的应用方式是依据预先设定的系统程序收集并综合专家意见，参与的专家采用不记名也不得讨论的方式独立发表意见，然后经过多轮次的反复调查、征询、归纳、修改，最后汇总成专家们基本一致的看法，这些看法不再是个别专家的主观认识，而是具有一定科学性与综合性的认识，可以作为预测的结果。德尔菲法的具体实施步骤如图3-16所示。

（1）**成立专家小组**。根据课题相关的知识领域，确定参与专家。专家组成员的多少，可按照课题大小与所涉知识面而定，一般情况下为10～20人。

（2）**准备所需材料**。根据所需预测的内容及相关要求准备材料，包括所有的背景材料，同时还有征求专家的意见，补充其需要的特定材料。

（3）**初步提出预测**。各个专家根据他们所收到的材料，提出自己的预测意见，并说明自己是怎样利用这些材料并提出预测的。

① 德尔菲这一名称起源于古希腊有关太阳神阿波罗的神话，传说中阿波罗具有预见未来的能力。因此，这种预测方法被命名为德尔菲法。

② 百度百科http：//baike.baidu.com/view/41300.htm.

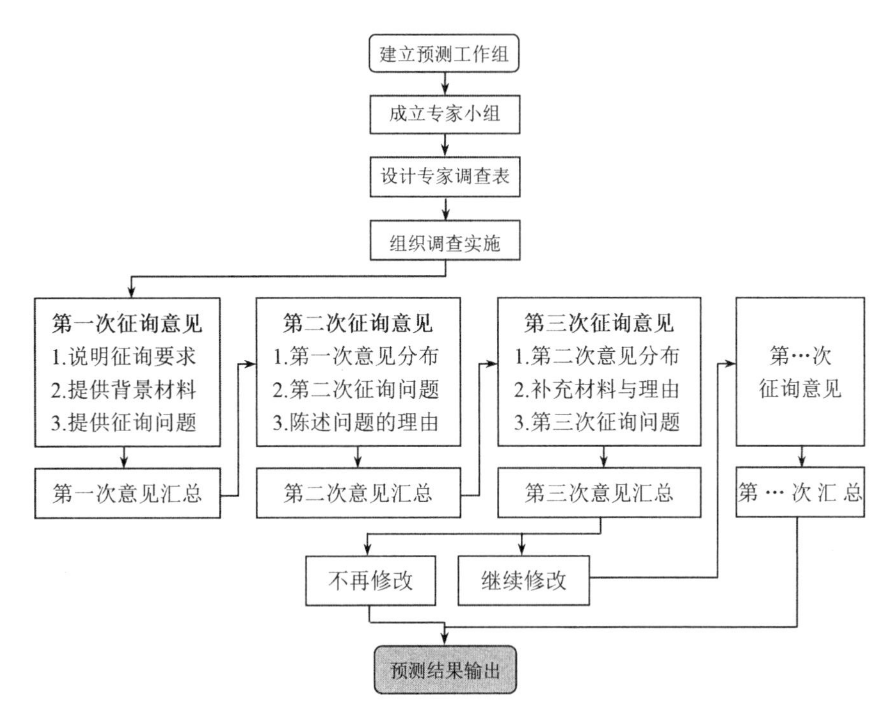

图3-16 德尔菲法的实施步骤

（4）**初次意见反馈。**将专家第一次的判断意见汇总，列成图表，进行对比，再分发回去，让专家比较自己和其他专家的不同意见，参照修改自己的意见和判断。

（5）**反复征询意见。**将全体专家的意见再次收集、汇总、分发，以便再作修改。逐轮征询意见并反馈给全体专家是德尔菲法应用的关键环节，一般要经过3～5轮，直到所有专家都不再改变意见为止。

（6）**形成预测决议。**综合处理专家提出的意见，形成预测的决议或决策，作为某项工作与行动的实际计划及指导意见。

2. 德尔菲法的优缺点

德尔菲法的优点是比较明显的，主要就是其简便易行，不需要什么精密的仪器，过程也不算复杂。另外，它具有明确的科学性与客观性，能避免以往会议讨论中对权威意见的附和与跟风，消除因碍及情面而不与他人发生意见冲突的弊病；同时也能从反方向打破固执己见的陋习，使大家的意见很快得到统一，也能使参加者易于接受结论。

但德尔菲法也有缺点，因为专家们一般对时间的使用比较紧凑，对问题的回答与讨论会比较草率。另外，因为意见的征询对象都是专家，所以征询的结果也只属于专家们的主观判断，有时会缺乏群众的认同。此外，德尔菲法还有诸如专家选择困难，征询意见过程时间较长，征询得到的决策缺乏执行细则等问题。

尽管这样，德尔菲法仍不失为在感性精准化设计中的可行的集体决策方法。

3.7.8 KJ法

KJ法是日本东京工业大学教授、人文学家川喜田二郎提出的一种质量管理工具[①]。KJ是他名字（Kawakida Jir）的英文缩写。这一方法是从错综复杂的现象中，用一定的方式来整理思路、抓住思想实质、找出解决问题新途径的方法。

1. KJ法的概念与内涵

KJ法又称A型图解法、亲和图法，是新的QC七大手法之一。KJ法不同于统计方法。统计方法强调一切用数据说话，而KJ法则主要用事实说话，靠“灵感”发现新思想、解决新问题。KJ法是将未知或未曾接触过的问题或意见通过语言文字的形式收集起来，并利用它们内在的关系制成合并图表，方便研究团队理清脉络，透过复杂现象抓住实质，找到解决相应问题的方法。

KJ法可以分为A类KJ法和B类KJ法[②]。A类KJ法是将各种信息之间的关系用图形（结构模型）表示出来；B类KJ法是在A类KJ法完成的基础上，如果需要或者能够提出一个明确结论就将结构模型用一个句子表达出来作为对所分析问题的结论。

2. KJ法的操作细则

运用KJ法时，需结合脑力激荡、分类法、归纳法等方法一起使用，详细过程如下。

（1）组织团队，建立共识。将问题可能涉及的人员组织起来，少则3～5人，多则数十人。意见特别强烈的人不能被摒除在外，平时不讲话的人，只要工作相关便需邀请参加。团队建立后，要让团体成员降低压力，建立整体共存共荣的一体感，消除戒备心理，避免相互攻击。

（2）定义问题，提出目标。清楚地定义要解决的问题和提出的目标，并得出相应结果。例如某单位投入巨额资金开发高新科技项目，至今尚无成果，我们的目标是找出问题的关键，并决定是否继续投入资金，如果要继续投入，未来该如何控制本项目，并如何确保成果。

（3）脑力激荡，提出意见。人数如果在12人以下，可以集体操作，如果在12人以上，最好分成几个小组，每组约4～8人。每人都把经过思考的想法尽量完整地提出来，工作人员将其用精练的语言写在桌面的卡片上，供大家查看。此阶段主要将所有问题现象详细列出，并将问题写在贴纸上，每张贴纸只写一个问题，时间约为

① [日]川喜田二郎. KJ法[M]. 东京：中央公论社，1986：24-31.

② 谭跃进，陈英武，易进先. 系统工程原理[M]. 长沙：国防科技大学出版社，1999：31-34.

30～90min。如果问题太多，可以延长时间，但中间需要休息。

KJ法的上述三个步骤称为“一轮KJ法”。然而还有另外一种KJ法，称为“累积KJ法”①。累积KJ法就是将上述三个步骤不断重复。

（4）汇集问题，意见归类。各小组经过讨论，统一小组成员的意见。然后各小组派代表轮流上台展示结果，并按意见的相似性将卡片归类，并将意见全部贴在指定的大海报上。当遇到相同点时，便贴在一起，形成一个小类，并给每小类定一个名称。当某个参与者又有新建议时，还可以继续加到该类里来。然后全体参与者一起将各小类意见进行归组，得到范围更大的中组与大组。当然，也有些难以归类的问题要单列处理的。当全部发表完后，所有可能的问题已经全部呈现在大家眼前。一般问题会在数十个左右，特别复杂的情况可能多达几百个。

（5）排出顺序，构思方案。将每一大类的问题，根据其严重性排列顺序，如果问题甚多，可以分成A、B、C三组，A组是最重要的，B组是一般重要，C组是次要的。然后由问题相对应的部门牵头商讨解决方案，经审议后形成决策，交付执行。执行后定期检查进度与成果，如有必要再局部修正，直至问题妥善解决。

（6）归纳总结，形成标准。因为相似问题或许会再现，需将此次的经验变成标准化的流程，并将相关的资料形成书面化，以供未来参考。这不仅能节省时间与成本，更能促成组织的学习能力，这也是未来组织的重要核心能力——知识管理的能力。如果公司有内联网，应该将此信息公布于网上，以便将此经验转化为全公司的技能。

KJ法的总体实施情况如图3-17所示，其应用效果良好是因为它有合适的途径能把各类专家、决策者和管理者的建议汇集到一起，能从一堆无序的信息中建立起秩序清晰的系统，从而准确抓住问题的关键，对症下药②。

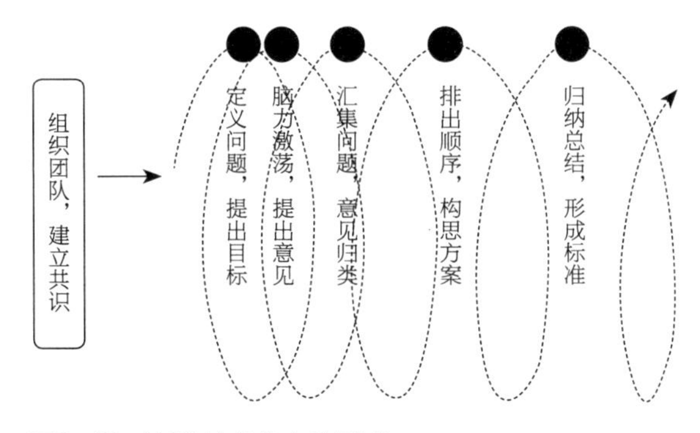

图3-17　KJ法的总体实施形式

① Munemori J, Nagasawa Y.GUNGEN: groupware for a new ideageneration support system [J]. Information and SoftwareTechnolo-gy, 1996, 38: 213-220.

② 唐海萍，陈海滨. 基于KJ法的艾比湖流域生态环境综合治理研究[J]. 干旱区地理，2007年5月：57-62.

3.8 精准化设计的发展前景

相对于传统设计、粗放设计而言，精准化设计的主要内涵是：设计技术精良，资源投入精量，运作尺度精准，成果收获精致。精准化设计通过高新技术的投入和科学管理的实施，实现了对资源的最大节约，对设计效果的最大限度发挥，对现有成果的最佳利用①。可以说，精准化设计是优质、低耗、高效、环保的设计方法，是一种可持续发展的设计方法，是体现现代经济与技术方向的设计方法，具有可见的广阔应用前景。

展望未来几年我国设计业的发展，精准化设计必定以其高度的科学性及效果性体现强大的优势。同时，随着设计的进一步推广与应用经验的增多，精准化设计必定会更加完善，更有生命力。

3.9 本章小结

在传统设计方法出现能耗过高、定位不准、创意模糊、效果不佳的情况下，我们从农业及管理、营销行业中出现的“精准化”理念中发展出“精准化设计”理论。精准化设计通过市场监测技术、信息处理技术、遥感技术、数字化技术、人工智能、计算机辅助设计等技术，实现速度提升、质量提升、效益提升的设计目标。针对市场和客户的需求，科学、高效、优质、准确地建立设计系统，最快、最好、最准地拿出设计方案。

精准化设计包含设计对象精准化、设计信息精准化、设计方案精准化、设计效果精准化、设计成本精准化等内容。精准化设计具有突出的特点与优势，能使设计管理由定性向定量转变，由末端控制向前端控制转变，技术措施由概念化向精准化转变，设计工作由经验性向数字化转变。但精准化设计的实施也有比较多的条件要求，要有充分而可靠的知识与技术、有科学完善的设计管理制度、有与市场及生产体系结合的机制，同时设计者要具有整合诸多因素的能力与精诚合作的能力。

在精准化设计方法的发展中，感性精准化是本章研究的重点，系统地研究了诸多感性精准化的设计方法，它们有调查统计法、阶层类别分析法、语意差异分析法、质

---

① 洪利红．中小企业精准化生产管理思想及其措施研究[J]．对策与战略，2013年10月：143-144.

量功能展开法、眼动分析法、人工神经网络、德尔菲法与KJ法等，这些方法共同构成了感性精准化设计的方法系统，是实施感性精准化设计的保障。

精准化设计方法具有良好的发展前景，通过进一步对其理论的丰富与深化，必定能有效解决目前设计行业中存在的问题，能在经济发展与社会进步中发挥更大的作用。

第4章

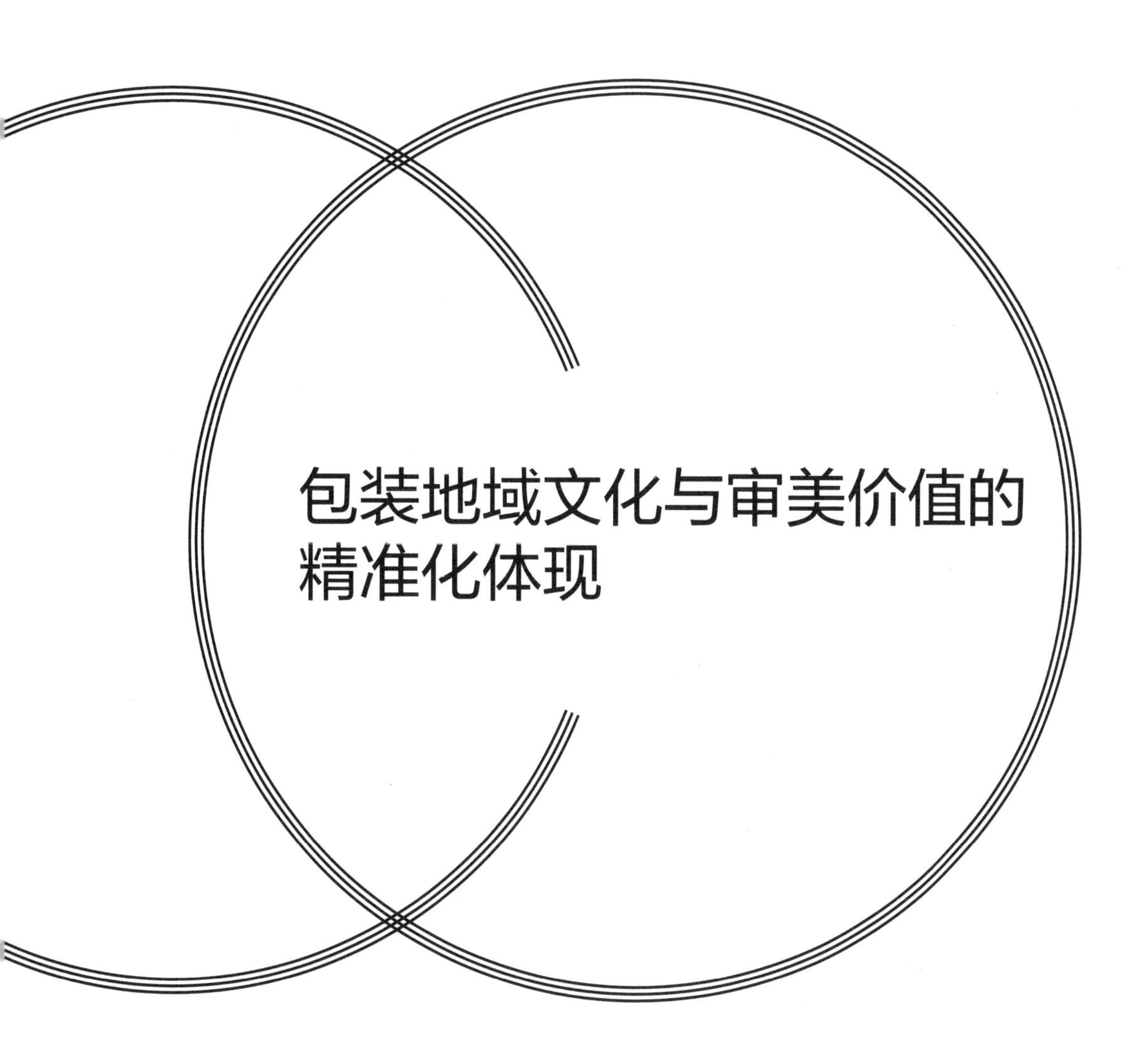

包装地域文化与审美价值的精准化体现

产品包装是一个技术与艺术相结合的领域，与人们的日常生活及文化活动息息相关。我们在包装设计中要体现人们的审美情趣与文化特色。在精准化包装设计的方法中，包装创意的精准化是首要任务。要实现包装创意的精准化，我们就要考虑人们的社会价值观与审美情趣，要结合不同的地域文化，体现包装的精神内涵。

本章从包装设计的第一步——价值定位与审美文化的测量开始，探索包装价值观量化、审美情趣定位以及地域文化表达等问题。

4.1　地域文化对包装形态的影响

人和动物的根本区别就是人具有对环境认知的能力，动物只有环境，而人却在对环境的符号化认知中获得了一个世界[①]。正是这种符号语言使人类得以超越其他动物，建构独特的文化模式，同时又使该文化在漫长的年代与广阔的地理空间中代代相传，形成了富有特色的地域文化。

4.1.1　地域文化的形成与发展

1. 地域文化的概念

地域文化也被称为区域文化或地方文化，是人们在某一地区的漫长生活中，逐渐积累和形成具有鲜明特色的文化传统和精神气质[②]。地域文化是专指人民在特定区域与特定历史阶段中创造的具有当地生活特色的文化，是地理、生态、民俗、习惯等文明

① 申小龙. 汉语与中国文化[M]. 上海：复旦大学出版社，2011：22-27.
② 施旭升. 从地域到场域：艺术文化的现代性转型[J]. 现代传播，2012年第2期：73-77.

的总体气质。“地域”是文化形成的地理背景和必需条件，其范围根据实际特征可大可小；“文化”是该地域上的精神、传统等综合主体，是多要素的有机结合。地域文化有狭义与广义之分，前者主要指我国先秦时期各地的物质与精神财富总和，而后者在时间上是指从古至今一切文化遗产[①]。

2. 地域文化的形成

地域文化经过长期的生活沉积才能形成，其产生、发展受着地理环境的影响，不同地区居住的不同民族在生活习俗、生产方式、民族传统、心理特征、社会组织形态等物质和精神方面存在着不同程度的差异，从而形成具有鲜明地理特征的地域文化，其形成是一种历史的必然。它在一定阶段具有相对的稳定性，但也在不断地发展、变化[②]。

中国自古以来，不同地区的人们在生活习惯和情感方式方面就各有差异，也形成了不同的社会风俗与人文气质。《汉书·地理志》指出人的行为、性格、观念等不同的表现特点会受到水土风气及王侯意念的影响。《管子·水地篇》也通过齐楚两国人民的性格异同概括了地域环境对民风民俗及精神气质形成的关键作用。

在西方，实证主义的孔德哲学影响深远。18世纪至19世纪法国斯达尔夫人从地域的概念阐述艺术的发展。随后丹纳在《艺术哲学》中指出：“的确，有一种‘精神的’气候，就是风俗习惯与自然界气候起着同样的作用。”[③]显而易见，丹纳所言的“气候”不仅包含地理、气候等自然环境，也包含风俗习惯、时代精神、社会结构等社会环境，更与特定民族（种族）的精神气质的密切关联。

4.1.2 地域文化的类型与特色

一个地域就是一个民族集中居住的地方，每个民族都有自己的文化传承，这种传承往往表现在其日常生活之中，如乡村民俗、民居建筑、人文景观、音乐舞蹈、宗教信仰、衣食住行等都体现了地域文化的传承性，既构成了一个民族的文化特征，也构成了一个地域的文化特征，而且这些特征既代代相传，又会随时代发展而变化[④]。

中国的地域文化具有经典的“北雄南秀”风格。北方地域辽阔，高山峻岭，四季

---

① 袁玉梅. 北方说唱艺术与地域文化特征研究[J]. 河南社会科学，2012年9月：76-78.

② 李慕寒，沈守兵. 试论中国地域文化的地理特征[J]. 人文地理，1996年第1期：78-80.

③ [法]丹纳著. 艺术哲学[M]. 傅雷译. 北京：人民文学出版社，1963：3，34，39，144.

④ Sjoerd Beugelsdijk. Entrepreneurial culture，regional innovativeness and economic growth [J]. Journal of Evolutionary Economics.April 2007，Volume 17，Issue 2：187-210.

分明，空气干燥，这种生态特征赋予了北方文化一种粗犷的壮美[①]；而历史上中原常年征战杀伐、群雄逐鹿，于是在壮美中又带出豪迈刚劲、慷慨激昂的民族性格。

相比北方的广袤，南方则濒临大海。那里湿度大，温差较小，决定了南方人内向、细腻的特点。同时，南方以老庄之学为主导，重个性张扬与形式美，不同北方的儒家思想，重内敛，重经世致用[②]；南方有尚文的传统，北方有尚质的传统；北方说理意味重，倾向于传统守旧；南方多以抒情见长，形式和风格也更倾向于求新求变[③]。

可见，地域的不同会带来文化的极大差异，并有丰富的表现形式，如陕北剪纸、晋商大宅院、皖南古村落、江浙蓝印花布、贵州蜡染头巾、天津杨柳青与苏州桃花坞的木版年画、老北京风筝、江南皮影戏，此外，还有年画、皮影、木雕、竹刻、石雕、泥塑等，这些不仅是地域文化的符号，更是各民族精神的一种表现方式。

4.1.3 地域文化对包装形态的影响

1. 地域文化对艺术作品的影响

长期以来，艺术的发展离不开特定地域文化的孕育与滋养，丰富而独特的地域文化为人类艺术提供了不可或缺的土壤与养分，形成了多种多样的地域风格。所谓“地域风格”是在艺术作品中体现出的地域特色，是从属于民族风格之下的，它与本土区域内地理环境、文化习俗、思维习惯、行为方式等相对稳定的客观因素一起，反映出当地的整体艺术精神，是民族精神与时代精神在艺术作品中的相互契合，同时也是构建两者的主要力量之一[④]。地域的自然与文化的特色潜移默化地影响着艺术家或设计师的生活、思想和感情，并自然而然地反映到他们的创作当中，呈现出特有的地域特色[⑤]。

在现代全球化、现代化的发展进程中，地域性似乎被淡化了，但真正的全球化并不是全球文化“同质化”，而是在一个思想开明的状态下，各国家、民族的文化能得到更好的理解和发展[⑥]。当代地域文化不仅属于一个地区、一个民族，也属于全人类。

地域文化特色对任何一件艺术作品而言，都是不可或缺的重要元素，它既是作品

---

① 王光英. 基于“艺术场域”：地域文学在审美教育中的差异性研究[J]. 文艺评论，2012年5期：40-42.
② 刘洋. 东北地域与油画语言特点研究[J]. 大众文艺，2010年20期：28.
③ 施旭升. 从地域到场域：艺术文化的现代性转型[J]. 现代传播，2012年第2期：73-77.
④ 刘蓉. 本土地域风格在陕西民族器乐作品中的呈现[J]. 西安音乐学院学报，2013年6月：91-94.
⑤ 盖凤丽. 海派地域文化与海派水彩[J]. 科技信息，2010，(19)：65-68.
⑥ 曹倪娜. 地域美术，一个成长中的明星[J]. 艺术探索，2008年10月：56-57.

赖以生存的地理空间，是作品个性和文化特征的综合体现，也是创作者与生俱来的文化基因和文化认同的自然流露[①]，如图4-1所示的包装盒子就具有浓厚的西南特色。

图4-1 具有西南（贵州）特色的包装

2. 包装设计地域文化的体现与要求

包装设计是一种商业文化与艺术文化的综合体现，与民族及地域有着千丝万缕的关系，地域因素对包装创新的影响一直都是国内外艺术界和产业界的热点论题。文化是设计永不枯竭的源泉，不同地域的鲜明特点不但影响到包装形态的发展，更是对包装设计提出的文化要求。合理利用地域因素和传统文化对包装设计的发展有巨大的帮助。

包装设计以人为中心，人有什么样的需求，就会产生什么样的包装。现代包装要考虑到不同地区群体有不同的需要。当地理环境、风俗习惯、经济水平、人文气息等条件不同时，包装设计的具体表现也是不同的。包装往往体现和承载着一定区域的文化意象，如美国的豪华、日本的精致、法国的浪漫、德国的严谨[②]。还如我们国内北方的豪迈、南方的婉约、东部的空灵、西部的粗犷。包装设计还应包含这些特定区域文化的历史文物、自然景观、人文风情、服饰习惯、生活器物、地理符号等形象内容，并反映其形态和色彩的文化内涵与文化特征。使其所蕴含的地域文化在激烈的市场竞争中成为传播产品文化的重要纽带，并成为提高产品竞争力、推动区域经济发展的有利因素。

4.1.4 包装地域文化的精准量化

包装中地域文化的体现非常重要，但要实现精准量化与定位却比较困难。一是资料收集与补全工作量大[③]。由于各种原因，许多珍贵的文献资料散失，第一手资料难以收集，因此地域文化的精确标量比较困难。二是因为城市化加剧，人们流动快，“本地人”生活环境的改变使地域文化变化快速，稳定性低。三是量化的指标体系相当庞大，

① 陈璐. 地域情·文化意·民族风[J]. 电影评介，2011年10月：78-83.

② 罗莎莎，张泽. 地域背景下的产品文化研究[J]. 常州信息职业技术学院学报，2010年12月：61-63.

③ Desmond Mascarenhas，Amoolya H. Singh. Regional culture and adaptive behavior of physicians [J]. Journal of Bioeconomics，October 2012，Volume 14，Issue 3：257-266.

运算过程复杂，结果也不太稳定。四是量化结果在设计体现中的效果难以控制[①]。

为了克服以上困难，在包装地域文化的体现中，我们主要运用SD法。在制定SD法量表时，首先要进行科学的感性特征表达。感性特征的表达是通过感性词汇来进行的，感性词汇是人们描述外界物质或情感的知觉类形容词，这种感性词汇描述的是一种心理反应，而不是事物本身的固有属性[②]。感性词汇的广泛收集与科学整理是研究产品感性特征的重要内容，也是应用感性工学进行精准化设计的必备步骤。

收集感性词汇的方法很多，有查阅书籍、期刊、论文等各类文献，在商业区与生活区定点观察广告传单、产品名录、人们言谈；通过互联网、电视媒体、APP进行搜索；对专家及相应人群进行咨询等。经初步收集，我们可得到大量词汇，但它们还比较粗糙，需要通过专家论证与头脑风暴等方法进行查漏补缺，并剔除个别不相容的词语。

经过以上方法的收集整理，一共获得了与地域文化相关的词汇176个，它们代表了当今人们对我国地域的感性认识。在这些词汇中，我们按照意思的相对性组成88对词组。然后再编写调查问卷，选择40人为调查对象，要求他们选取30对认为最能够表达地域感受的形容词。经过整理调查问卷，按照票数由高到低排列，按4个类别精选出16对相关度在90%以上的词汇进行编号，如表4-1所示，用于对地域文化属性的感性分析。

地域文化的感性词汇　　表4-1

编号	类别	感性词汇	编号	类别	感性词汇
1	精神意境	朴实厚重—轻盈活泼	9	性格气质	粗犷豪放—雅致细腻
2		婉约优美—气势恢宏	10		凄凉苍劲—温馨舒缓
3		内敛含蓄—外向直爽	11		空灵清秀—粗犷大气
4		雄强刚健—柔弱文静	12		泼辣大胆—羞涩矜持
5	文化类型	中西合璧—本土风情	13	外在表现	雅致奢华—粗糙无华
6		民间传统—时尚潮流	14		美轮美奂—简朴洁净
7		宗教色彩—无神主义	15		简约明快—复杂繁缛
8		皇家气派—乡野情调	16		浪漫抒情—枯燥无味

然后再以中南地区为例，使用语意差异法制作地域文化特征测量表，如表4-2所示。我们将问卷里每对词汇的感性程度标尺设为“-3、-2、-1、0、1、2、3”7个等级，

① 施旭升．从地域到场域：艺术文化的现代性转型[J]．现代传播，2012年第2期：73-77.
② 种道玉．产品设计中的感性特征研究[D]．北京：北京工业大学，2007：33-37.

等级小的就表示主观感受偏向左边词汇；相反，等级大的就表示主观感受偏向右边词汇，中间位置的0级表示无明显感受。消费者在测量时，认真感受相关形容词所代表的意思，并在相应的栏目中把自己认为最符合当地地域特色的数字钩选，以作后期统计分析的数据来源。

中南地区地域文化感性词汇　　表4-2

<table>
<tr><th>测量者类别</th><th>类别</th><th>感性词汇测量表</th></tr>
<tr><td>□本地居民</td><td rowspan="4">精神意境</td><td>朴实厚重 [-3][-2][-1][0][1][2][3] 轻盈活泼</td></tr>
<tr><td>□外来5年以上</td><td>婉约优美 [-3][-2][-1][0][1][2][3] 气势恢宏</td></tr>
<tr><td>□访客</td><td>低敛含蓄 [-3][-2][-1][0][1][2][3] 外向直爽</td></tr>
<tr><td rowspan="13">
</td><td>雄强刚健 [-3][-2][-1][0][1][2][3] 柔弱文静</td></tr>
<tr><td rowspan="4">文化类型</td><td>中西合璧 [-3][-2][-1][0][1][2][3] 本土风情</td></tr>
<tr><td>民间传统 [-3][-2][-1][0][1][2][3] 时尚潮流</td></tr>
<tr><td>宗教色彩 [-3][-2][-1][0][1][2][3] 无神主义</td></tr>
<tr><td>皇家气派 [-3][-2][-1][0][1][2][3] 乡野情调</td></tr>
<tr><td rowspan="4">性格气质</td><td>粗犷豪放 [-3][-2][-1][0][1][2][3] 雅致细腻</td></tr>
<tr><td>凄凉苍劲 [-3][-2][-1][0][1][2][3] 温馨舒缓</td></tr>
<tr><td>空灵清秀 [-3][-2][-1][0][1][2][3] 粗犷大气</td></tr>
<tr><td>泼辣大胆 [-3][-2][-1][0][1][2][3] 羞涩矜持</td></tr>
<tr><td rowspan="4">外在表现</td><td>雅致奢华 [-3][-2][-1][0][1][2][3] 粗糙无华</td></tr>
<tr><td>美轮美奂 [-3][-2][-1][0][1][2][3] 简朴洁净</td></tr>
<tr><td>简约明快 [-3][-2][-1][0][1][2][3] 复杂繁缛</td></tr>
<tr><td>浪漫抒情 [-3][-2][-1][0][1][2][3] 枯燥无味</td></tr>
</table>

接着选择来自全国各地的80人为调查对象进行问卷调查。调查对象的选择有严格的规定，要根据调查的目的与方式来选取。本次调查对象的组成结构为：男性40名，女性40名；本地常住居民30名，外来5年以上居民30名，各类访客20名。该结构的设定是为了调查结果的科学性与代表性，充分考虑了不同人群对地域文化的认识与体会的异同，尽量顾及社会阶层中的各个方面。

调查对象选好后就要组织他们按照问卷的填写要求进行作答，在这个过程中一定要保证调查现场安静，不受干扰。待问卷回收后，按照相关权重（本地居民0.5，外来5年以上0.3，访客0.2）计算每对感性词组的感性平均值，保留小数点后一位小数，可得到表4-3中的数据。

中南地区地域特色量化加权平均值　表4-3

中南地域特征					
感性词汇		平均值	感性词汇		平均值
1	朴实厚重—轻盈活泼	1.3	9	粗犷豪放—雅致细腻	1.4
2	婉约优美—气势恢宏	-2.1	10	凄凉苍劲—温馨舒缓	1.3
3	低敛含蓄—外向直爽	-0.5	11	空灵清秀—粗犷大气	-2.3
4	雄强刚健—柔弱文静	0.4	12	泼辣大胆—羞涩矜持	0.3
5	中西合璧—本土风情	-1.8	13	雅致奢华—粗糙无华	-2.6
6	民间传统—时尚潮流	2.6	14	美轮美奂—简朴洁净	-1.8
7	宗教色彩—无神主义	0.3	15	简约明快—复杂繁缛	-1.5
8	皇家气派—乡野情调	1.1	16	浪漫抒情—枯燥无味	-0.9

从上表中的16对词组感性平均值中可知人们对中南地区的地域文化认识情况，这些词汇与数值综合体现了人们的地域认知空间。

用此法再对我国其他地区的地域文化进行量化，并进行综合，结果如表4-4所示。

我国各地区地域特色量化加权平均值　表4-4

感性词汇		华东地区	东北三省	华北地区	西南地区	西北五省	港澳台
1	朴实厚重—轻盈活泼	0.6	-1.7	-1.9	1.2	-2.5	2.1
2	婉约优美—气势恢宏	-0.3	0.9	2.4	-1.3	2.4	-1.2
3	低敛含蓄—外向直爽	0.5	1.2	0.6	0.5	2.3	-0.4
4	雄强刚健—柔弱文静	1.1	-2.8	-2.1	0.3	-2.1	2.2
5	中西合璧—本土风情	0.4	1.6	0.6	2.3	1.2	-2.9
6	民间传统—时尚潮流	-1.1	-2.1	-1.6	-1.8	-1.7	2.7
7	宗教色彩—无神主义	-2.3	-1.8	-0.9	-2.1	-1.6	2.3
8	皇家气派—乡野情调	-1.7	-0.2	-2.8	1.7	-2.0	0.2
9	粗犷豪放—雅致细腻	0.6	-0.6	-1.7	0.3	-2.7	0.4
10	凄凉苍劲—温馨舒缓	1.4	0.1	-0.2	-1.7	-2.6	1.2
11	空灵清秀—粗犷大气	-1.4	1.9	1.5	-0.8	1.9	-1.2
12	泼辣大胆—羞涩矜持	0.3	-2.2	-0.3	-1.2	-2.1	0.3
13	雅致奢华—粗糙无华	-1.8	-1.7	-2.6	0.3	-1.6	-2.5
14	美轮美奂—简朴洁净	-2.7	-1.6	-2.4	0.2	0.7	0.3
15	简约明快—复杂繁缛	0.3	0.8	2.5	-1.5	0.3	-1.7
16	浪漫抒情—枯燥无味	-1.9	0.1	0.1	-2.1	-1.8	-2.1

为了显示直观，便于对比和分析，我们对以上数据以折线图方式呈现，如图4-2所示。折线图以折线的上升与下降来显示统计数值的变化情况，它不仅能表示数值的大小，而且还可以反映相同事物在不同体系里的变化情况。

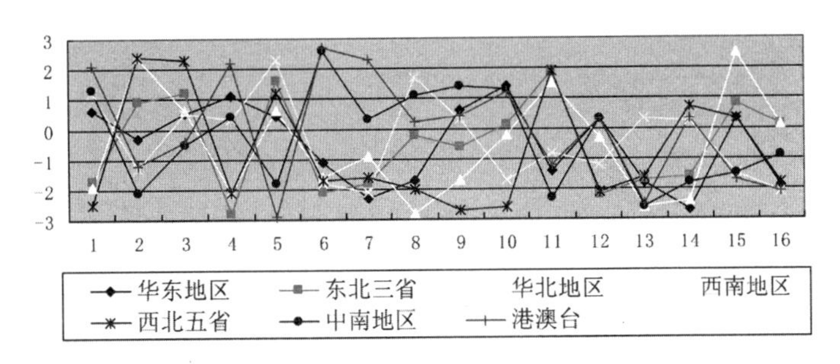

图4-2 全国各地文化特征折线图

如图4-2所示，y轴的-3、-2、-1、0、1、2、3表示感性词汇的测量等级，x轴的1-16代表16组感性词汇，每条折线代表一个区域。图中折线的波动程度代表文化特征对比的强弱。

从以上调查统计数据和相关文献资料中可以较为精确地对中国比较明显的几个地域文化特征进行描述与定位。这些定位在包装设计中具有很好的指导意义，能够帮助设计师精准设计出能地表达地域特色的包装。

4.2 包装形态与社会审美的匹配

4.2.1 审美的定义与内涵

审美与人们的生活密切相关，随着历史的发展与推移，人民生活水平的提高与进步，审美价值取向也越来越多样化，有的人追求简约大方，有的人追求自然质朴[①]。研究影响审美价值判断的差异性，对促进社会的进步有十分重要的意义，同时对美学研究者与艺术家的审美修养、审美情趣、思想境界的提高具有很大的帮助[②]。

1. 审美的定义

审美，亦称审美活动，是人们对美的事物与形式的一种判断与认识。新华字典对

① Tone Roald. Aesthetics [J]. Encyclopedia of Critical Psychology, 2014: 55-57.

② 周海龙. 试论设计审美的价值判断[J]. 中国建设教育，2010年11月：79-80.

其解释为："人所进行的一切创造和欣赏美的活动。是构成人对现实的审美关系，满足人的精神需要的实践与心理活动。是理智与直觉、认识与创造、功利性与非功利性的统一。[①]"可见，审美是人类掌握世界的一种特殊形式，是人与世界（含社会和自然）在长期生活中形成的一种无功利的、形象的、情感的关系状态。

2. 审美的历史渊源

人类对美的追求与判断可以追溯到原始社会，从很多考古遗址中发掘出来的贝壳和项链就是人们对美的一种自发选择与认识。到后来原始陶器上的装饰图案则反映人们已经可以根据自己的审美认识来创造艺术美了，虽然它里面有着宗教的含义，但可以说明人们已不再满足于天然的形态。从它们的造型上看，不同用途的器物，其造型也体现了人们对美的创造力[②]。

古今中外的美学家、哲学家对审美历史的形成过程作过大量的研究分析，观点不一，大致分为两种：一种是辨证的唯物实践观，认为人们审美意识形成于人们的生产生活实践过程。如苏格拉底认为，"任何一件物品适用时才是美的。如果黄金头盔不适用，而垃圾桶做得很顺手，那么相比之下黄金头盔也是丑的，垃圾桶却是美的。"另一种观点则认为审美意识的产生是人心灵的自我感应，不受外界因素的影响和制约。显然，第一种观点更容易接受和理解，也更具科学性。

3. 设计审美的内涵

设计是人类按自己的意志对自然界进行改造，从而创造人类文明社会的一种广泛活动。设计审美是社会文化的一种体现，在现代生活中，设计扮演重要的角色，它横跨艺术与科学、商业与文化、传统与潮流等各个方面，它包含了以下三个方面的内容。

（1）形式美与文化、情感的组合。形式是感官在空间和时间中直观反应的存在，任何审美与它都有不可分割的关系[③]。形式在希腊哲学史上被认为与形状、次序、位置有关。后来亚里士多德认为原料与形式有紧密关系。最后黑格尔提出形式与内容具有协调关系。从客观上说，形式美产生于人的心理与生理活动中，人出于本能就可感知形式的美感，如对心跳和呼吸的节奏和韵律的美感是人本能的生理反应。因而人对图形比例、音乐节奏、运动节拍反应强烈。由此延伸，人们对有形式美的对称、比例、对比等会感知到相应的形式美。现代商品利用其材料、色彩、线条、声音等适当的组合方式来表达特定的形式美，并进行文化与情感的组合。

（2）技术美与人文思想的影响。技术是人类生产劳动的一种手段和成果，它改变

---

① 在线新华字典：http：//xh.5156edu.com/html5/z78m52j370528.html.

② 王芳．浅谈设计审美与大众审美的关系[J]．学术论坛，2012年7月（下）：45-49.

③ 徐恒醇．设计美学[M]．北京：清华大学出版社．2006：44-48.

了人与自然界的物质关系。人类社会的发展与技术的进步是密不可分的。早期技术建立在手工劳动和直观感受上；近代技术和工业生产相互结合与影响，机器代替了手工；现代技术与文化相互渗透，凝聚了情感，欲求和智慧，产生了技术美。

技术是人类最初在劳动中产生的美，是人类原发性的审美本能。商品的技术美表现在对自然科学的应用，它能够制造出符合人体工程的产品，使人类在劳动或使用产品时感受到一种轻松、愉快与舒适的情感。同时，作为人的创造物，它带有明显的人文性，并以其对生活的影响，实现人类改造自然和认识世界的目的。

（3）**功能美与生理、心理的协调。**功能是某类事物或方法所发挥的有利的作用和效能。远古时期，因为在严峻的自然条件面前，人需要对自然界进行改造，其创造的产品都是围绕功能与效用进行的，所以功能美首先表现在人类对社会进步的需求[①]。在商品包围的社会中，产品的功能最直观地展现在人们的面前，是沟通人与环境的介质，引起人的心理、生理的协调反应。

商品的功能美首先要符合人类自身的结构，其次要适应使用的环境和条件，最后以适当而美观的形象出现。

4.2.2 审美的影响因素

1. 消费者心理对设计审美的影响

审美是人们的一种心理感受，这种审美感受会因年龄、阅历、性格、心理、环境等各方面的制约而带有多种不稳定因素。首先，从年龄方面来说，儿童喜爱明亮鲜艳的色调、活泼可爱的卡通；年轻人喜爱变化多样、搭配灵活、突显个性的流行色；中年人喜爱沉稳内敛的中性色与简单大方的图案。其次，从性格方面来说，一般性格外向的人喜爱明度、纯度较高的颜色和夸张的装饰风格；性格内向的人喜欢明度、纯度较低的灰色调；再次，从阅历方面来说，不同职业、知识层次的人对审美感受也截然不同；最后，从环境方面来说，天气、温度的变化会影响人们对产品的选择，如酷热的夏季人们会选择冷色调的商品，而在寒冷的冬季则会选择令人感觉温暖舒适的暖色商品。

2. 自然环境对设计审美的影响

设计作品作为设计审美的客体，扮演着推销商品，引导消费的角色。现代社会成了快速设计、快速消费、快速丢弃、快速污染的社会，人口急速膨胀、能源紧缺、环

---

① 周海龙. 试论设计审美的价值判断[J]. 中国建设教育，2010年11月：98-103.

境污染严重，人与自然的和谐发展成为日益紧迫的问题。

在这样的环境下，人们的设计审美也发生了变化，不再热衷于追求那种过度设计、富丽堂皇、装饰繁复、精雕细刻的产品。节能、环保成为社会对产品的评价标准与重要诉求，简洁成了影响广泛的设计审美观，也成为设计师必须要考虑的重要问题。

3. 产品功能对设计审美的影响

在人类社会的发展中，产品功能一直是商品无法脱离的核心要素。在古代，因为要满足封建贵族们的奢侈生活，器物、服饰的装饰越来越复杂，实用功能往往被忽略。在近代西方，工业革命推动下的机器化大生产使大批廉价产品进入人们的生活，满足了平民百姓的需要，但机器生产出来的那些缺乏人情味的、粗制滥造的产品逐渐令人们感到厌倦。后来包豪斯出现并强调功能、简单、实用、美观、创新的设计，倡导“艺术与技术的新统一”[①]。到了现代社会，过去简单实用的商品已经不能满足人们的需求，人们要求产品功能完善、性能优异、美感突出。尽管功能不再是人们对商品的唯一要求，但是功能是任何商品最重要的基础因素，没有特定功能的商品是不存在的。我们的设计必须在满足功能的前提下才去追求其他审美形式。

4. 传统美学观念对设计审美的影响

英国历史学家汤因比曾经说过：“人生存在于时间的深度上，现在行动的发生，不仅预示着未来，而且也依赖于过去。如果你故意忽视，不想或磨灭往事，那么你就会妨碍自己现在采取理智的行动。”这席话深刻地说明了现代与传统是难以割裂、密不可分的，传统的审美观念与审美习惯对现代设计审美有着巨大的影响。

纵观中国美学数千年来的历史发展，从《周易》开始，大量的哲学家、美学家、艺术家在这一领域进行不息的探索，形成了玄机独具，博大精深的中国美学体系。首先，从先秦诸子到汉魏的王充、刘祝，再到清代王夫之、叶燮等许多哲学家同时又是美学家，他们的著作中饱含大量的美学思想[②]。其次，历代诗人、画家、戏剧家、书法家所留下的大量论著也是传统美学思想发展的土壤。再次，中国民间与官方的各门艺术（诗文、绘画、戏剧、音乐、书法、建筑等）在发展中不但具有独特的体系，而且交流频繁、互相影响、互相包含，形成了千丝万缕的联系和错综复杂的体系。这个体系蕴藏了中国文化的传统精髓，从思想到行为上都潜移默化地影响着中国人民的审美。如图4-3所示，为我国粤剧中的审美文化体现。

---

① 王芳. 浅谈设计审美与大众审美的关系[J]. 学术论坛，2012年7月（下）：45-49.

② 丁勇. 中国传统美学观念与设计审美思想[J]. 美与时代，2003年5月下：93-95.

图4-3 粤剧的审美文化体现

5. 消费文化对设计审美的影响

在社会中很多人的身份是由他们所购买的东西决定的[①]。这个现象表明很多人靠消费来寻找存在的感觉和生活的意义，希望用这种行为来获取身份、地位和名誉。于是，人们在购买商品时越来越重视商品的视觉符号，商品的生产者也十分注意商品的视觉形象及其社会语意。消费不单是人类生活与生产的一种活动，也是一种文化生活。随着消费社会的到来，消费已表现出文化的特征，这种文化以各种形式的商品表现出来，与商品设计的审美有着千丝万缕的关系。

消费文化的特点首先表现为对视觉快感的崇尚。由于物质商品空前丰富，文化资信快速变换，受众开始追逐直观、鲜明、生动、易解的图形信息，这导致了消费文化的视觉化体现[②]。在消费社会下，设计审美向情感设计靠拢。无论是建筑、服装、食品，还是其他日用品都表现出人文的情感化倾向。其次是消费文化对符号语意的追求使商品不仅有使用价值、交换价值，还有符号价值。符号是消费者实现自我追求和自我价值的表现。以前设计美学中的符号是指产品的结构、功能[③]。随着人们对符号意义的追求，设计美学开始发生变化，不再重视对产品本身符号语义的强调，而转向各种社会层次上的文化符号创作，与此相关的商品成为负载权力、地位、成功、财富、品位的文化符号，以永无止境的变化激发人类的消费欲望。

---

① 赵轶峰.《全球文明史》的独特视觉[G]. 北京：历史理论研究，2006：17-21.

② 周宪. 视觉文化与消费社会[G]. 福州：福建论坛. 人文社会科学版，2001：16-23.

③ 章利国. 现代设计社会学[M]. 长沙：湖南科技出版社，2005：34-42.

4.2.3 包装审美的意义

在设计审美的大潮流中，包装设计审美是一个富有特色与特定意义的方面。包装设计审美是指产品包装在人们精神上的审美形象与相应的精神感受，包括：造型审美（合理性和新颖性）；加工审美（精美度与巧妙性）；质材审美（效能性与环保性）；装饰审美（艺术风格与文化内涵）。随着商品社会的发展，产品的推广很大程度上依靠包装的设计，现代包装设计不单具有保护产品、方便储存、促进销售这些基本的功能，还带有文化与符号、情感与心理等精神层面的内容。

1. 包装审美的作用

包装审美对商品社会的引领，对消费文化的指引，对人们生活的美化等方面都带有重大的作用。包装的精神内涵、文化层次、气质品位、色调风格、造型特征、图形元素、版面类型等众多因素的不同体现都会完全改变一款包装的定位与角色。包装设计审美的健康发展对设计师的成长与消费者良好消费习惯的形成，对自然环境的保护与社会风气的发展都有相当大的意义。

2. 包装审美的方向

现代消费者在追求物质享受的同时，也在不断加大对文化内涵的需求，对商品的审美意识也日益强烈。在包装设计领域，如何提高包装的美学价值，并协调自然环境、人文社会、经济效益的关系，成为当代经营者与设计者要迫切需要解决的新课题。利用数学与量化等工具解决这个问题，具有现实的经济效益和意义①。

4.2.4 包装审美量化的方法

近年来世界市场竞争已由价格竞争转向文化与审美竞争，其主要诉求目标是商品设计所带来的艺术价值与审美价值，它可以使消费者获得一种时代、文化、人格、精神、情趣、自我存在等多方面的满足。这些都要通过设计来实现，根据当前社会生产技术，当商品的功能、规格、材料、体积、结构、生产条件、生产工艺等要素确定后，不同的外观形象不会引起生产成本的较大变化，但会引起商品附加值的改变，这是审美价值的作用。如何根据不同层次消费者的审美需求和审美趣味的变化来进行商品外观造型设计、色彩风格设计以及装饰设计等便成了产品设计的主要问题。解决这个问题的方法就是商品美学数量化研究，审美量化方法不但要对已有的商品审美价值进行

---

① 寇凤梅，崔剑波. 商品美学数量化研究[J]. 甘肃高师学报，第7卷第5期（2002）：54-56.

精准的认识和评价，而且要对未来商品的审美价值作量化的预测和把握。

1. 审美量化的概念与原理

商品美学数量化研究的客体是商品审美空间，其由众多商品组成。商品审美空间的商品分为两类：一类是已经在市场上流通的，一类是未被物化的。后者又可分为两类：一类是生产者已经拥有的，一类是潜在市场中的。商品本是多属性的组合体，但在商品审美空间里的商品除造型和花色外，其他属性均相同。商品美学数量化研究的主体是市场，由消费者组成。消费者在商品审美空间里所认知的商品集合就称为其商品审美认知空间，该空间随时间不断变化，但总是商品审美空间中的某一个子集。

当消费者对商品审美认知空间里的商品进行评价时，所有商品的造型、花色等某类美学价值是可以进行高低比较的，这是商品在审美认知空间上的一种完全拟次序关系，它也是随时间的改变而变化着的。当消费者在某时刻对在审美空间里某商品进行审美评价时，总能找到其美学价值最高的商品，我们把其集合称为该消费者的审美需求空间。在某时刻，当认为某商品的某一美学属性的审美价值最高的消费者人数与认为另一商品的该美学属性的审美价值最高的消费者人数多（或少）时，该商品的此美学属性的审美价值便比另一商品的此美学属性的美学价值高（或低）。在某时刻，若商品审美空间上存在某一子集，市场上每个消费者从中都能找到自己认为美学价值最高商品，同时该子集中的任何商品在市场上都有消费者认为其美学价值最高，则该子集就是该时刻该市场的可行审美需求空间，元素最少的可行审美需求空间就是市场最佳审美需求空间①。利用它我们就能研究市场审美趣味的变化规律、模式及原因。

2. 包装审美量化的方法

要实现审美量化研究，我们就首先要对商品的审美空间进行度量化。以包装造型审美空间为例，X为包装造型审美空间，设x为某商品包装设计，M为市场的某消费者，t为某特定时间，XM（t）是M在t刻的审美造型需求空间，ρ_1为X上的距离，如距离空间（X，ρ_1）同时满足以下条件：

（P_1）（X，ρ_1）为连通可分紧空间；

（P_2）x_n（n=0，1…）是X上的点列，若n无限增大时，x_n与x_0的距离逐渐变小，当且仅当将x_n（n=0，1…）物化成为商品 y_n（n=0，1…）时，随着n无限增大，如果某消费者单靠感官开始无法区分y_n与y_0的造型差异，则距离空间（X，ρ_1）就是商品的审美空间。

又设T_1、T_2为两个时刻点，用[T_1，T_2]表示从T_1开始到T_2结束的这一时间段，

① 王冰汀. 消费审美心理量化与市场预测[M]. 北京：科学出版社，2001：45-49.

X（t）为在t时刻中的商品审美空间，X（t）中M能认知的商品集合为M（t），就是M在t时刻的商品审美空间。由于商品审美空间里的商品只考虑造型，把其他属性假设为相同，故在消费者的审美空间中任意商品的美学价值是可以进行高低比较的。设x_1、x_2为M（t）中任何两个商品造型，若M认为x_1的美学价值不比x_2的高，则记为$x_1 \leqslant x_2$。相应地，在M（t）中的3种商品造型x_1、x_2、x_3，若$x_1 \leqslant x_2$，$x_2 \leqslant x_3$则$x_1 \leqslant x_3$，即在t时刻，M认为x_1的审美价值不比x_2的高，x_2的审美价值不比x_3的高，则x_1的审美价值不比x_3的高。

从商品审美造型空间（X，ρ_1）中距离我们可知，距离越小（或越大）商品间某种审美元素的形态差异就越小（或越大）。这种距离把商品审美空间刻画为连通可分的紧空间，表明在任何时刻总可用有限个商品去近似逼近商品审美空间中的无限多个商品。

3. 包装审美量化的应用

以茶叶包装为例，在市场上选取某时间段的15种同类茶叶包装（图4-4），分别编号为x1、x2、x3、x4、x5……x13、x14、x15，提取其造型、装潢、文化内涵3个审美量化的对象，从相关消费对象中随机抽取60名作为测量对象，他们把这15种商品的相关审美对象进行对比，得出某3种无法区分差异的商品，如果这15种商品中不存在这样的商品，那又可以从这15种商品之外寻找其他商品来替换某些商品，直至找出审美空间X（t）为止。

图4-4 茶叶包装样本

在本次测量中，全体测量对象如图4-5所示中的样本进行审美测评后，有无法找出包装的审美空间现象，于是扩展了3份样本对象，分别标为x16、x17、x18，如图4-3所示。

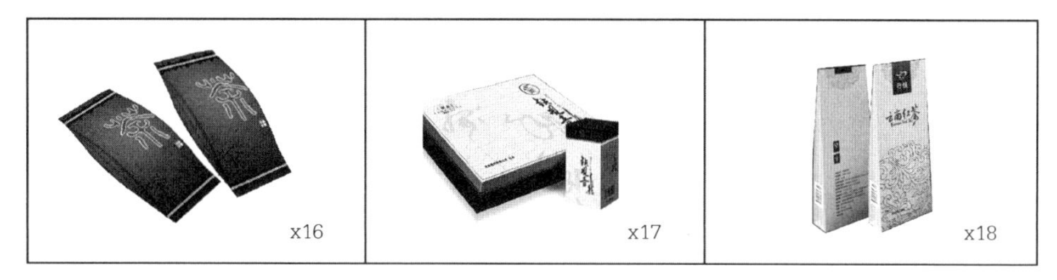

图4-5　茶叶包装样本扩展

当每个消费者都找到自己的审美空间后，再进行归类，经过SPSS软件的统计分析，形成被认为审美价值高的比率，如表4-5所示。

茶叶包装造型的审美量化表　表4-5

样本种类	样本编号	造型	装潢	文化
原定样本	x01	4.30	5.60	7.33
	x02	5.70	9.20	5.66
	x03	4.50	6.10	4.21
	x04	6.32	5.80	6.31
	x05	4.32	3.12	4.53
	x06	7.80	7.30	6.21
	x07	8.21	8.40	8.50
	x08	8.30	3.60	7.44
	x09	2.40	8.13	5.34
	x10	7.13	4.54	6.62
	x11	5.25	6.24	3.8
	x12	9.26	4.15	8.88
	x13	3.67	6.13	8.51
	x14	6.51	9.54	6.84
	x15	7.54	3.63	3.65
扩展样本	x16	1.76	5.30	2.36
	x17	3.12	1.10	1.41
	x18	3.91	2.12	2.40

如表4-6所示，数据表示在这18个样本中进入测试者审美空间的比率。从表中可见，在造型方面，x7、x8、x12三个茶叶包装的造型是被认为审美价值较高的，而且每一种的高低对比可精准到0.01；在装潢方面，x2、x7、x14三种包装的装潢效果是被认为审美价值较高；在文化内涵方面，x7、x12、x13三种包装是被认为审美价值较高的。从这3个量化对象来看，x7是同时被认为审美价值较高的，x12拥有2项，亦比较接近消费者的审美要求。

在其他产品的包装设计中，我们可以采用该方法对已有的样板进行消费者审美的精准预测与定位。

4.2.5 KJ法在包装审美中的应用

在包装设计中，审美方向是一个原则性的基础问题，方向正确才能有预期的效果。考虑到包装设计问题涉及的学科和专业，本文应用KJ法来设定该包装审美方向。

1. 案例分析

在进行一项运动鞋包装设计的案例中，我们建立一个8人组成的研究小组，其中2名设计专业教师，1名包装工程师，2名市场专家，3名包装设计师。该小组专家对当下包装审美中的问题与意见充分提出，并讨论、归类，经过初步整理后形成38张卡片。内容如表4-6所示。

运动鞋包装审美方向的有关信息　　表4-6

卡片编号	内容	卡片编号	内容	卡片编号	内容
1	生活方式决定了审美方向	9	文化层次与生活背景	17	可持续发展、绿色环保
2	只顾感官，忽略健康与环保	10	不同职业与地位的体现性	18	健康的心态、可持续发展
3	使用便利性与消费者感受	11	消费观念的宣传教育	19	快速消费，快节奏不求甚解
4	运动性的宗旨，动感十足	12	审美决定设计的等级定位	20	审美细化与市场细分
5	高、大、上的心态	13	提高文化素质，发展教育	21	建立绿色设计法规
6	积极向上的生活态度	14	经济是上层建筑，起决定性	22	不注重文化内涵，思想浅薄
7	健康观念，生态性要求	15	设计风格的审美体现	23	实用的观念，适度性原则
8	发展的方向，环保的重要性	16	心态浮躁，追求刺激	24	包装废弃物回收制度

续表

卡片编号	内容	卡片编号	内容	卡片编号	内容
25	设计体现积极的态度	30	文化感召力，用传统元素	35	原料采购的经济与环保性
26	简洁大方的审美形式	31	促销员对包装审美的理解	36	准确性与适应性完美结合
27	设计要与消费者审美相符	32	创意性引领精神享受	37	图、文、色的灵活应用
28	创意性与感召力的表现	33	不攀比与滥用，精神享受	38	时尚要求，创意体现
29	运动场所的文化气氛营造	34	健康、动感、时尚的审美		

如表4-6所示，系统的分析结果，我们建立拓扑结构模型，将38张卡片分为：审美形成的原因与特点；运动鞋审美对生产、销售、使用的影响；运动鞋包装设计审美方向设定的策略；运动包装设计的审美方向与目标4大组。其中审美方向精准设计的策略又进一步细分。最终按照38张卡片之间的拓扑结构建立运动鞋包装设计审美方向的结构模型，如图4-6所示。

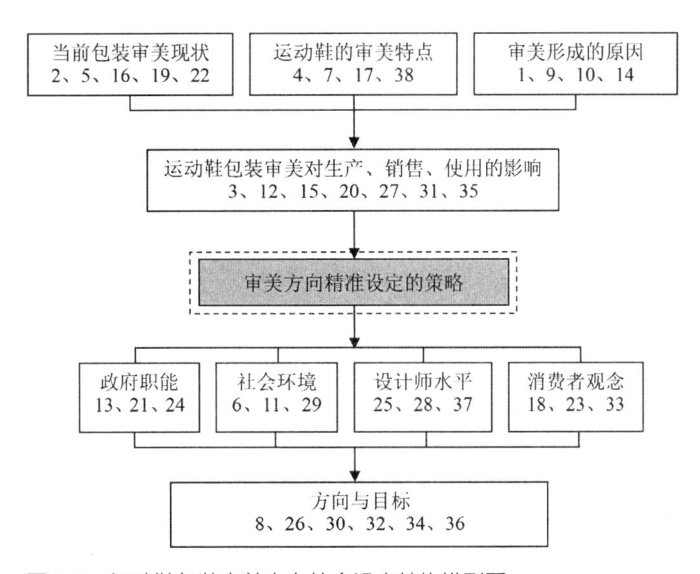

图4-6　运动鞋包装审美方向综合设定结构模型图

根据以上KJ法分析的结果，我们可以知道当前社会对运动鞋包装设计审美的认识情况，主要体现在以下几个方面：

（1）文化性与内涵性。现代人们生活水平不断提高，文盲在我国基本消失，广大消费者的文化生活都比较丰富，喜欢运动的人们更是有一定消费能力和文化品位的人。在运动鞋的包装中一定要体现文化性与丰富的内涵性，避免庸俗、花哨的包装设计。

（2）健康性与环保性。运动跟健康是密切相关的，在运动鞋的包装设计中一定要体现健康理念，不但使用有健康内涵的元素，还要在包装材料的选择，包装形态的塑造中都注重环保的体现。

（3）创意性与时尚性。在消费者细分中，我们发现有运动爱好与条件的大部分都是有一定文化程度与经济收入的人群，这一类人有自己独特的审美意识，思想前卫，对创意生活与时尚气息有较大的要求，包装设计应该在这方面有更深刻的理解与体现。

以上的审美方向结果分析能在我们具体的设计中起到指导与控制的作用，是在进行运动鞋包装设计的过程中必要展开的步骤。

2. KJ法应用总结

与其他方法相比，KJ设计评价法不仅能收集各方意见，还能对这些意见进行对比与综合，使意见各方进行沟通和理解，更有效地得出有层级、有优先级别、有系统化的结论，能收集到更高质量的设计意见和建议[①]。KJ法在包装精准化设计方法中有广阔的应用空间。

4.3 包装设计价值观的量化与分析

4.3.1 价值观的定义与内涵

价值观是人们用于区别好坏，分辨是非及其重要性的心理倾向体系。是推动并指引一个人采取决定和行动的原则、标准，是决定一个人行为态度和行为方式的根本性因素，其自身有着复杂的影响背景和发展内容。新华字典对其解释为：关于价值的一定信念、倾向、主张和态度的观点，起着行为取向、评价标准、评价原则和尺度的作用。具体来说，价值观是指个人对客观事物及对自己行为结果的意义、作用、效果和重要性的总体评价，它使人的行为带有稳定的倾向性。

价值观的种类很多，但很多时候就是特指社会价值观，这种价值观不是多种价值观的总和，而是指社会的主流价值观，即社会大多数民众所信奉或选择的价值观，它既是对各种经济社会政治结构的反映，也是人们对个人发展目标和社会关系状况的期盼[②]。

---

① 吴方. KJ法在环境艺术中的应用[J]. 商品与质量，2011年4月刊：216.

② 廖小平. 改革开放以来我国价值观变迁的基本特征和主要原因[J]. 科学社会主义，2006,（1）：103-106.

“人与人之间发生交往关系的场合被称为‘社会’；社会上人与人之间的关系是‘社会关系’，人们关于社会关系的是非判断就是‘社会价值观’”[1]。在这里的社会价值观更多体现为一套调节社会关系和行为的规范体系，包括道德、观念和信仰，如果违背将遭到社会的制裁。归根到底，社会价值观是人们在长期的生产、生活实践中形成的对个人与群体利益之间的利害关系或功能关系的是非判断，是调节社会关系的规范体系。

社会价值观是衡量阶层关系和谐与否的重要维度之一，直接影响到阶层关系运行规则的稳定[2]。和谐的社会阶层关系除了利益关系的和谐外还包括价值关系的和谐，它既需要法律、制度的规约，也需要公民的公德表现。

4.3.2 我国社会价值观的形态分析

从人类社会形成的第一天起，社会的价值观就开始产生，并在社会管理与人们生活中发挥积极的作用。然而，社会价值观调节社会的方式是渐进与长效的，人们不一定会注意到它的存在。但社会价值观确实到处存在于我们的生活中，并且随着社会变动与转型产生巨大的变化[3]。

随着改革开放与商品经济的深入发展，人们的价值观体系和思想状况必然会发生显著的变化。我们现在仍然处于社会转型与变革的时期，人们的社会价值体系必然存在着不稳定性和差别性。因此，多种价值观共存是目前我国社会价值观的最大现状，这其中良莠共存、新旧交替，存在以下几类现象。

（1）单一价值观向多样化价值观转变，互补发展。

新中国成立后，我国形成了严格的计划经济模式、高度集权的政治体制和单一化的意识形态。与此相适应，在文化价值观领域，形成了以爱国主义、社会主义、集体主义为主要内涵的单一化的价值观模式。这种价值观表现出浓烈的政治性和革命理想化色彩，在这种社会氛围中，个人利益的正当性和合理性被忽视和否定。改革开放后，我国确立了经济建设的中心地位和社会主义市场经济体制的运行模式，在公有制的主体下发展多种所有制经济，发展商品经济，不再把集体主义和个人利益对立起来，一种倡导国家利益、集体利益、个人利益三者兼顾的新集体主义价值观出现了，确认了个人利益的合理性和正当性，肯定了公民个人的主体自由、平等权利。

---

① 潘维，廉思．中国社会价值观变迁30年（1978-2008）[M]．北京：中国社会科学出版社，2008：53.

② Koen Frenken，David Stark.The sense of dissonance. Accounts of worth in economic life，Princeton and Oxford：Princeton University Press[J]. Journal of Evolutionary Economics，January 2012，Volume 22，Issue 1：203-205.

③ 宋修岩．改革开放以来中国社会价值观研究进展[J]．山东教育学院学报，2005年第3期：78-81.

在21世纪的今天，世界格局依然发生着深刻的变化，人们社会价值观的种类和存在方式依然在快速变化着，他们与总体社会价值观在互补、兼并、衍生中发展着。

（2）中国传统价值观依然占主导地位，优劣共显。

中国传统价值观是在以亚细亚式的血缘和乡土社会为特征的农业社会基础上形成的[①]。其文化模式是道德伦理型文化、乐感文化、和合文化、保守型文化、宗法等级型文化、礼俗型文化等的综合表现。这些文化精神是孔子开创的中国传统儒家思想文化与后来的道家、法家以及佛教思想共同作用的结果，是中国传统文化的基本内核。

中国传统文化有多种表现方式，在政治领域，其强调天下一统、尊卑等级、求定息争；在经济领域，其表现为自给自足、小富即安；在文化领域，其以过去为定向，祖先崇拜、权威主义盛行；在道德领域，其讲究重义轻利、礼让、克己、中庸、和谐……这些文化价值观念渗透到人们的日常思维和行为方式中，支配和影响着社会日常生活。

中国传统文化模式在表现其强盛生命力的同时也具有明显的历史阻滞性。例如，其稳固的框架约束使社会形成一种固定结构，内在发展活力不足；传统社会的专制思想、行事方式重理想而轻效用、重继承而轻创新，其弊端与对中国现代化进程的阻滞作用是明显的；其血缘宗法等级制过分强调对道德、情感、和谐、人情面子的重视，常常导致以私德取代公德，使社会关系失范。这些弊端应在发展中逐步革除。

（3）现代性腐朽没落的社会价值观依然存在，不断滋生。

中国目前处于社会转型期，市场经济快速发展，法律体系尚未健全，西方享乐主义思想大量涌入，必然滋生一些腐朽没落的社会价值观[②]，比如重利轻义、以权谋私、弄虚作假、寻欢作乐等，如图4-7所示。这些粗鄙化、庸俗化的价值观使传统的优秀美德以及社会主义、集体主义、理想主义等价值观严重地失落。

腐朽世界观对设计文化的发展有较大的侵害，一旦设计文化与审美染上有毒害的没落思想，将对社会的健康与文化的纯洁产生扭曲甚至妖魔化的影响。

（4）科学积极的现代文明社会价值观充满活力，不断发展。

随着商品经济的发展和知识的进步，人们接受了先进的思想，形成了科学的积极的现代价值观。他们承认并尊重科学技术和知识的价值，珍惜时间，重视效率，认同市场经济中的等价交换规则，追求民主和自由，追求现代物质文明和精神文明的共同发展[③]，这些已成为他们社会价值观中新的内容，这种价值观是新时期中国社会价值观的代表，是社会价值观发展的方向，充满了生机和活力。

---

① 王晓东. 试论现阶段我国社会价值观的基本现状及其困境[J]. 理论探讨，2011年第2期：94-97.

② 宋修岩. 改革开放以来中国社会价值观研究进展[J]. 山东教育学院学报，2005年第3期：78-81.

③ 王晓东. 试论现阶段我国社会价值观的基本现状及其困境[J]. 理论探讨. 2011年第2期：94-97.

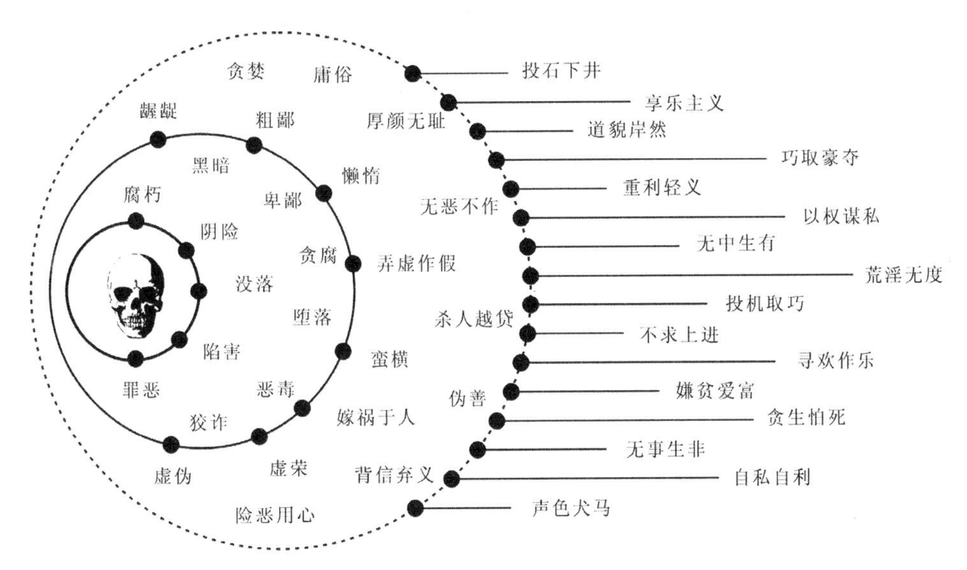

图4-7　腐朽世界观概括

当前我国社会价值观的现状为我们今后的经济社会发展提出了艰巨的任务。我们要把传统的优秀社会价值观和科学的积极的现代文明价值观相结合，建构起以建设有中国特色的社会主义为导向的先进社会价值观体系，对消极、腐败、没落、邪恶势力及其价值观进行批判和讨伐。

4.3.3　中国传统价值观对现代设计的影响

中国传统社会价值观的影响是广泛而深远的，在设计学的领域中，其思想一直在影响着设计的功能、结构与发展，对主流设计价值观的形成具有举足轻重的作用。在中国传统社会价值观下，已经形成了以下一些具有积极意义的设计价值观。

1. 可持续性设计的思想与“天人合一”

可持续性设计的思想来源于中国传统的“天人合一”思想，其提法出自易学。西汉著名唯心主义哲学家董仲舒的《春秋繁露·阴阳义》说道：“天亦有喜怒之气，哀乐之心，人相副。以类合之，天人一也。”它在今天的社会世界观中所体现的思想就是人与自然的和谐发展。人与自然的关系从20世纪80年代开始就作为设计伦理的重要组成部分在设计界引起高度的重视，多年来，可持续性发展的设计思想一直在影响着设计发展的方向，对生态的保护、对自然的尊重已经成为衡量优秀设计的重要评价参数之一。

2. 设计的和谐与“中庸”之道

“中庸”是中国传统儒学的重要理论和行事原则，儒家高度重视“德行”，重视

“中庸”之道。“中庸之为德也……”，孔子提“中庸”之道是一种社会伦理和道德的表率，是“德”的表现。后来程颐对其解释为“不偏之谓中，不易之谓庸。中者，天下之正道，庸者，天下之定理。”说明了自然或社会既存的规律，是不以人的意志为转移的，是客观存在的真实现象。这时的中庸之道已经上升到认识论的高度，说明了只有尊重规律，遵守规则，才能使人、自然、社会有机统一，构建和谐社会，努力做到主客观相一致[①]。

“中庸”之道在现代设计中主要表现为设计的和谐性，体现在设计各要素之间的相互制约、协调的关系。设计要素中的形式要素、功能要素、美学要素，还有设计管理、设计策略、设计程序等多项内容在“和谐”的核心创新概念的支配下相互协调。

3. 设计的人性化与“仁”学内涵

儒学又称仁义之学，“仁”作为个体的基础道德典范和生活准则无论是在思想领域还是文化领域都有很深厚的根基，同时也形成了治理国家的“仁政”思想体系。儒学中的“仁”学实质上是民主思想下的人本主义。在工业化社会高度发达的今天，以人为本的思想渗透到社会生活的各个方面[②]。

在仁学下形成的现代设计价值观决定了设计的中心是人，作为承载并享受设计成果的绝大多数受众的感受与体验是我们在现代设计中要重点考虑的内容。今天，我们设计的产品不再局限于满足效用性能上的水平，还要体现主体情感与主体精神的意识，这就是人性化的设计。在这种理念下，我们注重人性需要的本质，使产品饱含人类的情感，使人机融合得更为深入，全面尊重使用者的生理、心理及人格需要。

由于对人性与情感的重视，现代设计变得丰富而感性，使用者也摆脱了被动接受设计结果的尴尬地位，成为设计活动的参与者和协助者。目标受众也在人性化对待的前提下被最大限度地细化，人作为设计的重要参数在现代设计中显得越来越重要。

4.3.4 包装设计价值观的功能与意义

包装价值观是包装行业所盛行的价值理念，它从人们对待产品包装的心态与观念决定和影响着人们对包装的目标追求、进取方向与好恶趋向，决定着包装行业的发展快慢与方向对错[③]。因此，包装设计价值观在包装设计与社会生活中具有很多功能，具体如下：

---

① 张成忠．儒学思想在现代设计价值观中的体现[J]．社会科学家，2007年5月：87-89.

② 唐秀英．当代中国社会价值观的演变与和谐社会构建[J]．学术论坛，2012年第4期：69.

③ Andrea E.Mercurio，Laura J.Landry.Self-objectification and Well-being：The Impact of Self-objectification on Women's Overall Sense of Self-worth and Life Satisfaction[J].Sex Roles，April 2008，Volume 58，Issue 7-8：458-466.

1. 提供普遍适用的价值标准，引导包装业发展总体目标的实现

社会价值观具有引导的功能，它在社会中提供普遍适用的价值标准，对社会大众具有总体的引领力，与社会总体发展目标相适应。包装价值观也相应地引领包装行业总体目标的实现。它既重视企业的利益，也维护个人权利，既符合社会生产力发展的总体方向，又与环境保护密切相关。包装价值观对包装业的引导功能主要体现在各种理念、技术、方法的实施中，通过无形的约束为包装生产与包装使用提供具体的价值规范参考，并能为大多数消费者认同和接收，为人们的包装选择和消费提供认知方向[①]。最后通过这种方向和模式引导包装业的健康发展。

2. 成为包装企业与消费者的粘合剂，对社会生产与消费具有指引作用

包装设计价值观是人们在使用包装过程中的主流价值观，它代表了大多数人的心理状况、思想观念和行为模式，它通过多种渠道成为人们的共同追求，并以它为尺度去测度、评判、裁定包装生产与消费，审视包装发展状况。这种追求为包装生产与个人消费提供了一套共同的标准和有效的调节手段，构成每个消费者的心理定式，是包装企业与社会大众的粘合剂，对每个商品经济中的成员都有感召和凝聚作用。

当前我国经济发展与环境污染处在一个激烈冲突的时期，我们必须坚持正确的包装设计价值观，为社会生产与消费提供科学合理的价值参照体系。

3. 从具体的包装问题出发，对多种价值观进行影响与配合

在当前我国社会的转型时期，现实社会处于复杂的变化中，人们的思想观念也随之发生变化，多元的价值主体决定了人们利益需求的多元化[②]。正确的包装设计价值观是与社会主流价值观相适应的，并能与当前社会的特定条件相结合，从具体的包装问题出发对多种价值观进行影响，使不同的价值观念达到高度一致性。

在社会主流价值观下，包装设计价值观与其他价值观一样都必须坚持体现社会共同利益要求的主流价值观，倡导符合社会发展方向的新型价值观，调节各种价值观的积极作用。通过这种调节，能保证社会价值体系的整体性和价值理想目标的顺利实现，有利于促进社会发展和维护社会稳定。

---

① 史娜. 社会价值观的功能及其嬗变规律[J]. 辽宁行政学院学报，2010年第9期：105-108.

② Christian M.Meyer, Iryna Gurevych.Worth Its Weight in Gold or Yet Another Resource-A Comparative Study of Wiktionary, OpenThesaurus and GermaNet [J]. Computational Linguistics and Intelligent Text Processing, Lecture Notes in Computer Science, Volume 6008, 2010: 38-49.

4.3.5 包装设计价值观的精准量化

在精准化设计方法中，消费者设计价值观在包装中的体现是以量化的方法存在与进行的。要实现包装设计价值观的精准体现，我们必须解决价值观的量化问题。

1. 罗克奇价值观调查表的应用

（1）**罗克奇价值观调查表的来由与内容。**20 世纪 30 年代 Allport对价值观进行了开创性研究以来，已成为社会学及其相关研究领域的重要课题。国外学者对价值观进行了测量方法的研究，形成了直接测量与间接测量两种方法。直接测量法是向个体呈现一系列的价值观，让其根据其重要程度进行排序。间接测量法倾向于通过个体呈现一系列的行为选择来推断其价值观结构[①]。目前，直接测量方法是国际上主要采用的研究方法，可细分为排序法、比率法、两两比较法、主观偏好量表等四种方法。其中排序法是向个体呈现不同的价值观，让其按重要程度进行排序。此方法以Rokeach提倡的二维价值观结构为典范，将价值观区分为终极性价值和工具性价值两个维度，并以此为框架编订了《Rokeach Values Survey》（罗克奇价值观调查表）[②]。罗克奇价值观调查表是国际上广泛使用的价值观问卷。是米尔顿·罗克奇（Milton Rokeach）于1973年编制的，其内容见附录1。

（2）**包装设计价值观调查量表的设计。**根据包装设计领域的特点，本文对罗克奇价值观调查表的精神和内涵进行领悟并对其解释进行相应的扩展，形成“包装价值观调查量表”，内容如表4-7所示。

包装设计价值观调查量表　　表4-7

包装设计终极价值观	包装设计工具型价值观
舒适的生活（使生活变得舒适）	雄心勃勃（精心设计，积极探索）
振奋的生活（能刺激积极的生活态度）	心胸开阔（开放性，吸纳用户意见）
成就感（能有收获的喜悦）	能干（有实效、应用方便）
和平的世界（没有争端）	欢乐（拥有并体现快乐元素）
美丽的世界（艺术和自然美）	清洁（卫生、整洁）
平等（享有应有的服务与品质）	勇敢（创造性强，坚持目标）
家庭安全（没有事故隐患）	宽容（容错性能好）

① Michael D.M., Mary S.C., & Whitney B. H., et al.Alternative Approach for Measuring Values: Direct and Indirect Assessments in Performance Prediction[J].Journal of Vocational Behavior, 2002,(61): 348-373.

② Rokeach M.The Nature of Human Value[M].New York: Free Press, 1973: 24-31.

续表

包装设计终极价值观	包装设计工具型价值观
自由（可选用也可弃用）	助人为乐（提供惊喜馈赠）
幸福（能满足精神与实用的需要）	正直（信息真实、客观）
内在和谐（用料与设计的全面协调）	富于想象（能开启人们的联想）
成熟的爱（用户身心的深刻理解）	独立（使用不依赖其他工具）
国家的安全（环境与未来的可持续性）	智慧（提供知识、引发思考）
快乐（能带来快乐的体验）	符合逻辑（设计的理性体现）
救世（在生活中带来超常的作用）	博爱（体现人性化关怀）
自尊（不虚假，不谄媚，实在）	顺从（强化生活的吻合度）
社会承认（大家都说好）	礼貌（与生活习惯没有冲突）
真挚的友谊（良好的交互性能）	负责（完善的售后）
睿智（对生活有启发）	自我控制（适当，不过度，不滥用）

利用该调查量表，我们可以形成包装价值观调查问卷，以饼干包装为例，调查问卷的设置如图4-8所示。

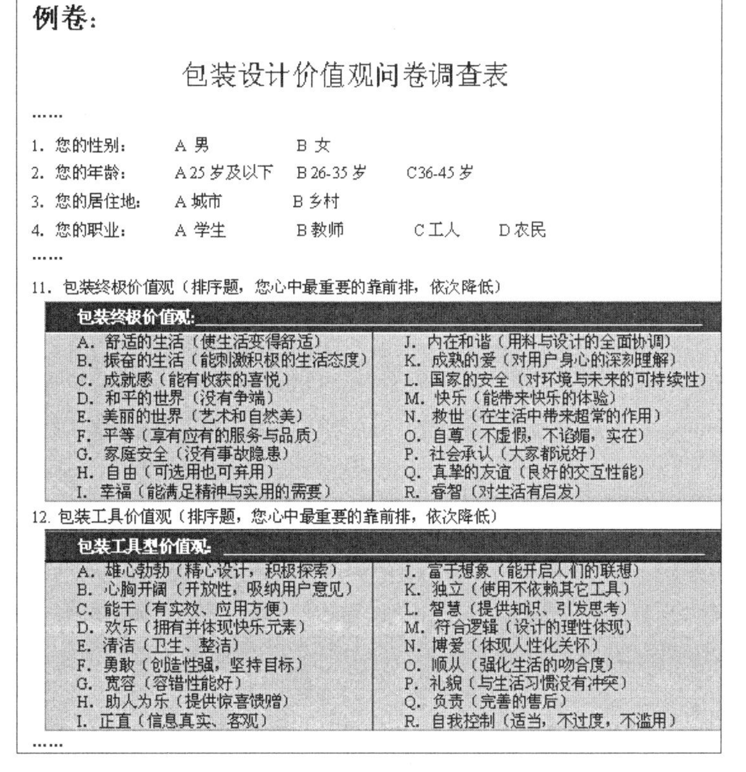
例卷：

包装设计价值观问卷调查表

……

1. 您的性别：　A 男　B 女
2. 您的年龄：　A 25 岁及以下　B 26-35 岁　C36-45 岁
3. 您的居住地：　A 城市　B 乡村
4. 您的职业：　A 学生　B 教师　C 工人　D 农民

……

11. 包装终极价值观（排序题，您心中最重要的靠前排，依次降低）

包装终极价值观：______	
A. 舒适的生活（使生活变得舒适）	J. 内在和谐（用料与设计的全面协调）
B. 振奋的生活（能刺激积极的生活态度）	K. 成熟的爱（对用户身心的深刻理解）
C. 成就感（能有收获的喜悦）	L. 国家的安全（对环境与未来的可持续性）
D. 和平的世界（没有争端）	M. 快乐（能带来快乐的体验）
E. 美丽的世界（艺术和自然美）	N. 救世（在生活中带来超常的作用）
F. 平等（享有应有的服务与品质）	O. 自尊（不虚假，不谄媚，实在）
G. 家庭安全（没有事故隐患）	P. 社会承认（大家都说好）
H. 自由（可选用也可弃用）	Q. 真挚的友谊（良好的交互性能）
I. 幸福（能满足精神与实用的需要）	R. 睿智（对生活有启发）

12. 包装工具价值观（排序题，您心中最重要的靠前排，依次降低）

包装工具型价值观：______	
A. 雄心勃勃（精心设计，积极探索）	J. 富于想象（能开启人们的联想）
B. 心胸开阔（开放性，吸纳用户意见）	K. 独立（使用不依赖其它工具）
C. 能干（有实效、应用方便）	L. 智慧（提供知识、引发思考）
D. 欢乐（拥有并体现快乐元素）	M. 符合逻辑（设计的理性体现）
E. 清洁（卫生、整洁）	N. 博爱（体现人性化关怀）
F. 勇敢（创造性强，坚持目标）	O. 顺从（强化生活的吻合度）
G. 宽容（容错性能好）	P. 礼貌（与生活习惯没有冲突）
H. 助人为乐（提供惊喜馈赠）	Q. 负责（完善的售后）
I. 正直（信息真实、客观）	R. 自我控制（适当，不过度，不滥用）

……

图4-8　包装设计价值观的调查问卷

如图4-8所示，问卷的内容分两部分，第一部分是对于问卷填写者的身份判定。主要包括性别、年龄、职业、接触产品包装的时间等。第二部分为针对36个饼干包装设计的价值观问题，调查对象只需要把每个价值观的字母代号按重要程度进行排序即可。

我们通过邮寄、当面作答、追踪访问等方式进行问卷调查，选择合适的调查对象，并考虑其组成结构，尽量兼顾各个职业、阶层与年龄段的情况。

（3）数据收集与分析。本次调查最后共收到104份有效问卷。参与人员成分分析如表4-8所示。对这些成分的分析可为最终调查数据的处理提供因子比重的依据，便于更科学地了解消费者对包装设计所持的态度与价值观，从而指导包装设计。

饼干包装设计价值观调查数据　　表4-8

选项	问卷量	所占比例	选项	问卷量	所占比例
男	50	48.07%	农村人员	42	40.38%
女	54	51.92%	学生	33	31.73%
年龄25岁以下	32	30.77%	教师	24	23.08%
年龄26~35岁	36	34.62%	工人	47	45.19%
年龄36~45岁	36	34.62%	极少食用饼干	31	29.81%
城市人员	62	59.62%	经常食用饼干	73	70.19%

经过对这104份问卷进行统计，得出了男女消费者对饼干包装设计的价值观情况，如表4-9所示，从中可体现出消费者对饼干包装的要求与预期。

不同性别消费者对饼干包装价值观的排序　　表4-9

终极价值观	男（50）	女（54）	总体（104）
舒适的生活	4.28（1）	6.23（4）	5.31（2）
振奋的生活	5.21（2）	5.14（1）	5.18（1）
成就感	9.13（10）	8.56（9）	9.1（10）
和平的世界	6.7（6）	7.34（8）	7.21（7）
美丽的世界	6.2（3）	5.22（2）	5.71（3）
平等	10.34（14）	7.25（7）	8.82（9）
家庭安全	8.23（9）	6.17（3）	7.11（5）
自由	10.45（15）	11.34（13）	11.13（14）
幸福	7.24（7）	6.41（6）	7.05（4）
内在和谐	6.55（5）	11.67（14）	9.35（12）

续表

终极价值观	男（50）	女（54）	总体（104）
成熟的爱	6.22（4）	10.78（11）	8.37（8）
国家的安全	10.11（13）	12.66（17）	11.53（15）
快乐	7.56（8）	6.24（5）	7.12（6）
救世	12.34（17）	12.45（16）	12.38（17）
自尊	9.16（11）	11.13（12）	10.12（13）
社会承认	9.78（12）	9.34（10）	9.53（11）
真挚的友谊	11.56（16）	12.21（15）	12.1（16）
睿智	12.67（18）	12.8（18）	12.71（18）

注：括号外为中数，括号内为等级，中数越低，等级越高。

如表4-9所示，饼干消费者对包装中的体现的“舒适生活”、“振奋的生活”、“美丽的世界”的评价最高；对“睿智”、“救世”、“友谊”的评价最低。结合他们对选择理由的陈述，可以看出消费者对现代包装的价值取向。经过计算，其斯皮尔曼等级相关系数为0.932，相关显著性检验 $P<0.001$。从表中还可以得出一个现象，就是男女在包装体现的价值观方面比较一致，但在个别方面有差异，比如男性对“内在和谐”、“成熟的爱”排得比较提前，而女性对这两个方面排得比较后，经中数检验法检验，各项$P<0.01$，差异明显。

由于消费者年龄的不同会对设计调查造成明显的差异，故也如表4-8所示的数据作了统计，结果如表4-10所示。

不同年龄消费者对饼干包装价值观的排序　　表4-10

年龄（岁）	舒适的生活	振奋的生活	成就感	和平的世界	美丽的世界	平等	家庭安全	自由	幸福	内在和谐	成熟的爱	国家的安全	快乐	救世	自尊	社会承认	真挚的友谊	睿智
≤25	1	7	13	3	12	8	2	9	14	4	11	17	10	18	5	6	15	16
26~35	8	1	10	5	11	2	6	3	15	4	12	18	14	16	7	9	13	17
36~45	9	5	4	12	3	13	8	6	1	14	10	17	2	18	7	15	16	11

表中的数据反映出不同年龄的消费者对包装表现出来的世界观有较大的差异，年龄越大，其对文化与精神的追求就更高，年龄较小的消费者则对客观的物理性能比较关注。根据表中显示的消费者关心的内容，我们可以将其作为在包装设计中的着眼点，

以此来确定包装设计的方向，并确定我们应该在设计中通过包装文化对消费者价值观与审美观进行引导和改变的内容。

2. 德尔菲法在包装价值观中的应用

德尔菲法的主要特征是吸收专家参与预测，充分利用专家的经验和学识，并采用匿名或背靠背的方式，使每一位专家独立自由地作出自己的判断[①]。另外，这个预测过程要经过几轮反馈，使专家的意见逐渐趋同。这种预测法在包装设计价值观中有很大的应用空间和预期价值[②]。

以手机包装为例，某公司研制出一款新的手机，因为目前市场上还没有相似产品，因此没有资料可以对比借鉴。但公司需要对包装设计的侧重点作出预测与判断，于是该公司聘请设计师、业务经理、市场专家和销售人员等9人成立专家小组，预测相关消费者对其包装设计的所持价值观。9位专家根据个人经验按重要程度的先后提出3项消费者最看重的包装工具型价值，经过三次反馈得到结果如下表4-11、表4-12所示。

德尔菲法在包装价值预测中的结果　　表4-11

专家编号	第一次判断			第二次判断			第三次判断		
1	B	E	O	F	B	E	C	H	E
2	J	C	K	O	J	B	Q	C	H
3	M	F	B	P	H	D	M	D	H
4	B	I	H	R	D	K	E	H	Q
5	A	M	I	D	A	J	K	E	C
6	H	O	E	C	M	B	H	M	Q
7	R	J	Q	H	E	F	C	Q	K
8	P	L	K	K	C	G	E	C	M
9	M	Q	A	M	A	Q	K	E	Q
权重	0.5	0.3	0.2	0.5	0.3	0.2	0.5	0.3	0.2

注：表中价值观的符号对应如表4-11所示。

---

① Viviane Gaspar Ribas EL Marghani, Felipe Claus da Silva, Liriane Knapik.Kansei Engineering: Types of this Methodology [J]. Emotional Engineering, vol.2.2013: 127-147.

② 袁志彬，任中保. 德尔菲法在技术预见中的应用与思考[J]. 科技管理研究，2006年10期26卷：88-93.

包装工具型价值观的项目及编号 表4-12

编号	价值观描述	编号	价值观描述
A	雄心勃勃（精心设计，积极探索）	J	富于想象（能开启人们的联想）
B	心胸开阔（开放性，吸纳用户意见）	K	独立（使用不依赖其他工具）
C	能干（有实效、应用方便）	L	智慧（提供知识、引发思考）
D	欢乐（拥有并体现快乐元素）	M	符合逻辑（设计的理性体现）
E	清洁（卫生、整洁）	N	博爱（体现人性化关怀）
F	勇敢（创造性强，坚持目标）	O	顺从（强化生活的吻合度）
G	宽容（容错性能好）	P	礼貌（与生活习惯没有冲突）
H	助人为乐（提供惊喜馈赠）	Q	负责（完善的售后）
I	正直（信息真实、客观）	R	自我控制（适当，不过度，不滥用）

在用德尔菲法进行预测时，最终一次判断是综合前几次的反馈作出的，因此在预测时一般以最后一次判断为主。按照9位专家第三次判断的情况，根据相应权重，计算得出各类价值观所占的分量如下：

E：0.5+0.5+0.3+0.3+0.2=2.3

C：0.5+0.3+0.5+0.3+0.2=1.8

H：0.5+0.3+0.2+0.3+0.2=1.5

Q：0.5+0.3+0.2+0.2+0.2=1.4

M：0.5+0.3+0.2=1.0

K：0.5+0.2+0.5=1.2

从以上统计结果可知，专家们较为注重的前三位包装设计工具价值观是：E.清洁（卫生、整洁）、C.能干（有实效、应用方便）、H.助人为乐（提供惊喜馈赠）、Q.负责（完善的售后）。于是我们可以准确地知道在为该款手机做包装设计时应该特别注意清洁与实用方面的内容。

4.4 本章小结

在产品包装的设计过程中，我们要体现人们的审美情趣与文化特色。在精准化包装设计中，包装创意的精准化是首要任务。要实现包装创意的精准化，就要考虑人们的社会价值观与审美情趣，要结合不同的地域文化，体现包装的精神内涵。

基于以上理念，本章首先分析了地域文化形成的过程，对不同类型的地域文化作了描述，最后用语意差异分析法对地域文化进行了量化与定位。

在价值观的体现方面，本章论述了价值观与包装设计价值观的定义与内涵，分析了其现状与演变规律，并运用罗克奇价值观调查表来设计出包装设计价值观调查量表，通过调查分析，实现了对包装设计价值观的量化，同时也用德尔菲法对包装价值观进行了预测。

在社会审美方面，本章分析了审美内涵及其影响因素，并通过数学方法对消费者的审美空间进行了量化，同时使用KJ法进行了包装设计审美方向的设定研究。

第 5 章

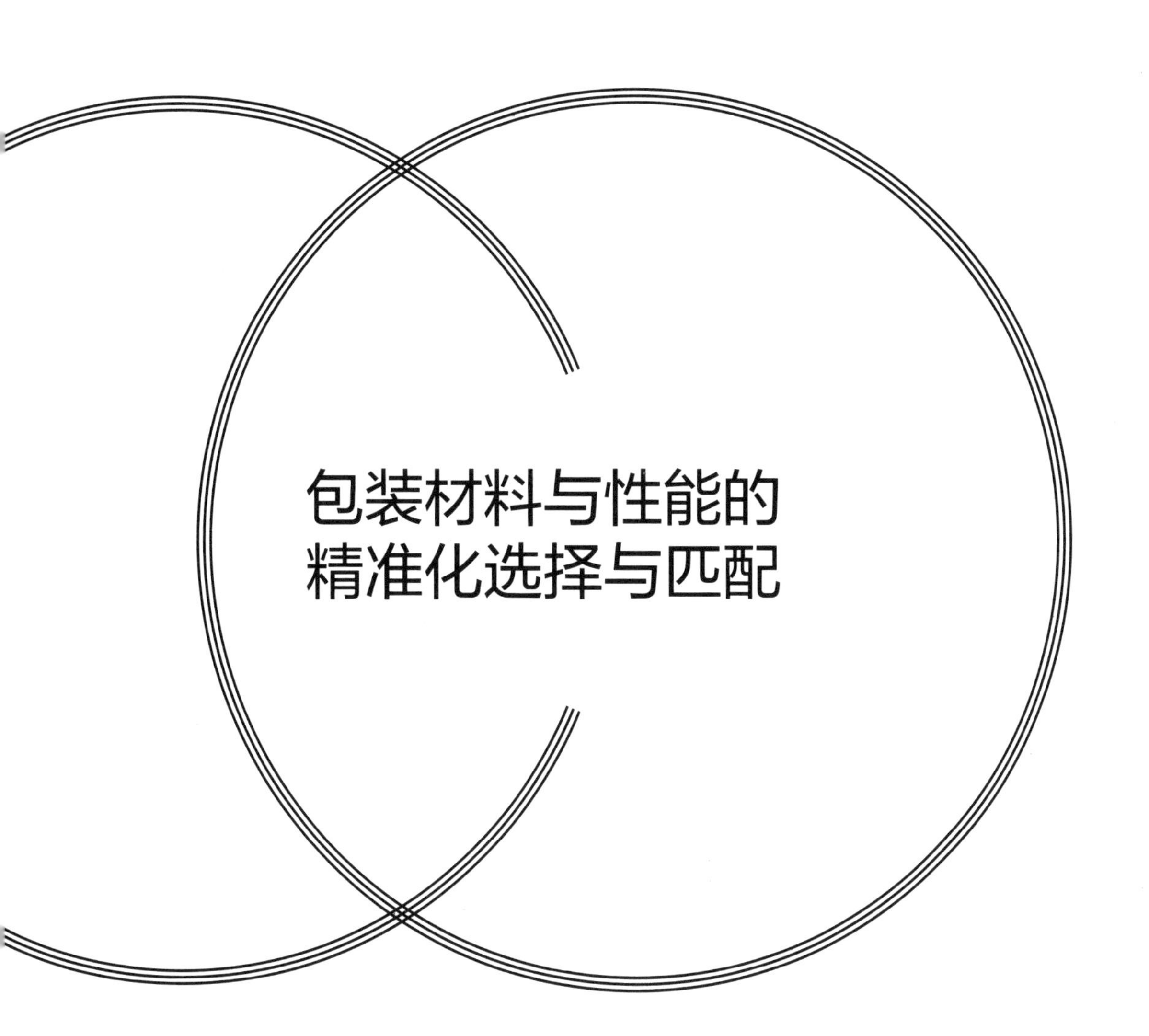

包装材料与性能的精准化选择与匹配

包装材料是指在进行包装容器制造、包装印刷与装潢、包装运输与储存等过程用于产品包装的材料[①]。包装材料范围很广，除了传统的纸张、塑料、金属、玻璃以及陶瓷外，还包括竹编、藤条等天然材料与复合材料，同时也包括涂料、颜料等印刷装潢材料与捆扎带、胶粘剂等封装材料。包装材料是产品包装的前提和基础，不仅是保护商品的物质条件，也是美化商品、促进销售的重要载体。

随着社会的高速发展，社会的审美情趣在不断提高，包装上普通的色彩与造型已经刺激不了消费者的感官[②]。只有重视并科学运用材料性征，包装的功能与美感才能得到充分的体现，因为材料不单是固化的包装物质，更是传达思想意念的精神载体[③]。在材料科技与设计思想不断发展的今天，包装设计应特别注重对材料语意的挖掘与应用。但在现实的包装设计中，很多设计师往往不能科学准确地用好包装材料，在材料性能与审美特征之间选择不当，导致包装效果不到位，浪费材料并污染环境。如何在包装设计中识别材料的质感与性能，实现精准的选择与匹配，是本章研究的重点。

5.1 包装材料的种类与性能特点

材料是人们在制造各种生产与生活用品的各种物质总和，在社会发展与历史变革中发挥着重大作用。材料依据不同的思想有不同的分法，但人们一般习惯上将其分为两类：自然材料与工业材料。自然材料即木材、泥土、石头等天然生成，未经工业处理的材料，它能给人质朴、环保、舒适的感觉。而工业材料是运用各种科学技术进行

---

① 郝晓秀．包装材料学[M]．北京：印刷工业出版社，2006：1-6.

② M.S.Gandhi，Y.S.Mok.Effect of packing materials on the decomposition of tetrafluoroethane in a packed-bed dielectric barrier discharge plasma reactor[J]. International Journal of Environmental Science and Technology，November 2013：156-161.

③ 王修智．神奇的新材料[M]．济南：山东科学技术出版社，2007：5-8.

提取、转化、复合出来的材料，包括金属、塑料、纳米材料等有特定功能的材料。工业材料的产生是多种学科、技术、工艺协同发展的产物。近年来随着高新技术的发展，新型材料不断涌现。传统材料与新型材料之间相互依存、互相转化。当传统材料的技术含量与性能得到提高时就成了新型材料；而新型材料经过长时应用，达到一定的广泛程度时也会变成传统材料。传统材料的应用是新型材料的发展基础；新型材料的发展又能反过来促进传统材料的进步。

包装材料有很多种划分方法。按材料材质可以分为纸和纸板、塑料、玻璃、金属和复合材料等。按材料的软硬性质可以分为软包装材料（如铝箔、纸、纺织品、天然纤维等）、半硬包装材料（如瓦楞纸板、塑料等）、硬包装材料（如金属、硬质塑料、玻璃、陶瓷等）。按材料来源可以分为天然材料和加工材料。按材料的主辅作用可以分为主要包装材料和辅助包装材料（如印刷油墨、胶粘剂等）。

随着包装艺术的不断发展，包装材料成为设计师表达思想的介质，对其的恰当运用，不仅给设计师提供广阔的创作空间，也给包装设计风格提供了展示的舞台①。

现根据不同包装材料的性能特点分述如下。

5.1.1 包装纸和纸板的成分与性能

造纸是我国古代的四大发明之一，公元105年，东汉宦官蔡伦在洛阳以破布、麻头、树皮等为原料发明了捣浆造纸术，扩大了原料来源，降低了造纸成本，提高了生产效率，加速了纸张替代竹帛的进程，为文化传播与社会进步作出了卓越的贡献。纸张发展至今，已经是商业设计中使用范围最大的一种包装材料。由于纸张加工方便，成本低，正在国民经济中发挥着越来越大的作用。

纸张作为包装材料具有轻巧、便捷、易折叠、易卷曲、不导电、不易腐蚀、吸湿性强等特点②。包装市场无论从数量还是质量上都为纸包装制品留有极大的发展空间。随着我国进出口贸易的飞速增长，纸制品包装迎来了新的发展。

1. 纸张的成分

纸就是从特制的悬浮液中将植物纤维、矿物纤维、动物纤维、化学纤维或这些混合物沉积到适当（专门）的成型设备上，经过干燥与后期加工，制成的平整、均匀的薄叶片状物。纸张是包装中的重要材料，并决定了包装的发展与现状。现代造纸的一

---

① 张玲. 材料特性在包装结构设计中的运用研究[D]. 苏州：苏州大学，2008：22-31.

② Damien Motte, Caroline Bramklev, Robert Bjärnemo.A method for supporting the integration of packaging development into product development[J].Advances in Life Cycle Engineering for Sustainable Manufacturing Businesses, 2007：95-100.

般流程如图5-1所示。

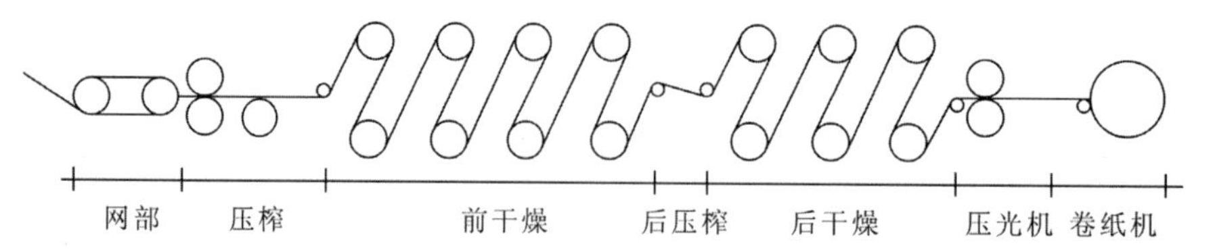

图5-1　现代造纸的一般流程

包装用纸的主要组成包括植物纤维原料化学组成造纸过程中的添加剂与辅料三大部分。其中纤维素是植物和树木细胞壁的主要组成部分，其分子式是（$C_6H_{10}O_5$）$_n$。在造纸原料中一般占30%～60%的分量。而半纤维素是除纤维素以外的一切碳水化合物的总称，占原料10%～30%左右。另外，木素也是植物纤维的组成之一，占原料的10%～30%，木素在纤维细胞间起联结作用，不利于纤维的分离。因此在造纸过程中须通过碱液或酸液的蒸煮处理，将木素溶解。不过，适当保留木素可使纸张具有一定的挺度。

除此之外，造纸过程中所应用的添加剂与辅料种类繁多，主要有填料（滑石粉、碳酸钙、高岭土等）；胶料（淀粉、松香胶、骨胶、石蜡、聚乙烯醇等）；色料（燃料、荧光增白剂等）；涂料（乳胶、干酪素）；辅助料（分散剂、耐水剂、消泡剂、增白剂）。这些辅料虽含量不多，但作用巨大，是确保各种纸张性能的重要组成部分。

2. 纸张的性能

包装的功能是要保护产品、方便储运、促进销售。从实际功能出发，纸和纸板在包装应用中要考虑的性能大体上有以下七个方面：

（1）**外观质量**。外观质量是用肉眼可以分辨和判断的，如是否有针眼、透明点、皱折、筋道、网痕、斑点、浆疙瘩、裂口、卷边、色泽不一致等缺陷。

（2）**物理性能**。物理性能是指纸张的定量、厚度、紧度、机械强度、伸缩性、挺度、透气度、柔软性能等。物理性能需要通过专门仪器测定，并按产品包装要求精确选用。

（3）**吸收性能**。吸收性能包括施胶度、吸水性能、吸墨性能、吸油性能等。

（4）**光学性能**。光学性能是指亮度、白度、色泽、光泽度、透明度等。

（5）**表面性能**。表面性能包括平滑度、抗磨性能、掉毛性能、掉粉性能、粘合性能、压楞性能和粗糙度等，这些项目都需要采用专门仪器进行测定。

（6）**适印性能**。适印性能是印刷纸的一项重要质量要求，主要取决于平滑度、施胶度、不透明度、机械强度、可压缩性、尺寸稳定性、掉毛性、掉粉性等复杂因素。

（7）**其他特殊质量的要求。**有些纸和纸板还要求具有某些特殊性能，主要有化学性能（如防锈包装纸的耐腐蚀性能、耐碱纸的抗碱性能等）、水溶性能（如保密文件用纸等）、水不溶性能（如茶叶袋纸等）、电性能（如电器绝缘纸的绝缘性能）等。

3. 纸包装材料的优点

纸质包装材料应用范围很广，占了包装材料的50%以上。原因首先是生产原料来源广泛，生产设备要求不高，工艺也较为简单，容易大批量生产，成本较低，这对其推广应用起到了决定性的作用。其次是因为纸张的疏松结构使其密度小，重量较轻，便于运输[①]。再次是印刷适性良好，纸张的纤维组织使其能够很好地吸附油墨，墨迹显示清晰，可以印刷出精美的图案。最后是加工性能好，很容易对其进行裁切、折叠、模压等成型加工，也能比较容易地施加覆膜、上光、烫印等表面整饰工艺。纸张的这些特点使其非常受到包装业的青睐，很多美观、新潮的商品包装都是纸包装。

5.1.2 塑料包装材料的种类与性能

包装是塑料消费之首，是塑料在工业应用中的主要领域。塑料包装主要是指塑料软管、编织袋、箱、盒、膜等，主要用在饮料、化妆品、洗涤用品、化工产品等产品的包装中。据统计，2013年我国塑料包装达到900多万吨，约为包装材料总产量的1/3。可以看到塑料包装对我国经济发展的贡献巨大。

1. 塑料的概念与种类

塑料的主要成分为合成的或天然的高分子化合物，能在一定条件下加以塑化成形，所得产品最后能保持形状不变的材料[②]。塑料是利用单体原料以合成或缩合反应聚合而成的高分子化合物，可以自由改变形体样式。广义的塑料是指具有塑性行为的材料，所谓塑性是指受外力作用时，发生形变；外力取消后，仍能保持受力时的状态。狭义的塑料是指以树脂（或在加工过程中用单体直接聚合）为主要成分，以增塑剂、填充剂、润滑剂、着色剂等添加剂为辅助成分，在加工过程中能流动成型的材料。塑料生产机械如图5-2所示。

---

① Le Van So，N.Morcos. New SPE column packing material：Retention assessment method and its application for the radionuclide chromatographic separation[J]. Journal of Radioanalytical and Nuclear Chemistry，September 2008，Volume 277，Issue 3：651-661.

② 在线新华字典：http：//xh.5156edu.com/html5/113319.html.

图5-2　塑料成型机械（注塑机）

塑料分热塑性和热固性两类。热塑性塑料的受热软化，可反覆塑制，如聚氯乙烯、聚乙烯等。热固性塑料一经加热，首先变软，呈现出流动性，冷却后成为固体，再加热则不会熔融，不能软化，不能反覆塑制，如酚醛塑料、氨基塑料等。

2. 塑料的优点与缺点

塑料有很多优点，如易于成型、成本低、质轻、防水、强度高等。同时，塑料的稳定性能优异，大部分塑料的抗腐蚀能力强，不与酸、碱反应，能应用于各种化学药品的包装中。此外，塑料耐磨性能好，透光及防护性能好，减震及消声性能好，具有适宜的阻隔性，是良好的绝缘体。最后，塑料的卫生性能好，具有很好的加工性和装饰性。

但塑料也有很多缺点，主要体现在环保方面。首先，塑料比较容易燃烧，会产生大量有毒气体，此外，塑料在高温中也会分解出有毒成分，直接危害人们的健康与生命安全。还有，塑料的耐热性能较差、热膨胀系数大、尺寸稳定性差、易于老化。最后，塑料无法自然降解，埋在地底下几百年、几千年甚至几万年也不会腐烂，已经成为地球环境污染的第一号敌人。

3. 塑料包装材料的发展趋势

目前塑料的应用规模不断增大，其优缺点的影响日益广泛。作为包装材料，其在应用上具有以下趋势。首先是多功能性的发展，材料科学的进步使塑料不仅仅应用于盛装容器，在防护、阻隔性方面也有新的应用。其次是节能、环保、易回收利用等绿色包装的发展渐成规模，塑料包装的应用必须以环境保护为前提，在回收利用方面作更多的改进。再次是防静电、导电等特殊性质与用途的软塑包装材料应用日益广泛。

最后是复合材料的发展越来越受重视，塑料共混、塑料合金和无机材料填充等复合材料已经有了很大的应用范围。

5.1.3 金属包装材料的特点与类型

金属包装是指由金属薄板生产而成的薄壁型包装容器，它在食品、药品、日用品及工业品乃至军火包装中被广泛应用①。其中，金属在食品包装领域的用量最大。因为金属的材质特性，其包装比一般包装的抗压能力更好，不易破损，能够有效保护产品，方便运输。金属包装容器款式多样，印刷精美，深受广大客户喜爱。各种金属包装容器如图5-3所示。

图5-3 各类金属包装容器

1. 金属包装材料的特点

首先，金属包装材料具有很好的强度和延展性，加工性能好，可以轧制成各种厚度的板材、箔材，并可与纸、塑料等进行复合，形成各种新型材料。其次，金属包装材料具有优良的力学性能，其机械强度优于其他包装材料，另外还可耐高温、耐温湿度变化、耐虫害、耐有害物质的侵蚀，综合保护性能好。再次，金属包装材料有极好的阻隔性能，如遮光性、阻气性、防潮性、保香性等，被广泛用于食品、药品、化工产品的包装工业中。第四，金属包装材料具有独特的光泽，便于印刷、装饰，能够使包装外表华丽美观，能够提高商品的销售价值。最后，作为主要金属包装材料的铁和铝，在地球上的蕴藏量极为丰富，可满足大规模工业化生产。此外，金属包装容器废弃物一般可以回炉再生，循环使用，减少环境污染。

---

① Rogernei de Paula, Rosicler Colet, Débora de Oliveira.Assessment of Different Packaging Structures in the Stability of Frozen Fresh Brazilian Toscana Sausage[J]. Food and Bioprocess Technology, April 2011, Volume 4, Issue 3: 481-485.

2. 金属包装材料的类型

按材料类型可将其分为钢质包装材料与铝质包装材料。其中钢质包装材料与其他金属包装材料相比，来源丰富，价格便宜，它的用量在金属包装材料中占首位。铝质包装材料主要有纯铝板、合金铝板、铝箔和镀铝薄膜等，它们质量轻、加工性能优异。

按成型结构可分为三片罐和二片罐，还有金属桶、金属软管、金属喷雾罐等。其中三片罐又可分为压接罐、粘结罐和焊接罐三种。二片罐的品种较为单一，但其生产周期短，工艺简单，密封性好，广泛应用于啤酒及含汽饮料的包装。

金属包装的品种与类型目前还在不断变化与扩展中，随着金属材料科学的进步，金属包装将在更优异的性能与更丰富的外观方面有更出色的表现。

5.1.4 玻璃包装容器的应用与分类

玻璃的主要成分为二氧化硅，是硅酸盐类材料。玻璃的基础原料在自然界中非常容易获得，如石英砂、石灰石、石狄石、苏打、硅土或砂子。当这些材料通过1550～1600℃的高温熔化在一起时，就形成了玻璃的液体形状而供随时铸模成型。由于其简易性，在很早以前就被人类制造了出来，已经有上千年的历史，是传统包装材料之一。

1. 玻璃包装的应用范围

在科学技术高速发展的今天，在新技术的推动下，玻璃作为现代生产中一个大的媒介材料，已经成为人们现代生活、生产和科学中不可缺少的重要材料，正发挥着它独特的魅力[①]。玻璃的应用范围很广，在包装方面，人们将玻璃作为商品容器的载体，被广泛用于销售包装，用来制作装酒、饮料、食品、药品、化学试剂、化妆品、文化用品的玻璃瓶、玻璃罐等。玻璃作为现代包装的主要材料之一，正以其优良独特的个性适应着现代包装各种新的要求。

2. 玻璃包装材料优缺点

玻璃包装材料的优良品质是任何材料都不能代替的。首先，用于生产玻璃的原料既丰富又便宜，价格稳定，易于回收再利用，可重复使用、重复生产，不会造成公害，是很好的环保材料。其次，玻璃有很强的适应性，易于造型，可制成形式多样的容器，成型后具有一定的强度，刚性大，耐压力强。再次，玻璃的化学性质稳定，无毒，无

---

① Rogernei de Paula, Rosicler Colet, Débora de Oliveira. Assessment of Different Packaging Structures in the Stability of Frozen Fresh Brazilian Toscana Sausage [J]. Food and Bioprocess Technology, April 2011, Volume 4, Issue 3: 481-485.

异味、耐腐蚀、耐热。第四，玻璃的阻隔性高，不透气、不透湿，能防止紫外线的照射，具有良好的保护性，能有效地保存内容物。最后，玻璃的透明性好，干净、直观，造型优美，且可制成有色玻璃，具有良好的装饰性和特殊美感。

玻璃的缺点是脆性大，耐冲击强度不大，尤其当表面受到损伤或制造时成分不均匀时更严重，容易破碎。另外，玻璃的重量大，运输费用高。

3. 玻璃包装容器的分类

玻璃包装容器的种类繁多，根据形成体氧化物的种类，可把玻璃分成硅酸盐玻璃、硼酸盐玻璃、磷酸盐玻璃和铝酸盐玻璃等。常用的包装玻璃为钠钙玻璃，其次是硼硅酸盐玻璃。按容器制造方法的不同可分为模制瓶和管制瓶。按色泽可分为无色透明瓶、有色瓶和不透明的混浊玻璃瓶。按瓶口形式可分为磨口瓶、普通塞瓶、螺旋盖瓶、凸耳瓶、冠形盖瓶、滚压盖瓶等。按容积可分为小型瓶和大型瓶。按使用次数可分为一次用瓶和复用瓶。按瓶壁厚度可分为厚壁瓶和轻量瓶。

5.1.5 其他包装材料的种类与特性

1. 陶瓷包装容器

陶是一种可塑性黏土通过成型、干燥、烧制成的制品。其不透明，有气孔，有吸水性，主要种类有日用、艺术、建筑陶器等。陶是古代人勤劳、智慧、情感和技巧的结晶，它的出现给当时人们的生活带来了极大的便利，同时也是古代艺术的凝聚物，有着独特的审美特征，表现出朴素、粗放、淳厚、古拙、简洁、实用的艺术风格，带有民间艺术浓郁的生活气息。

瓷器以长石、高龄土、石英等为原料，经成型、干燥、脱膜、修胚、素烧、施釉、清理、检验等工序制成，是人工合成矿物的综合工艺技术的制品①。瓷器的化学稳定性与热稳定性良好，能耐各种化学药品的侵蚀，热稳定性比玻璃好，在250～300℃时也不开裂，瓷器具有半透明、声音清脆的特性，在现代包装中，瓷器多用在酒包装中。

2. 木质包装材料

木材是一种优良的天然材料，自古以来就一直是深受欢迎的包装材料。木质包装材料包括天然木材和人造板材两类，天然木材主要有各种松木、杉木、杨木、桦木、榆木等；人造板材主要包括胶合板、木丝板、刨花板、纤维板等。

木材在自然界中蓄积量大、分布广、取材方便，具有优良的特性。不同的木材质

---

① 陈雨前. 中国陶瓷文化[M]. 北京：中国建筑工业出版社，2004：304-307.

地软硬不一，加工的手法也各有差异，但其握钉性能好，易于制成各种容器。木材与其他材料相比，加工能耗小，且可以多次重复使用，或将其改作他用，也不污染环境，具有良好的环保性。木材的抗拉、抗压、抗弯强度等机械性能较好，有良好的冲击韧性和缓冲性能，耐腐蚀、不生锈，适用范围广，主要用于制造各类包装容器，如木箱、木桶、木盒、纤维板箱、胶合板箱等；也可制造托盘及较重设备底座，几乎一切物品都可用木制品包装。各类木材包装容器如图5-4所示。

图5-4　各类木材包装容器

如图5-4所示，木材有着天然的色彩和木纹，具有令人愉悦的视觉、触觉、嗅觉等特性，根据纹理的不同进行商品包装设计，能给人一种赏心悦目的感觉。

3. 复合包装材料与纳米包装材料

所谓复合材料，是由两种或两种以上的具有不同性能的材料经过一定工艺相结合而具有特定功能的材料。一般情况下，复合材料包含表层、功能层与热封层。表层主要是印刷、防水等作用。功能层则用于阻隔与遮光等。热封层是与包装物直接接触的，要有耐渗透、耐热、化学稳定性强等功能。

纳米包装材料是指用晶粒尺寸在纳米量级（1～100nm）的单晶体或多晶体材料与其他包装材料制成的纳米复合包装材料。其按结构可分为四类：晶粒尺寸至少在一个方向上几个纳米范围内称为三维纳米材料；具层状结构的称二维纳米材料；有纤维结构的称一维纳米材料；具有原子族和原子束结构的称零维纳米材料。其按材质可分为：纳米金属材料、纳米陶瓷材料、纳米半导体材料、纳米复合材料、纳米聚合材料等。

5.2　包装材料质感与审美的意象描述

我国最早的一部工艺学著作《考工记》中记载：“天有时，地有气，材有美，工有巧，合此四者，然后可以为良”。其中“材有美”指的是工艺材料的性能条件。在包装材料中，纸、塑料、玻璃、金属、陶瓷、竹木等都有形态各异的肌理，带来截然不同的视觉美感。因此现代包装设计应当非常重视肌理材质的审美体现。

在包装中，材料与工艺是物质基础，是设计的前提，在诸多的造型材料中，不同的材料有不同的特性从而产生不同的材质感受，并因加工性能和装饰处理各异而体现出不同的材质美，从而影响着包装形态①。

5.2.1 材料质感的概念辨析

材料质感就是材料的感觉特性，是人由感觉系统对材料产生的生理刺激或知觉系统对材料获得的心理信息。它最先由生理感觉产生，随后升级为心理感受，最后得到对材料的综合认知。材料质感包含四个方面。

1. 质地

质地指材料的软硬性、光滑度、轻重感等，它由材料的化学成分、物理特性及自身结构等因素决定，是材料内在的特质体现。

2. 肌理

肌理指的是材料表面的纹路，由材料表面的几何细部特征造成，是一种表面材质效果。材料的质地和肌理通过触觉来描述材料质感。

3. 色彩

色彩指眼睛看到材料的颜色，是材料视觉艺术的重要构成因素之一。不同材料在自然光或人工光下因吸收和反射光量程度的不同，显现出各种各样的颜色。在材料的诸多要素中，色彩是最具有感情特征的，最能体现材料精神与性格。

4. 光泽

光泽指材料表面上在光线的照射下反射出来的亮光，光泽能增进或减弱材料质感的效果。色彩与光泽主要是通过视觉来感受的，四者共同组成了材料质感的内容。

---

① Y-L.Shen.Electronic Packaging Structures[J].Constrained Deformation of Materials，2010：125-168.

5.2.2 包装材料的质感类型

材料的质感有两种，分别是自然质感与人工质感。在现代材料科学高度发达的今天，人工质感是我们在设计中的重点应用内容。

1. 自然质感

由材料自身的材质肌理形成，是材料在化学成分与物理特性通过表面肌理组织显示的材料固有特征。自然质感体现材料天然的特性，是材料的自身美感。因为材料的表面肌理、色彩、光泽、手感等都各不相同，于是产生了丰富的质感，形成了精致感、匀称感、粗犷感、工整感、透明感、光洁感、素雅感和华丽感等多种感觉，带来丰富的审美效果。在人类的审美经验中，厚重材质有稳重之美，轻薄材质有浪漫之感，粗糙材质有朴素之雅，光滑材质有高贵之气。

2. 人工质感

在自然质感的基础上进一步创新而成，是人们有目的地运用艺术与技术手段对材料表面进行的加工处理，为其赋予再造性的同材异质和同质异材等表面质感。人工质感突出工艺技术，强调创造特性。目前，材料的表面加工技术飞速发展，人工质感在现代包装中被广泛运用。下面以金属和塑料为例进行说明。

金属材料的成型过程，也是各种工艺与技术共同作用而产生奇妙质感的过程①，主要有：铸造工艺，根据砂模的纹理或图案复制出完全一致的纹路；锻造工艺，在捶打中可保留规则或自由的过程痕迹，有浓厚的传统手工美；焊接工艺，焊后的堆积、挫平、打磨等处理手法能影响金属的纹理，带来奇特的质感；车削工艺，能在材料的表面产生因车刀切削而带来的规则纹理；磨削工艺，能给金属的表面带来光洁精细的美感。此外还有电镀工艺、喷砂工艺、抛光工艺、铆接工艺等，都具有独特的人工质感。

塑料在成型后也能通过二次加工进行表面处理，主要工艺有：机械加工，如抛光、磨砂等；表面装饰，如热喷涂、电镀等；表面镀覆，如涂饰、印刷等。这些工艺给塑料带来丰富的外观装饰效果。此外还有一些独特的生产工艺，能把木材、金属、皮革等装饰材料与塑料射出成型相结合，带来醒目的自然外观和奇特质感。

除了金属和塑料，很多材料都可通过加工方法改变质感。如纸张的压印、上胶、制皱、覆膜工艺，玻璃的蚀刻、磨砂工艺，木材的弦切、刨光工艺等都能带来纹理的变化，形成另类质感。

---

① Kevin M Weeks, Ben Berkhout, Julian W Bess Jr.Applications of RNA structure analysis to retroviral packaging and anti-retroviral therapeutic discovery[J]. Retrovirology October, 2011: 81.

5.2.3 材料质感的感知方式

人类通过各种器官来进行认知活动，人类对材料质感的认知是通过触觉和视觉进行的。这两种方式相互结合，共同完成对材料的感知活动。

1. 触觉

人手具有灵敏的感知能力，当其接触到物体时便会触动神经，形成触觉。触觉是由运动感与皮肤感共同组成的一种复合感觉，能给大脑传递复杂的感知信息。材料表面是由各种微元结构组成的，分别具有不同的触觉效果。其中，规则的结构会产生有序、舒适、流畅的感觉。不规则的结构则带来凌乱、不适、生涩的刺激。

2. 视觉

视觉的产生要依靠眼睛，眼睛是人类在所有感知系统中最敏锐的器官。人们依靠视觉感知物体的表面特征，甚至能够依靠经验的积累，无须借助触觉便能由视觉判断物体的质感。

由于视觉具有经验性、间接性、遥测性，没有触觉那种真实感①，因此通过视觉得到的质感常与真实现实有偏差。正因为这样，设计师才能利用视觉的虚幻性制造假象材质，如在图案中添加各种材质效果等，丰富感性意象的表达效果。

5.2.4 材料质感的意象描述

不同的材料能够给人们带来不同的感受，但人们对不同材料的感觉与联想作用是分不开的。人们在接触或者看到材料之后，通过联想、想象和回忆之前的经验，经由感觉以及知觉进行综合分析，即产生不同的意象②。由于不同的人生活经历、文化背景、所处环境的不同，人们对材料产生的感觉必定具有差异性，因此人们对材料的最终意象是丰富而复杂的③。但经过归纳和整理，我们同样能找到其中的规律。

在设计研究中，人们一般用形容词来描述材料的质感和意象。本节也借助感性形容词，通过问卷调查的方式对材料感觉意象进行精准的描述。

---

① Tomomasa Nagashima.Introduction to Kansei Engineering [J]. Biometrics and Kansei Engineering 2012：173-176.

② 杨启星. 感性意象约束的材料质感设计研究[D]. 南京：南京航空航天大学，2007：23-28.

③ 种道玉. 产品设计中的感性特征研究[D]. 北京：北京工业大学，2007：21-32.

1. 感性意象语意样本收集

在材料质感意象语意的表达中，人们的感觉是基于具体材料的，因此我们通过摄影与网络收集到各类包装材料的图片样本，如表5-1所示。

材料感性意象样本　　表5-1

种类	材质样本				
纸张	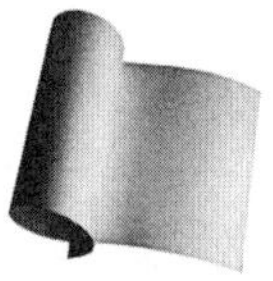				
塑料		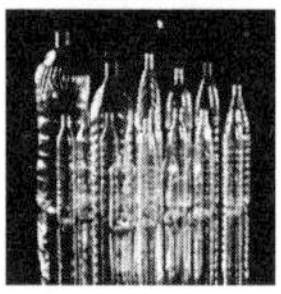			
金属				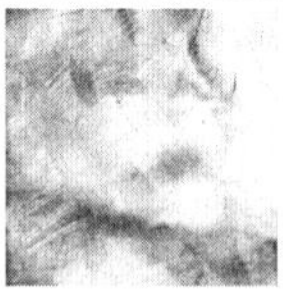	
玻璃	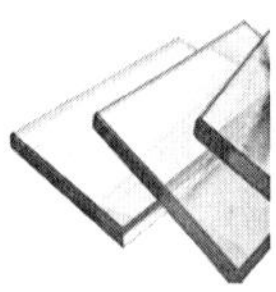		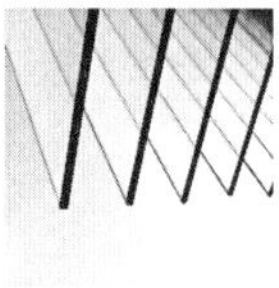		
木材		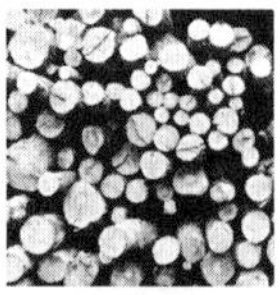	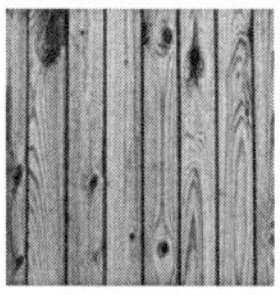		
陶瓷					

以上样本的选取不是单一的，为了具有更广的代表性与全面性，我们对每种类型的材料都用5个样本从多个角度与方向去展示其相应的质感，为我们进行材料的意象描述提供详细的依据与参考。

2. 收集感性意象词汇库

搜集好样本后，我们就要通过对报纸、杂志、产品目录、相关网站等途径去收集感性意象词汇。在本次研究中，我们一共收集了183个感性意象词汇，排除意义相近的词汇后，确定了80对用于进一步的语意筛选实验，如表5-2所示。

包装材料的感性意象库 表5-2

编号	感性词汇	编号	感性词汇	编号	感性词汇	编号	感性词汇
1	昂贵—便宜	21	华丽—朴素	41	简洁——复杂	61	舒适——难受
2	高尚—卑俗	22	斯文—狂野	42	悦人——扰人	62	安全——危险
3	坚实—脆弱	23	温馨—冷漠	43	丰富——单调	63	鲜艳——素雅
4	积极—消极	24	整齐—杂乱	44	高级——低级	64	自由——束缚
5	纤细—粗狂	25	精致—粗劣	45	新鲜—陈旧	65	现代—传统
6	大众—个性	26	稳健—轻盈	46	刺激—柔和	66	可爱—可恶
7	光滑—粗糙	27	严肃—轻松	47	常规—另类	67	紧张—松弛
8	自然—人造	28	典雅—庸俗	48	夸张—内敛	68	厚重—单薄
9	崭新—陈旧	29	时髦—落伍	49	和谐—冲突	69	气派—寒酸
10	时尚—古朴	30	古典—摩登	50	文明—野性	70	抽象—具象
11	协调—突兀	31	圆润—锐利	51	豪放—拘谨	71	愉悦—悲哀
12	生命—死亡	32	轻巧—笨重	52	柔软—坚硬	72	高雅—低俗
13	亲切—冷淡	33	典雅—庸俗	53	明亮—阴暗	73	独特—普通
14	安静—热闹	34	庄重—随意	54	稳重—轻佻	74	紧密—松散
15	花俏—素净	35	规矩—叛逆	55	独特—普通	75	灵气—呆滞
16	温暖—寒冷	36	创新—守旧	56	强烈—温和	76	激动—沉稳
17	流行—怀旧	37	浪漫—理智	57	神秘—无奇	77	忧郁—喜悦
18	含蓄—张扬	38	和谐—冲突	58	科技—手工	78	兴奋—沉静
19	常规—另类	39	保守—前卫	59	年轻—老成	79	成熟—稚气
20	开放—拘束	40	帅气—土气	60	激昂—冷静	80	沉闷—欢快

从以上的意象词汇库中我们可知，材料的感性意象是非常复杂而多变的，为了尽量准确地对其进行描述，我们必须使用庞大的词汇库，通过精确的测量数据来实现。

3. 制作调查问卷

在材料质感的意象描述研究中，我们需要通过调查问卷来进行，该问卷通常采用感性工学中用于情感量化的权威方法——语意差异分析法（SD法）来进行设计。以木材为例，调查问卷的设计效果如表5-3所示。

木材感性词汇测量表　　表5-3

木材样本	感性词汇测量表
	昂贵[-3][-2][-1][0][1][2][3]便宜
	高尚[-3][-2][-1][0][1][2][3]卑俗
	坚实[-3][-2][-1][0][1][2][3]脆弱
	积极[-3][-2][-1][0][1][2][3]消极
	纤细[-3][-2][-1][0][1][2][3]粗狂
	大众[-3][-2][-1][0][1][2][3]个性
	光滑[-3][-2][-1][0][1][2][3]粗糙
	自然[-3][-2][-1][0][1][2][3]人造
	……

4. 调查与统计

在利用所制作的问卷进行下一阶段的调查之前，我们要先做一个小范围的预测试，当测试结果显示正常时才可以进行正式的问卷调查。

在正式问卷调查中，我们共选取60名调查者，其中20名普通消费者，15名大学生，15名设计师，10名文化学者。他们在观察所给材料样本图片后，结合自己的实际经验，钩选出心里认为最适合所选材质的感性等级。

收集起问卷后，我们将感性意象语意被钩选的分数加以统计，按有效问卷数值的平均值来计算，最终得出如表5-4所示的结果（精确到0.1）。

各类包装材料的感性意象统计结果　　表5-4

感性词汇及编号		纸张	塑料	金属	玻璃	木材	陶瓷
1	昂贵—便宜	2.1	2.4	-1.4	0.9	-0.5	-2.7
2	高尚—卑俗	-0.4	1.3	-0.9	-0.7	-2.3	-2.6
3	坚实—脆弱	1.1	-1.0	-3.0	2.2	1.6	-1.5
4	积极—消极	0.4	1.2	-2.4	1.1	-1.1	-1.3
5	纤细—粗狂	0.6	-0.5	-1.2	-1.9	1.7	-1.7
6	大众—个性	-2.7	-2.1	2.1	-1.6	1.8	2.1
7	光滑—粗糙	1.5	-1.8	-2.6	-2.8	2.2	-1.9
8	自然—人造	-1.8	2.5	2.3	2.7	3.0	2.1
9	华丽—朴素	2.3	-0.7	-2.4	-2.5	-2.6	-2.3

根据上表的统计数据展开分析，去掉[-0.3，0.3]区间的不明确数据，按照得分的高低，给每种材料筛选出35个较为明确的感性词汇。

5. 聚类分析

聚类分析是在SPSS（Statistical Product and Service Solutions）中进行的。本节以塑料为例，将统计分群后得到的35×35矩阵输入到SPSS中进行分析。依据聚类分析的基本原理，形成了如图5-5所示的聚类树状图。

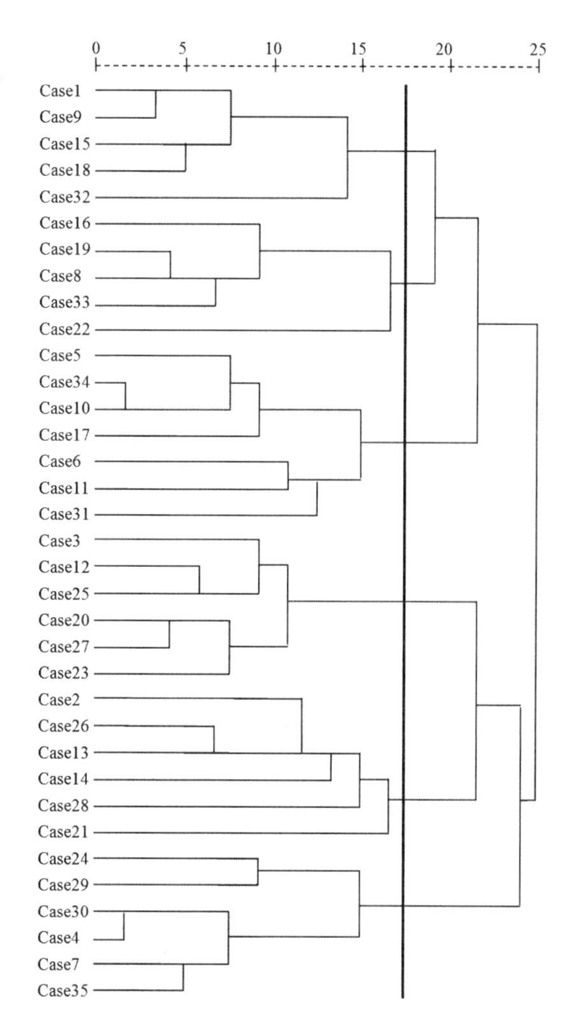

图5-5 塑料感性词汇聚类树状图

在聚类树状图中，样本间亲密度高，距离就小，就会最先被合并，合并后的小群又会与下一个亲密度高的继续合并，直至所有样本合成一个大类。如图5-5所示，本案例的实际距离范围被调整在0~25之间。在初始阶段，样本1和样本9合并，然后新生成一个类。其他的样本也以同样的方法进行合并，性质接近的样本和新类被连线逐级连接，最后合并为一整类。

在研究中，我们可以根据需要，选择一个合适的分类距离值，接着在该值点画垂直线，该线与分类连线的交点就是对每一类的划分界点，相交的分类连线所连接的样本群聚成一个小类。上图中从粗线（长竖线）所在距离值进行的分类比较均匀，可由该处将样本细分为6类，分类结果如表5-5所示。然后再如图5-5所示中寻找各类的中心点，然后用与中心点距离最近的样本作为该类的代表，它们分别是：坚实、协调、华丽、愉悦、简洁、稳重，它们就是材料质感意象的语意代表。如表5-6所示。

样本的分群情况表　　表5-5

Case	Clu	Case	Clu	Case	Clu	Case	Clu	Case	Clu
Case1	1	Case8	2	Case6	3	Case27	4	Case21	5
Case9	1	Case33	2	Case11	3	Case23	4	Case24	6
Case15	1	Case22	2	Case31	3	Case2	5	Case29	6
Case18	1	Case5	3	Case3	4	Case26	5	Case30	6
Case32	1	Case34	3	Case12	4	Case13	5	Case4	6
Case16	2	Case10	3	Case25	4	Case14	5	Case7	6
Case19	2	Case17	3	Case20	4	Case28	5	Case35	6

塑料的感性词汇与分群对照表　　表5-6

群1	群2	群3	群4	群5	群6
安全	协调	华丽	喜悦	素净	安静
坚实	规矩	丰富	浪漫	简洁	冷静
紧密	常规	新鲜	愉悦	典雅	稳重
坚硬	和谐	明亮	温暖	纤细	含蓄
庄重	整齐	鲜艳	强烈	轻盈	柔和
		光滑	豪放	轻巧	抽象
		精致			

如表5-6所示，尽管各类材料的感性词汇量都很大，描述内容也很多，但是它们都是具有关联性或从属性的，可以通过聚类分析来根据其相关程度进行整合，以简化其相互间的关系，便于在后续的设计应用中能迅速把握其关键属性。

6. 扩展与结果汇总

对塑料以外的其他材料，我们同样也可用聚类分析法进行分析（分析过程不再赘述），并得到了特征感性词语，按照感受的强弱顺序排列如下。

（1）**纸张**：天然、朴素、舒适、和谐、传统、亲切。

（2）**塑料**：坚实、协调、华丽、愉悦、简洁、稳重。

（3）**金属**：坚实、昂贵、现代、人造、精致、高级。

（4）**玻璃**：光滑、时尚、脆弱、坚硬、精致、简洁。

（5）**木材**：自然、舒适、手工、传统、和谐、古典。

（6）**陶瓷**：光滑、沉静、典雅、脆弱、简洁、坚硬。

然后再根据材料质感的分类，从材料给人的生理感觉性与心理感受性两个方面作细化的意象描述，建立起材料质感与物理特性之间的关系，如表5-7所示（以金属为例）。

金属材料的质感与物理特性之间的关系　表5-7

质感	体积	重量	硬度	温度	表层	透明度	彩度
生理感觉	常规	厚重	坚硬	圆润	光滑	素雅	明亮
	丰富	粗犷	强烈	冷淡	紧密	阴暗	愉悦
	古典	稳健	坚实	寒冷	精致	独特	花俏
心理感受	帅气	精致	野性	冷漠	科技	冷静	神秘
	整齐	安全	简洁	刺激	现代	气派	华丽
	规矩	束缚	严肃	内敛	高级	新鲜	轻巧

如表5-7所示，每种材料都有自己丰富的质感特征，这些特征都可能被量化和精准描述。这些描述可以帮助包装设计师熟悉不同材料的意象特征，使其在最终选择材料时不偏不倚，使包装具有较强的感染力，带来丰富的心理感受，提高产品的附加值。

5.3 包装材料的精准化选择方法

5.3.1 包装材料的选择原则

包装材料的选择是产品包装开始的第一步，也是决定包装形态和性质的基础。在包装材料的选择上，我们要遵循的原则有以下几个。

1. 包装材料与产品性质相互对等

在选择包装材料时，应先把产品大致分为高、中、低三档。对于高档产品，如仪器、仪表、家用电器、照相器材、金银首饰品等，本身价值高，为确保安全流通，就应选用性能优良的包装材料；另外，对于出口商品包装、化妆品包装，虽然不都是高档产品，但为了满足消费者的心理需求，往往也需采用高档包装材料①。对于中档产品，除考虑美观外，还要考虑经济性。对于低档产品，它是消费量较大的一类，选择

① 郝晓秀．包装材料学[M]．北京：印刷工业出版社2006：2-13.

材料时则应实惠、货真价实，以经济性为第一考虑原则。因此，根据商品的档次选择包装材料，满足不同层次消费者的心理要求是第一位的。

2. 包装材料与流通条件相适应

商品必须通过流通才能到达消费者手中，而流通的过程将面临复杂的环境与作业条件，因此我们在选择包装材料时一定要充分考虑流通过程中会遇到的气候变化、运输条件、流通周期等情况。现分述如下：

气候变化是指包装在流通区域内的温度与湿度的变化，它们会对包装材料产生较大的影响，甚至使其性能丧失。其中，运输条件主要是指车辆、轮船与飞机等运输工具与湿温、震动等各种路面条件。流通周期是指商品到达消费者手中的预定期限，有些商品，如食品的保质期限很短；有的可以较长，如日用品、服装等。这些情况都会对包装材料的选择有相应的要求，如果妄视这些情况就会导致包装设计的失败。

3. 包装材料与功能要求相协调

包装材料的使命就是辅助包装功能的实现，因此其必须符合使用功能的要求。而包装的功能在内、中、外包装中具有较大的差别。内包装即单体包装，其材料与产品直接接触，保护产品不发生质变是其要实现的主要功能，内包装不能与产品发生化学反应，不能析出有害物质，多用如塑料瓶、纸张、薄膜、金属箔等软包装材料[①]。中包装是多个内包装组成的小整体，它所用的材料需要满足力学与装潢的双重功能，要有一定的防震性与印刷适性，主要采用微型瓦楞纸板、中直板等半硬性的材料。外包装也称为大包装，是集中包装于一体的容器，主要用来包装商品在流通中的安全，便于装卸、运输，故又称作运输包装，其包装材料首先应满足防震功能，并兼顾装潢需要，多采用瓦楞纸、木板、胶合板等硬包装材料。

4. 包装材料与美学表现相匹配

产品包装的美学表现，在很大程度上决定了一个产品的命运。材料种类不同，其美感差异甚大，从包装材料的选用来说，其美学表现主要是考虑材料的颜色、透明度、质感、纹理等。颜色不同，效果大不一样，如冰箱用浅色效果好。此外，所用的颜色还要符合销售对象的传统习惯。材料透明度好，使人心情舒畅，一目了然。质感好，给人以美观大方之感，令到陈列效果好，如用塑料薄膜和蜡纸包装糖果，其效果不大一样。

在当今国际竞争激烈的情况下商品包装材料的美学表现将直接影响商品的销售。

---

① Dr. Fabio Giudice. Eco-Packaging Development: Integrated Design Approaches [J]. Handbook of Sustainable Engineering, 2013: 323-350.

5.3.2 神经网络在包装材料选择中的应用

1. 样本材质特征量

本节采用纸张为样本，作为消费者对感性意象语意量化的参照材质。为了排除包装造型方面的影响，本节选用单张纸而不是纸包装成品。这些样本按一定特征顺序排列，如表5-8所示。

纸张样本列表及编号 表5-8

编号	样本	编号	样本	编号	样本
A1		A4		A7	
A2		A5		A6	
A3		A6		A9	

从以上纸张样本中可见，虽然同是纸张，但是其颜色、肌理、形态各异，我们需要设立共同的指标来衡量。根据以上纸张样本的质感特征，结合上文对材料质感的研究，我们可以初步确定样本的质感特征要素为：色彩、表面纹理、厚度。具体对应的具体指标为：彩度、粗糙度、纹理、定量和韧性。定好量化指标后，我们就要对其特征要素量进行量定，该量化数据由纸张具体的生产指标及参数比例确定，由生产厂家与设计师一起采用1～7级的量度进行量定，得到特征要素量化结果如表5-9所示。

如表5-9所示，各类纸张的物理特性被1～7的数值精确地量化了，这些量化的数值是由纸张的客观形象与设计师的感性认知相结合的结果，它们使纸张的物理特性得到了统一的表示，在后面的材料精准化选择中能方便应用。

纸张样本材质特征要素量化表　　表5-9

特征	A1	A2	A3	A4	A5	A6	A7	A8	A9
彩度	1.5	2.2	2.9	3.8	4.6	5.0	5.4	6.3	6.7
粗糙度	1.2	1.8	3.2	6.3	5.4	6.0	2.2	5.4	6.5
纹理	1.6	2.0	3.1	4.0	3.8	6.7	3.9	5.8	6.6
定量	1.1	1.2	1.2	3.2	3.0	3.8	4.5	4.3	5.1
韧性	4.6	1.4	4.3	5.1	5.0	4.2	3.8	5.4	6.1

2. 样本感性意象量化

在纸张的精准化选择方法中，我们主要在神经网络中通过材料特性的量化数值与消费者意象量化数值相匹配的方法来预测，因此我们要再对纸张样本的消费者意象认知进行测量。测量的方法是语意差异法（SD法）。在测量之前分别对9个样本制作7阶评估问卷，每个问卷含6组感性意象词汇，如表5-10所示。

纸张感性意象评价形式　　表5-10

木材样本	感性词汇测量表
	人造 [-3][-2][-1][0][1][2][3] 天然
	华丽 [-3][-2][-1][0][1][2][3] 朴素
	难受 [-3][-2][-1][0][1][2][3] 舒适
	冲突 [-3][-2][-1][0][1][2][3] 和谐
	现代 [-3][-2][-1][0][1][2][3] 传统
	冷淡 [-3][-2][-1][0][1][2][3] 亲切

问卷设计好后就开始调查统计。本次选择25名消费者为调查对象，其中18名受过高等教育。在问卷调查中，调查对象仔细触摸、观察各种材料的肌理、颜色等特征，然后按个人主观感觉分别对它们的6个感性标尺作评定。调查结束后，工作人员按加权平均的算法对结果进行统计，得到的量化结果如表5-11所示。

感性意象评价量化结果 表5-11

意象语意	A1	A2	A3	A4	A5	A6	A7	A8	A9
天然	-1.9	-0.5	0.6	1.3	1.2	1.8	1.7	2.4	2.1
朴素	2.1	1.8	1.2	1.2	1.9	0.2	-1.2	-0.4	0.6
舒适	-1.2	1.5	2.1	1.8	0.5	-1.4	0.7	1.3	2.1
和谐	1.4	1.5	1.4	1.6	0.7	1.2	1.4	2.3	2.1
传统	-2.1	0.8	0.4	1.3	1.2	2.1	1.4	2.5	2.0
亲切	-1.4	1.0	2.3	1.8	1.5	-1.0	0.7	0.7	1.3

3. BP神经网络模拟

所有数据都收集完毕后，我们开始采用BP神经网络模拟前面实验所得到的消费者感性意象语意评价与纸张质感特征要素量之间的非线性关系。在Matlab输入层为消费者感性意象的语意评价，输出层为纸张质感的特征要素量。输入结点为6，输出结点为5，层数为3。利用Matlab的神经网络工具，调用BP神经网络的相关参数训练并仿真，如图5-6所示。

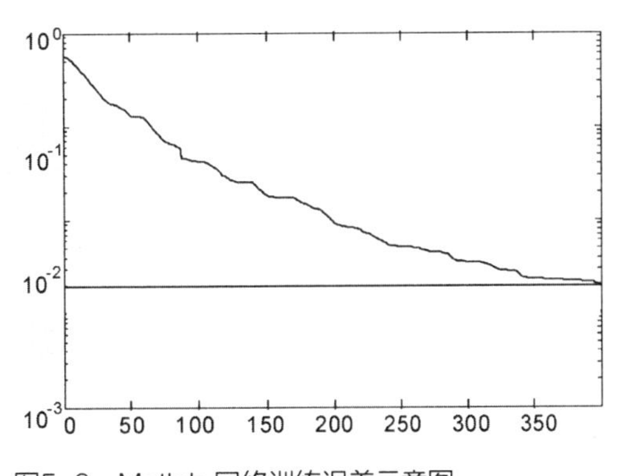

图5-6 Matlab 网络训练误差示意图

具体调用语句如下：

p =[−1.9 −0.5 0.6 1.3 1.2 1.8 1.7 2.4 2.1;2.1 1.8 1.2 1.2 1.9 0.2 −1.2 −0.4 0.6;−1.2 1.5 2.1 1.8 0.5 −1.4 0.7 1.3 2.1;1.4 1.5 1.4 1.6 0.7 1.2 1.4 2.3 2.1;−2.1 0.8 0.4 1.3 1.2 2.1 2.1 1.4 2.5 2.0;−1.4 1.0 2.3 1.8 1.5 −1.0 0.7 0.7 1.3];

t = [1.5 2.2 2.9 3.8 4.6 5.0 5.4 6.3 6.7];

net = newff(minmax(p), [3, 1], {'tansig', 'purelin'}, 'traingda');

net.trainParam.show = 60;

net.trainParam.lr = 0.04;

net.trainParam.lr_inc = 1.06;

net.trainParam.epochs = 1500;

net.trainParam.goal = 1e−3;

[net, tr] = train(net, p, t);

a = sim (net， p) [1]

p = [1.2 1.8 3.2 6.3 5.4 6.0 2.2 5.4 6.5；1.6 2.0 3.1 4.0 3.8 6.7 3.9 5.8 6.6；1.1 1.2 1.2 3.2 3.0 3.8 4.5 4.3 5.1；4.6 1.4 4.3 5.1 5.0 4.2 3.8 5.4 6.1]；

通过对神经网络的训练，我们可以得到感性语意和包装材质间的关系模型。随着样本数与意象词汇量的增加，我们还可扩大关系模型的各个样本量，通过产品材质的相互搭配，可形成大量设计方案。在设计应用中，我们可以随时调用已经训练好的模型，通过输入感性意象评价，可相应得到相应的材质特征量，再把该质感特征量与样本库中的特征量进行比较，误差最小的，即为最佳材料。

如某包装设计材料要达到的感性意象值为（1.6 1.4 1.6 1.5 2.4 1.2 0.4 2.5 2.8），将这些数值输入到训练好的神经网络中，通过与目标材料质感的匹配，得到（1.5 1.8 3.9 2.4 5.2）结果。再对照原来设好的纸张样本材质特征要素量化表（表5-9）中所处的位置，找出具体的物化技术指标，即可精准地得知应选材料为200克压光全木浆牛皮纸，如图5-7所示。

图5-7　通过神经网络选择的纸张

5.3.3　阶层类别分析法与包装材料选择

在纸张的精准化选择方面，还有一种较为简单的方法，就是感性工学中的基础方法——阶层类别分析法。该法又称为感性信息分类方法。阶层类别分析法主要是通过团队想象力的发挥，结合德尔菲法与头脑风暴法的应用，对设计概念层层分解，直至得出具体的设计参数与细节。相对于神经网络，这种方法不需牵扯到具体的数学运算，也不需电脑进行分析，是所有感性精准化方法中最简单、运用最普遍并最易操作的一项技术。在一些不具备应用神经网络条件的设计实践中，我们可以重点应用该法开展材料的选择工作。

在阶层类别分析法的具体应用中，我们以某茶具（图5-8）包装为例，要求包装材料的选定要以该茶具物理特征与感性意象相符合。

确定了包装对象（茶具）后，我们就要建立设计团队，然后由团队对课题进行前

① 杨启星．感性意象约束的材料质感设计研究[D]．南京：南京航空航天大学，2007：23-34.

期分析。在分析中我们得知茶具的包装不但要有良好的保护性能，还要体现喝茶者的性格与气质。以此为出发点，我们需要对其作感性特征的调查。在调查之前我们要先通过用户访谈、市场调研、报刊网络等方式收集关于茶具的感性词汇，然后制作SD法的调查问卷，该问卷项目的内容包含了茶具给人的各种感性认识，如表5-12所示。

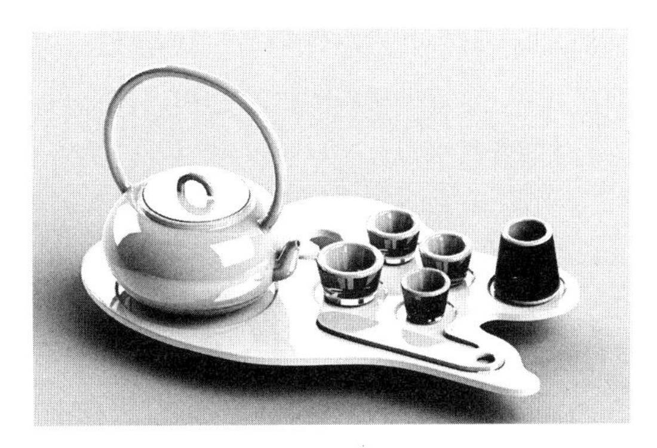

图5-8 茶具包装的对象

茶具产品概念形成的调查项目 表5-12

茶具感性词汇测量表	
昂贵[-3][-2][-1][0][1][2][3]便宜	怡人[-3][-2][-1][0][1][2][3]扰人
高尚[-3][-2][-1][0][1][2][3]卑俗	安静[-3][-2][-1][0][1][2][3]热闹
坚实[-3][-2][-1][0][1][2][3]脆弱	花俏[-3][-2][-1][0][1][2][3]素净
积极[-3][-2][-1][0][1][2][3]消极	温暖[-3][-2][-1][0][1][2][3]寒冷
纤细[-3][-2][-1][0][1][2][3]粗狂	流行[-3][-2][-1][0][1][2][3]怀旧
大众[-3][-2][-1][0][1][2][3]个性	含蓄[-3][-2][-1][0][1][2][3]张扬
光滑[-3][-2][-1][0][1][2][3]粗糙	常规[-3][-2][-1][0][1][2][3]另类
自然[-3][-2][-1][0][1][2][3]人造	开放[-3][-2][-1][0][1][2][3]拘束
华丽[-3][-2][-1][0][1][2][3]朴素	湿润[-3][-2][-1][0][1][2][3]干燥
时尚[-3][-2][-1][0][1][2][3]古朴	斯文[-3][-2][-1][0][1][2][3]狂野
协调[-3][-2][-1][0][1][2][3]突兀	温馨[-3][-2][-1][0][1][2][3]冷漠

设置好问卷后，就要选择调查对象开展调查统计工作。我们选取50名消费者作为调查对象，其中有喝茶习惯的占32人，不经常喝茶的10人，从不喝茶的8人。调查者在问卷中按照自己的感性认知在相应的度量中给茶具感性意象作判定。经过问卷回收与汇总数据，可得到表5-13中的结果。

把表5-13中的数据输入SPSS，经过因子分析与聚类分析，形成了3个产品概念，分别是“坚实”、“素净”、“怡人”。因为产品包装必须要体现或强化产品本身的概念，因此这3个产品概念也就是该包装材料选择的0阶概念，是包装设计的总体目标。设计团队要从这个0阶概念开始，充分发挥想象力，运用头脑风暴法和德尔菲法，把3个0

阶概念分别转译成多个1阶概念。接着再对1阶的各个概念分别细分为4个感性子概念。以此类推，渐次向下拆解展开成清晰且有意义的子阶层，直到能够得出包装材料的详细物理参数阶层为止。如图5-9所示（以“怡人”为例）。

茶具感性概念调查结果 表5-13

茶具感性词汇	数据汇总	茶具感性词汇	数据汇总
昂贵—便宜	-2.1	怡人—扰人	-1.8
高尚—卑俗	-2.6	安静—热闹	-2.4
坚实—脆弱	1.5	花俏—素净	2.2
积极—消极	-0.3	温暖—寒冷	0.4
纤细—粗狂	0.8	流行—怀旧	-1.6
大众—个性	1.4	含蓄—张扬	1.5
光滑—粗糙	-2.7	常规—另类	0.5
自然—人造	-1.5	开放—拘束	-1.7
华丽—朴素	-0.9	湿润—干燥	0.8
时尚—古朴	2.3	斯文—狂野	1.2
协调—突兀	-2.1	温馨—冷漠	-2.1

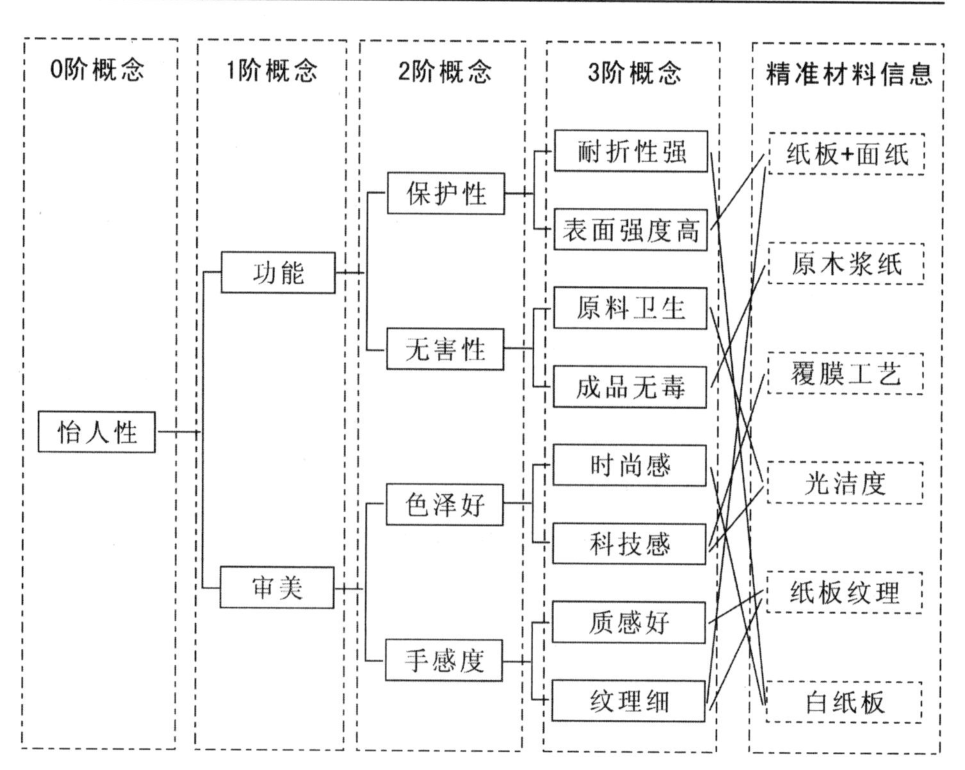

图5-9 茶具包装“怡人”概念的阶层分析

用同样的方法，再对“坚实”、“素净”这2个概念进行阶层类比分析，同样也能得到相应具体的物理量，最后将这些物理量进行整合，再结合目前材料市场的信息，就能得到准确的包装材料。

5.4 本章小结

在包装设计中，材料是物质基础，是包装设计的前提，材料与结构、装潢构成了包装设计的三大要素，而包装的功能和造型的实现都建立在材料之上。在诸多包装材料中，不同的材料有着不同的特性，并因加工性能和装饰处理各异而体现出不同的材质美，从而左右着设计的效果。

本章详细分析了纸、玻璃、塑料、金属等包装材料的种类与性能，介绍了包装材料质感与审美意象特征，并通过语意差异分析法和聚类分析法对包装材料进行精确的意象描述，然后分别通过BP神经网络与阶层类比分析法介绍了对包装材料进行精准选择的原则与方法。

从本章的描述中，我们可知材料是进行包装的基本要素之一，直接与包装功能及经济成本挂钩，并且会影响到生产方式及包装废弃物的回收处理等多方面的问题。在今后的经济与社会发展中，应用绿色包装材料与适量包装材料将是明显的趋势。

第6章

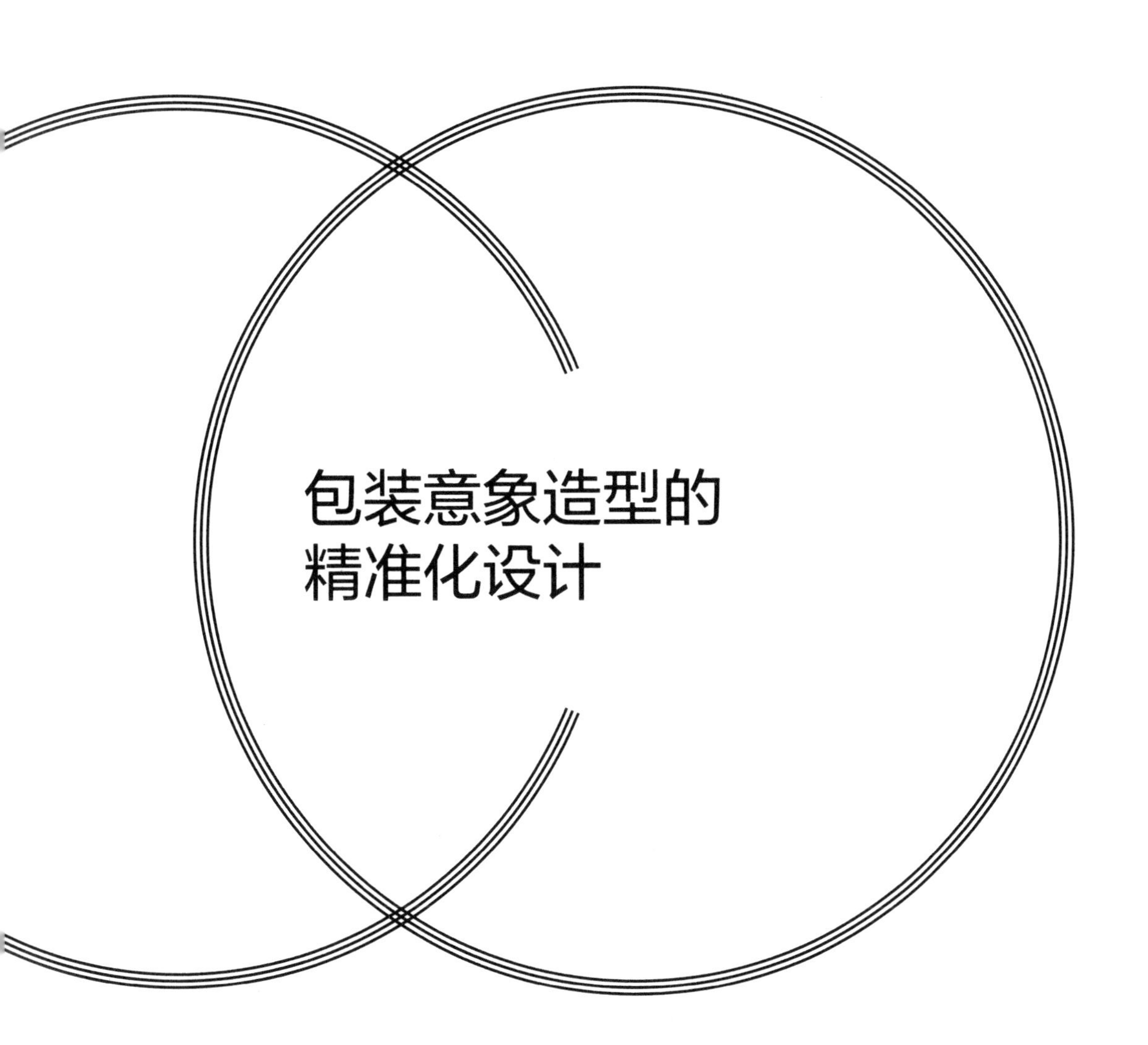

包装意象造型的精准化设计

包装作为一类物质产品的实体，必然包含造型、结构、材质等诸多因素，即所谓的包装形态，也就是指各种包装容器的外观立体造型。根据产品的特点与包装审美、功能的要求，通过相应的物质条件与技术手段，创造出包装独特的外观造型，该过程就是我们所说的包装造型设计①。包装造型设计与制造的工艺复杂、形式多变，兼备了包装的实用功能与审美价值。实践证明，现代包装造型设计必须依靠精湛的科学技术和深厚的艺术理论，才能设计出新颖奇特富有个性的好作品。本章研究包装造型与结构的精准化设计方法，对促进包装设计科学性的发展具有积极的意义。

6.1 包装造型设计的意义

包装以盛装、储存、保护商品，方便使用以及传达信息为主要目的，我们所使用的商品几乎都经过了容器盛装和外部包装两个步骤来完成，对产品起到了展示、宣传、促进销售的作用。因此，包装形态的设计既要符合产品保护的要求，又要使它们的外观造型兼具审美的功能。

6.1.1 包装造型的含义

造型在现代设计中泛指形态的意思，在包装设计领域也相应地特指包装的形状与结构。随着包装艺术的发展与设计内涵的延伸，“造型”的概念也发生了某些变化，已经不仅限于单一的“形状”了，而趋向于符号语言的含义，提出了“造型语言”的概念。但造型语言是一种类语言，类语言与语言在功能上的差别在于语言具有双向沟通

---

① 曾景祥. 包装设计研究[M]. 长沙：湖南美术出版社，2002：158-163.

的功能，而类语言多以单向传递为主[①]。

包装造型根据使用材料的不同特性又可分软质和硬质两种[②]。软质包装以纸、塑膜、纺织物等软性材料为主，既可用作内包装，也在外包装中使用。软质包装以箱、盒、袋为主，其成型容易、价格便宜，经印刷后装潢和产品宣传效果优良，是人们广泛使用的包装类型。但软包装在受潮、受压、受热后容易变形，刚性不足。硬质包装就是以金属、玻璃、硬塑等材料生产出来的各种瓶罐与箱盒等容器。硬质包装也可以作为内外包装及外包装，大部分液态产品及有较高防潮、防腐、防氧化、防变形要求的产品以使用硬质包装为多，硬质包装成型后定型性好，是优良的包装材料和包装方式。

包装造型与功能材质、结构相辅相成，具有不可分割的关系。包装造型设计是指经过构思，将具有保护功能及外观美感的包装容器以视觉化形式加以表现的一种活动，是运用科学手段，使包装材料具有使用功能和美学价值的三维立体设计[③]。作为空间立体艺术的包装造型设计，它以纸、塑料、金属、玻璃、陶瓷等材料为主，利用各种工艺手段创造立体形态。包装造型设计中外部虚空间、实空间之间相互呼应，形成虚实对比，共同构建包装外部形态[④]。那种既不能体现功能又不具有审美效果的形态，只能造成包装材料的浪费，应在设计中想办法消除。

6.1.2 包装造型的功能

1. 容纳和保护产品

包装造型设计包括包装容器的设计，包装容器必须具备容纳和保护产品的实用功能，这是包装容器的最重要功能。我们在进行产品包装造型设计之前，需要以适当的材料、精确结构来达到在仓储、运输、销售、使用的各个环节中都能有效保护产品的目的，以防止外界因素导致的产品损坏。

2. 协助产品认知

包装造型的认知功能是指包装造型能协助消费者了解产品的性能或者特性[⑤]。消费者对产品的第一印象就是通过包装造型来得到的，包装造型的优劣直接体现了产品的

---

① 吴翔．设计形态学[M]．重庆：重庆大学出版社，2008：184-189.

② 何靖．绿色包装的视觉设计研究[D]．无锡：江南大学，2008：9-13.

③ 王安霞.包装形象的视觉设计[M]．南京：东南大学出版社，2006：43-47.

④ 丁耀．虚空间包装设计的再认识[J]．南京艺术学院学报，2004，(10)：80-82.

⑤ 章顺凯．仿生形态在包装容器造型设计中的应用研究[D]．无锡：江南大学，2008：31-34.

形象，设计师应该通过包装容器的造型把产品的信息传递给消费者，协助消费者对产品进行认知。

3. 提高审美价值

包装造型的审美功能是通过包装的形态特征给人以赏心悦目的美感，使得产品对人具有亲和力，唤起人们的生活情趣和价值体验，刺激人们的购买欲望。如今随着生活水平的提高，人们对商品的要求也在不断改变，不单满足于价廉，还希望外表美观。因此我们要注重包装容器造型中的美感，使包装不但成为“会说话的容器造型”，更成为“会唱歌的容器造型”①，具有良好的审美功能。

人类在长期劳动和求美的过程中积累了欣赏美和创造美的经验，并不断丰富和发展，形成了审美的基本规律，如对比与调和、对称与平衡、节奏与韵律、比拟与想象、呼应与连贯、稳定与生动、整体与局部等，它们在包装造型中的体现能提高包装的审美价值。

在包装造型的诸多功能中，其重要程度与实现的快慢顺序如图6-1所示。

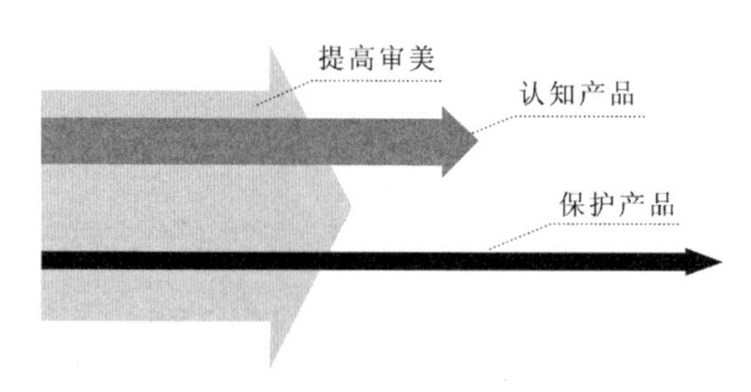

图6-1　包装造型功能实现的快慢顺序

6.1.3　包装造型的意义

包装造型的设计可以更好地实现包装功能，表达商品的内涵、文化、情感，提高商品附加值。并能以包装空间形态为媒介，沟通企业、消费者、设计师、商品和包装，为商品经济的发展提供智力支持和审美享受。包装造型设计的意义有以下几个方面。

1. 塑造产品形态语言，促进沟通

包装造型设计的终极目的不是装饰，而是要通过空间形态更好地为商品经济服务，促进消费者、商品、企业、设计师的良好沟通②。

为了实现这些沟通功能，设计师首先要把企业文化、商品内涵、包装功能、消费者审美等因素进行编码，转化为形态语言，再以蕴含这些形态语言的包装实物与消费者接触，由消费者对形态语言进行解码，领会其中的情感信息。这与以前包装形态仅具有收纳、美化等功能不同，现在更倾向从语言的角度来认知包装形态，不

① 刘克奇，曾宪荣.现代包装容器造型[M].长沙：湖南人民出版社，2002：28-30.

② 周家乐. 商品包装空间形态语言的研究[D]. 成都：西南交通大学，2010：23-28.

仅能满足消费者对包装功能的追求，还要更快捷、更深入地获取商品文化内涵与情感信息。因此，我们要把服务与促销放在同等重要的位置，最终达到人与人、人与物的有效沟通。

2. 传递商品信息，保护品牌形象

包装是企业形象的一部分，消费者初步了解企业是靠广告宣传，但要深入了解企业则要从商品入手。而商品的购买、携带、使用等处处都与包装形态有关，一个品牌要在消费者脑海中留下深刻印象，除了要具备优良的品质外，还要依靠饱含商品信息，具有鲜明个性，体现消费者情感的创意包装设计①。包装形态语言的研究在塑造品牌方面具有巨大的力量，优秀的包装设计要摆脱仅靠外表平面装潢来招徕消费者的旧模式，要以全方位传达信息的空间形态来强化虚构的二维外表，为商品塑造独一无二的丰富形象。这样不但避免了目前市场上包装同质化的现象，还加大商品品牌文化的传播力度，防止抄袭，在塑造品牌的同时又可保护品牌。

3. 刺激销售，带来市场的发展

当今市场竞争激烈，很多企业不得不投入大量的人力物力去打造商品包装，以取得卓越的市场效果，包装设计早已成为一种市场策略与营销手段。但在各种视觉信息漫天飞舞的今天，各种新材料、新工艺和新技术层出不穷，如何打造具有文化魅力与市场竞争力的包装，是企业非常关心的事情。

包装造型在市场营销方面具有重要的作用，因为这种营销方式是跟消费者直接接触的，通过包装空间形态把产品全方位地展示在消费者面前，与单纯的广告营销相比，它更直观、更真实，同时不受时间和地点的限制②。

4. 增加商品附加值，创造更多利润

包装空间形态是一种真实的三维存在，它在消费者手中比二维平面装潢更具分量，在提升商品附加值方面的作用非常强大，往往能使商品的附加值高于商品本身。虽然包装空间形态设计比平面装潢设计在成本方面更高，在工艺方面难度更大，但其在创造更大利润方面得到的回报却是意想不到的。

---

① Rong-Jun Xie，Naoto Hirosaki. Packaging. Phosphors and White LED Packaging.III-Nitride Based Light Emitting Diodes and Applications [J]. Topics in Applied Physics，Volume 126，2013：291-326.

② 周家乐. 商品包装空间形态语言的研究[D]. 成都：西南交通大学，2010：32-35.

6.2 包装造型设计的发展方向

6.2.1 目前包装造型设计存在的问题

包装造型包括包装形态与包装结构，目前，有关这两方面的设计良莠不齐，主要存在以下三个方面的问题。

1. 包装形态循规蹈矩，创意不足

在传统文化的影响下，国内产品包装的结构造型仍以规则型居多，少见到创意非凡的包装，与西方包装的多变造型有一定差距。这对包装功能的发挥和包装语言的传达造成一定的困难。

2. 包装结构层次过多、华而不实

某些商家为了吸引消费者的眼球，扩大销售，往往增加包装层次、加大包装体积，致使过度包装泛滥，极大地增加了环境保护的负担。最突出的就是市场中的某些月饼包装、滋补品包装，其内装物与包装的体积严重不匹配，带有很大的虚假性，在消费者心目中产生极坏的影响。

3. 包装形态缺乏人性化，便利性与安全性不足

目前很大一部分的包装，开启困难或开启后二次封口时密封性差，导致内包装物得不到良好的保护而容易变质。这些成了目前包装设计中急需解决的问题。

6.2.2 今后包装造型设计的发展方向

包装的作用是盛装、保护物品，方便流通与消费，促进销售，满足人们的物质与精神需求。包装的第一功能是保护商品，但同时具有传达商品信息、广告宣传、促销等多种重要功能。包装造型的形式美感、艺术性、文化性常常直接影响到消费者对商品的认知，是社会物质文明和精神文明最重要的组成部分之一[①]。此外一些日用品的包装本身是产品的组成部分，在使用中常常直接接触人体，在生理、心理上与人的关系更加密切。包装造型还与生产工艺、价格成本、销售方式、运输方式等多方面相关。

① Ann Garrison Darrin，Robert Osiander. MEMS Packaging Materials. MEMS Materials and Processes Handbook [J]. MEMS Reference，Shelf Volume 1，2011：879-923.

由此，我们可以预见今后包装造型设计的6个方向。其相互的关系如图6-2所示。

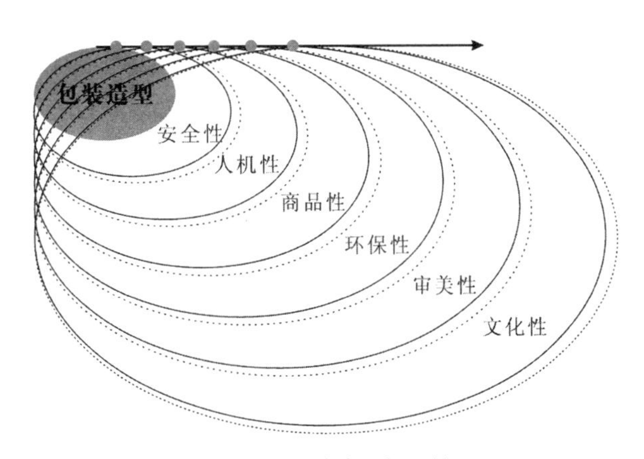

图6-2 包装造型设计的发展方向及相互关系

1. 考虑使用的安全性

包装设计必须在选材及造型上考虑安全性。首先要了解产品的化学特性，不能选择会与产品发生化学反应的包装材料。其次，经常与皮肤接触的容器造型应该比较光滑。例如水杯一般都设计呈圆柱形且表面光滑，没有棱角。再次，在商品开启方式上，包装造型要有明确的提示，防止消费者开启时损坏包装，损坏商品，甚至伤害消费者自己本身。

考虑包装形态的安全性会使消费者体会到一种关爱，如有些商品包装专门设计了防止小孩开启的方式，有效地保护了小孩的安全，体现了对人的关心和爱护。又如因为大多数老年人的手都容易发抖，在拿取药品时难以把握药量，而且容易洒落，我们在设计老年人的包装时要非常注意解决这些安全性问题。

2. 遵循人机工程学

人机工程学是20世纪初逐步发展完善起来的，又称人体工程学或人类工效学，是研究人——机器——环境相互关系的一门学科。按照国际人机工效学会（IEA）的定义，人机工程学利用生理学与心理学方面的知识，研究特定环境中的人机交互问题，以使人们在工作、娱乐、生活中更加舒适、健康与安全[①]。人机工程学从满足人的要求出发，把人的因素放在首位。在人性化设计观占主导地位的今天，这种观点无疑将渗透于设计之中。作为保护、运输和商品销售而进行的包装容器造型设计，也必然要从人出发，把人的因素放在首位。

包装容器直接与人发生作用，其形态设计应该符合人机工学的原理，包括生理、心理及信息感应方面[②]。例如，在瓶盖周边设计一些凸起的点或线条，可以增加摩擦力，便于开启；易拉罐的直径尺寸不能太大，容量也要适当，以便单手握持；包装箱要大小适中，便于搬运与贮藏……人机工学除了考虑人的生理需求外也要满足各种群体消费者的心理需求。从人的心理舒适度出发，使人获得心理上的愉悦感。

---

① 颜声远. 人机工程与产品设计[M]. 哈尔滨：哈尔滨工程大学出版社，2003：19-23.
② 曾景祥，肖禾. 包装设计研究[M]. 长沙：湖南美术出版社. 2002：146-149.

3. 与商品信息相匹配

形态是依附于一定内容之上的，包装造型设计不能脱离商品信息和商品形态。商品信息是在包装形态语言中必须存在的，不管是包装的实空间还是虚空间，其形态都应和商品特性一致，使消费者能通过包装快捷地了解商品的质量、内容与性能等[①]。包含商品信息是顾客希望包装具有的基本功能，但现在市面上大量包装的空间形态与商品的信息毫无关系，而且同质化与类同性非常普遍，只片面强调促销功能，致使包装形式与内容严重脱节，更谈不上什么商品内涵。

要做到包装形态与商品信息相匹配，设计师首先需要通过市场调查、查阅资料、与工程师及工艺师的交流等途径去熟知产品的各种属性、特征，了解产品的用法用量，挖掘最能代表商品内涵的元素。然后，再找到与之对应的包装空间形态语言的表达方式，如具象式、意象式、提示性、联想性、象征性、情趣性和人性化等，使包装空间形态语言与商品内涵一致，使消费者能快捷、方便地获得准确的商品内涵信息。

4. 注重适度性与环保性

当前，工业化大生产带来了资源贫乏及环境污染等问题，人类的生存环境受到威胁。在这些威胁中，大量过度包装的废弃物占了很大的部分，造成了环境污染的加剧。

包装的环保性要注意适度设计，把握实用性与装饰性的关系[②]。今天，适度的包装设计不再只是理论，它合理的结构、简洁的造型与合理的成本已是包装业的发展主流。适度包装取决于功能与成本的平衡，“少而优”将是环保性包装设计的思维规范和哲学思想[③]。具体就是从合理利用资源的角度出发，以不影响使用功能为前提，简化复杂的结构，去除烦琐的形式，减少无谓的材料。这样不但能降低包装成本，还能减轻物流压力，控制包装废弃物，对环境的保护非常有利。

5. 提高商品的审美性

美是相比较而存在的，它具有相对性和模糊性，在某种程度上还有四维特性，在一定的时空中被认为美的东西进入另一时空时会被人们所抛弃。不同民族、地域，不同年龄、文化、修养的人对美的感受是大不相同的。

造型艺术设计是一种理性和感性交混的审美创造活动，包装造型设计的艺术美感是人类众多追求中的一个方面[④]。随着社会的发展，文化、观念、时尚、生活方式、审

---

① 周家乐. 商品包装空间形态语言的研究[D]. 成都：西南交通大学，2010：17-19.

② 周家乐. 商品包装空间形态语言的研究[D]. 成都：西南交通大学，2010：34-37.

③ 何靖. 绿色包装的视觉设计研究[D]. 无锡：江南大学，2008：24-29.

④ Michael Feiss, Venigalla B.Rao. The Bacteriophage DNA Packaging Machine [J]. Viral Molecular Machines Advances in Experimental Medicine and Biology, Volume 726, 2012: 489-509.

美趣味都在变，作为一个设计师只有紧跟时代的变化，不断学习，提高自身文化、艺术、科学、技术的综合修养和素质，丰富美学、美感、美术知识，加强对设计艺术的研究。在整个设计过程中严肃认真、科学理智地面对材料、加工工艺、使用功能、使用方法、消费心理、市场、经济价格等一系列不可避免的制约和局限，同时考虑不同消费者不同的审美修养和情趣。

6. 丰富时代感和文化性

任何一个时期设计生产的造型都会自觉不自觉地带有特定的政治、经济、文化的烙印，这就是设计的时代性。在特定的历史时期，从整体上说无论在文化、审美、生活习惯、认识观念、经济水平、价值观念等许多方面都带有特定时期的局限性，虽然社会中每个人的发展存在某种不平衡，局部地区或少数个人具有超前意识，能接受全新的事物，但毕竟不能代表整体①。对个体来说，“超前”是需要的，它是一种“时尚”和“流行”的诱导。但作为面对社会整体的设计，应当立足于现实、立足于时代，具有被时代大多数人认可的一种时尚感觉。这种感觉既是有形的，也是无形的，其检验的标准就是市场和消费者。我们的设计应当为他们的需要服务，为时代的需要服务。

文化是人类在社会进程与历史实践中积累的物质与精神财富，可分为物质文化和精神文化。物质文化就是以物质形式为载体的文化，是文化中的有形部分，是文化的外在结构。而精神文化则是以非物质为载体的软文化，是深层次的文化结构。在精神文化中，设计文化是其中的一种，设计文化是一种造物的文化，是用艺术与科技的手段创造物质文化的一种行为，是精神文化的一种传承与体现。在包装造型设计或任何其他设计中，若能体现这个时代人们的需求愿望，为广大消费者接受，所使用的设计语言能被人们理解，就能具有一种时代的文化性。

6.3 包装意象造型的精准表达

在包装设计中，包装造型设计是对整体包装形象起到关键作用的一环。包装造型设计的精准性主要取决于包装意象量化的准确性。要实现造型与结构的精准设计，首要实现包装形态语言的精准表达，要通过调查与统计把纷繁复杂的包装形态语言通过恰当的途径转化为容易认知与体现的设计数据。

---

① 何靖. 绿色包装的视觉设计研究[D]. 无锡：江南大学，2008：34-37.

6.3.1 词汇收集与样本选定

研究包装的造型意象定位要用到问卷调查的方法，并借助因子分析与聚类分析处理调查数据，通过量化的形式来表述其意象特征。本节以红酒包装为例，研究包装形态语言的表达方法。

1. 包装感性词汇的收集

通过报刊、网络等途径，本节收集到关于包装造型描述的形容词语200多个，之后选出相关度较大的形容词进行配对，形成100相互对应的感性词组，见附录2。

2. 形容词语意集选定

形容词组过多并不利于包装造型意象的精准表达，于是，我们需要进一步缩小意象描述空间。于是由3位从事包装设计工作3年以上的专业设计师从上述100组形容词中选出20组他们认为最适合用来表达红酒包装的词语，见表6-1。

第二次形容词配对选择　　表6-1

编号	感性形容词	编号	感性形容词	编号	感性形容词	编号	感性形容词
1	浪漫—理智	6	现代—传统	11	激情—平静	16	流线—几何
2	时尚—古朴	7	强烈—温和	12	圆润—锐利	17	豪华—朴实
3	含蓄—张扬	8	华丽—朴素	13	神秘—无奇	18	鲜艳—素雅
4	昂贵—便宜	9	女性—男性	14	抽象—具象	19	夸张—内敛
5	和谐—冲突	10	简洁—复杂	15	丰富—单调	20	明快—晦暗

3. 包装样本的收集与筛选

形容词语意集选定确定后，我们需要寻找红酒包装的样本，以便从中找出其形态的共性与个性特征。通过广泛搜集，本节找到各种红酒包装造型图片共35张，见附录3。

将这些图片同样经由上述3名包装设计师进行初步分类，去除类型接近与特征不明显以及太另类的图片，找出15张具有代表性的包装图片。然后再将这些图片以一定的方式编号，如表6-2所示。

从上表可见，红酒包装有其共同的特征，但也因品牌、种类与应用场合的不同而各具特色，这些特色正是我们在包装造型设计中要加以体现的部分。我们需要在后续研究中应用科学的方法对每个样本的形态进行精准细致的描述。

红酒待测包装造型样本编号 表6-2

编号	样本	编号	样本	编号	样本	编号	样本	编号	样本
X1		X4		X7		X10		X13	
X2		X5		X8		X11		X14	
X3		X6		X9		X12		X15	

6.3.2 问卷调查与数据分析

1. 问卷设计

感性词汇及包装样本都确定后，我们就要开始设计调查问卷。由于本次调查与测试的目的是着重了解消费者对产品包装造型的偏好，故采用SD法，用7阶度量表来让调查者描述其对包装意象造型的感觉，调查问卷如表6-3所示。

包装造型意象感性调查问卷（以样本1为例） 表6-3

包装样本	感性词汇测量表	
 X1	浪漫 [1][2][3][4][5][6][7] 理智	激情 [1][2][3][4][5][6][7] 平静
	时尚 [1][2][3][4][5][6][7] 古朴	圆润 [1][2][3][4][5][6][7] 锐利
	含蓄 [1][2][3][4][5][6][7] 张扬	神秘 [1][2][3][4][5][6][7] 无奇
	昂贵 [1][2][3][4][5][6][7] 便宜	抽象 [1][2][3][4][5][6][7] 具象
	和谐 [1][2][3][4][5][6][7] 冲突	丰富 [1][2][3][4][5][6][7] 单调
	现代 [1][2][3][4][5][6][7] 传统	流线 [1][2][3][4][5][6][7] 几何
	强烈 [1][2][3][4][5][6][7] 温和	豪华 [1][2][3][4][5][6][7] 朴实
	华丽 [1][2][3][4][5][6][7] 朴素	鲜艳 [1][2][3][4][5][6][7] 素雅
	女性 [1][2][3][4][5][6][7] 男性	夸张 [1][2][3][4][5][6][7] 内敛
	简洁 [1][2][3][4][5][6][7] 复杂	明快 [1][2][3][4][5][6][7] 晦暗
	赞赏 [1][2][3][4][5][6][7] 不赞赏	

2. 问卷调查

在调查开展中，要求受试者的范围要广，年龄、性别、职业等要分布合理，要包括专家用户与一般用户、新手用户等。本次调查选择受试者65人，其中25名为在校包装专业学生，12名老师，18名红酒销售人员，10名专业设计师。在问卷调查时，要求每位受试者填写问卷中的信息，包括受试者自身情况（年龄、性别、职业等）和对每一个产品样本的意象偏好程度。其调查模型如式（6-1）所示：

$$\begin{bmatrix} A_{11}^k & A_{12}^k & A_{13}^k & \ldots A_{1j}^k \\ A_{21}^k & A_{22}^k & A_{23}^k & \ldots A_{2j}^k \\ & \ldots & & A_{ij}^k \ldots \\ A_{I1}^k & A_{I2}^k & A_{I3}^k & \ldots A_{Ij}^k \end{bmatrix} \tag{6-1}$$

其中，A_{ij}^k为第k个调查对象对第i个调查样本的第j个感性偏好程度，A_{ij}^k为第i个调查样本的“赞赏”与“不赞赏”的评价。

3. 初步统计

由于我们的调查结果要体现普遍性意见，因此在初步统计中就要剔除特类数据。我们对第i个调查样本的第j个感觉评价的均值以及方差如式（6-2）所示：

$$\overline{A}_{ij} = \sum_{k=1}^{K} A_{ij}^k / K \quad \sigma = \left[\sum_{k-1}^{K} (\overline{A}_{ij} - A_{ij}^k)^2 / (K-1)\right]^{\frac{1}{2}} \tag{6-2}$$

按照莱依达原理，满足$|A_{ij}^k - \overline{A}_{ij}| > 3\sigma$ 的数据应予剔除，然后得到有效的评价值，再用其中的数值算出正确的均值$\overline{A}_{ij}$

4. 信息筛选

根据调查与初步统计的结果，我们对各感性量之间的数据进行分析，模型如式（6-3）所示：

$$\rho_{xy} = \frac{\text{cov}(x,y)}{\sqrt{D(x)}\sqrt{D(y)}} \tag{6-3}$$

式中 $\text{cov}(x,y) = E\{[A_{ix} - E(A_{ix})][A_{iy} - E(A_{iy})\}$；

$D(x) = E[A_{ix} - E(A_{ix})]^2$

$E(A_{ix}) = \frac{1}{I}\sum_{i=1}^{I} A_{ix} \quad (x = 1, 2, \cdots, j, \cdots J; y = 1, 2, \cdots j, \cdots, J)$。

依据上式的计算结果，我们以相关系数的检验法进行分析，当$x = 1, 2, \cdots, j, \cdots, J - 1$和$y = J$时，取α =5%，根据样本数目，查表可得相关系数值ρ_1。因为存在负相关情况，当$|\rho_{xJ}| > \rho_1$时，也可认为第x个感性值与调查对象的感性度相关，反之即不相关，可予剔除。当$x = 1, 2, \cdots, j, \cdots, J - 1$和$y = 1, 2, \cdots, j, \cdots, J - 1$时，当$|\rho_{xJ}| > 0.95$时，可认为第$x$个感性值与第$y$个感性值完全相关，可予合并。最后得出的感性数据描述如

（6–4）所示：

$$\begin{bmatrix} A_{11} & A_{12} & A_{13} & \cdots A_{1M} \\ A_{21} & A_{22} & A_{23} & \cdots A_{2M} \\ & \cdots & & A_{iM}\cdots \\ A_{I1} & A_{I2} & A_{I3} & \cdots\ A_{IM} \end{bmatrix} \tag{6-4}$$

5. 因子分析

由以上所有感性评价值作为独立因素而建立的认知模型尽管可较全面地表示消费者的感性信息，但会因过于复杂而使统计混乱而缓慢，因此我们需要借助因子分析来降低感性模型的维数，使认知模型的结构精简化。

首先，根据评价信息数据矩阵建立因子分析模型：$A_i = B_i\ (Factor_i)\ + e_i$

式中　A_i——样本数据矩阵，$A_i = [A_{i1,} A_{i2, \cdots,} A_{im, \cdots,} A_{iM}]^T$；

B_i——因子符合系数矩阵，$B_i = \begin{bmatrix} B_{i11} & B_{i12} & \cdots & B_{i1n} & B_{i1N} \\ B_{i21} & B_{i22} & \cdots & B_{i2n} & B_{i2N} \\ & & \cdots & & \\ B_{iM1} & B_{iM2} & \cdots & B_{iMn} & B_{iMN} \end{bmatrix}$，

$Factor_i$——因子矩阵，$Factor_i = [Factor1_i, Factor2_i, \cdots, Factorn_i\cdots, FactorN_i]^T$

e_i——残差，$e_i = [e_{i1}, e_{i2}, \cdots, e_{im}, \cdots e_{iM},]^T$；

n——因子数，$n = 1,2, \cdots, N$。

经过因子分析，可依此计算每个样本的因子得分，如表6–4所示。

红酒包装造型意象的因子分析结果　　表6–4

因素	词汇	因素负荷量		
1	含蓄	0.980	0.147	−0.009
	昂贵	0.953	0.202	0.063
	和谐	0.949	0.194	0.121
	华丽	0.939	0.279	0.142
	女性	0.916	0.201	0.312
	复杂	0.898	0.345	0.203
	圆润	0.895	0.387	−0.021
	丰富	0.878	0.394	−0.074
	流线	−0.813	−0.436	0.193
	朴实	0.799	0.384	0.313
	素雅	−0.796	−0.189	0.380
	明快	0.652	0.397	0.618

续表

因素	词汇	因素负荷量		
2	传统	0.222	0.893	0.302
	温和	-0.358	-0.858	-0.276
	激情	0.386	0.772	0.447
	内敛	0.552	0.708	0.393
	抽象	0.603	0.706	0.332
3	时尚	0.055	0.191	0.948
	神秘	-0.134	0.296	0.917
	浪漫	0.027	0.322	0.916

由上表因子分析的结果可以得知本批红酒包装的意象词汇主要是由3个因素进行解释的，且每个因素都有特定的代表意义。

6. 聚类分析

为了在大量的数据中挑出有代表意义的词汇，我们对各词汇组的因素负荷量进一步作聚类分析，通过比较各事物相关的特性来研究对不同个体进行分类，将具有相似性的个体归为同一类，将性质相差较大的个体分成不同的类。

由每个意象词汇在因素空间的坐标，建立聚类分析距离模型：

$d_{uv}=[\sum_{n=1}^{N}(B_{un}-B_{vn})^2]^{\frac{1}{2}}$，由此计算和处理的结果如表6-5所示。

红酒包装意象调查聚类分析结果　　表6-5

感性意象	类	距离	感性意象	类	距离	感性意象	类	距离	感性意象	类	距离
含蓄	1	0.137	复杂	2	0.009	素雅	3	0.155	内敛	4	0.130
昂贵	1	0.007	圆润	1	0.138	明快	4	0.274	抽象	4	0.130
和谐	1	0.113	丰富	1	0.177	传统	7	0.125	时尚	6	0.109
华丽	1	0.106	流线	3	0.155	温和	5	0	神秘	6	0.120
女性	2	0.123	朴实	2	0.110	激情	7	0.125	浪漫	6	0.002

由上表可知，最后提取出描述感性意象的7对词汇为：“昂贵——便宜”、“简洁——复杂”、“流线——几何”、“抽象——具象”、“强烈——温和”、“浪漫——理智”、“现代——传统”。至此，即完成了对红酒包装造型的意象精准定位与描述。

6.4 神经网络在包装精准造型中的应用

6.4.1 包装造型的感性空间

BP神经网络在包装设计中主要应用价值是能帮助设计师掌握消费者的感性意象与包装设计元素之间的对应关系。

1. 样本的确定

本节以6.3.2中的红酒包装为例，将表6-2所示的15个包装样本作为BP神经网络的训练样本，并增加5个作为检验网络效果的测试样本，编号为X16-X20，如表6-6所示。依托感性工学的研究方法，运用BP神经网络模型进行包装造型与结构的设计研究。

红酒包装的神经网络意象样本　　表6-6

编号	样本	编号	样本	编号	样本	编号	样本	编号	样本
X16		X17		X18		X19		X20	

2. 包装元素的分解与类型设定

在6.3.2中得到的7对意象词汇中选取“温和—强烈”作为感性意象的评估量尺，再依据该量尺由设计人员用形态分析法对设计元素进行解构，找出最有影响力的元素，然后依据KJ法将这些元素进行筛选和分类，最后从整体效果、形态特征以及各面板间的关系3方面分解出与意象评价关联的8个设计元素，分别用A_1，A_2，…，A_8表示，每个设计元素又分4种形式，如表6-7所示。

样本的元素设计空间　　表6-7

类别	设计元素	类型1	类型2	类型3	类型4
形态整体效果	颜色A_1	冷色	暖色	复合色	无彩色
	造型风格A_2	直线型	流线型	方块型	有机型

续表

类别	设计元素	类型1	类型2	类型3	类型4
单个形态特征	长宽高比例A_3	约1：1：5	约1：2：3	约1：2：5	—
	盒体形状A_4	方形	圆形	椭圆形	不规则形
	开启方式A_5	天地盖	系带式	按钮式	摇盖式
	提手形态A_6	无提手	绳索	挖孔	硬质提手
各面板关系	各面板形状匹配A_7	全部平面	全部曲面	不规则	曲面&平面
	各面板间的关系A_8	相互独立	相统一	局部统一	局部创意

3. 调查分析

完成了对设计元素的分解后，接着以“温和—强烈”为感性评价对象设计7级SD法调查问卷，然后由受测者对20个样本进行打分。

调查中发放问卷100份，回收有效问卷87份，这87人的平均年龄为29岁。其中受过设计专业训练的为43人，一般消费者为44人。将87份问卷的数据输入SPSS中作初步分析，得到20个样本关于“温和—强烈”这一语汇的感性评价平均值如表6-8所示。

样本数据对比分析　　表6-8

样本编号	A_1	A_2	A_3	A_4	A_5	A_6	A_7	A_8	平均值	样本编号	A_1	A_2	A_3	A_4	A_5	A_6	A_7	A_8	平均值
1	6	3	4	3	4	3	3	5	3.875	11	3	4	3	3	4	1	3	5	3.25
2	5	5	3	3	6	1	1	3	3.375	12	4	4	3	3	5	1	4	3	3.375
3	1	2	3	4	4	4	1	4	2.875	13	3	4	3	3	7	1	4	3	3.5
4	5	4	4	6	4	1	4	1	3.625	14	5	5	3	3	4	1	6	6	4.125
5	5	5	3	3	6	1	4	2	3.625	15	5	6	4	5	6	6	4	3	4.875
6	5	5	3	3	6	1	3	3	3.625	16	6	4	3	3	4	1	3	3	3.375
7	2	6	3	5	6	4	4	3	4.125	17	4	4	3	3	4	1	3	5	3.375
8	6	7	5	5	5	1	1	2	4	18	6	2	5	4	4	1	1	3	3.25
9	6	4	4	4	5	1	3	1	3.5	19	2	2	4	5	5	4	2	3	3.375
10	2	3	3	3	4	1	4	3	2.875	20	5	2	5	6	6	6	4	6	5

之后，我们将运用BP神经网络对表中的感性评价数据进行学习，以学习后的网络作为仿真试验的数学模型，以映射红酒包装的8个设计元素与感性意象评价之间的复杂非线性关系，即以BP神经网络模拟受测者，评价不同设计元素组合的感性意象。

6.4.2 神经网络建立与测试

1. 网络构建

通过反复的试验与比较，确定所用的神经网络为1个输入层、2个隐藏层、1个输出层共4层。它们的节点结构为“8→4→16→1”。从中可见，输入层为8个元素组合。输出层为1个目标值：关于“温和—强烈”意象感性值。第1个隐藏层的神经元数目为4个，用tangen sigmoid 传递函数，其神经元输出如式（6-5）所示：

$$y_j = \tan sig(b_j + \sum_{i=1}^{8} \omega_{ij} x_i) \tag{6-5}$$

式中 i——1, 2,⋯, 8；

j——1, 2, 3, 4；

ω_{ij}——神经元i与神经元j之间的连接权值；

b_j——阈值；

y_j——隐藏层神经元的输出；

x_i——第i个神经元。隐藏层2有16个神经元。

选择log sigmoid传递函数，神经元的输出如式（6-6）所示：

$$y_k = \log sig(b_j + \sum_{j=1}^{4} \omega_{jk} y_j) \tag{6-6}$$

式中 j ——1, 2,3,4, ；

k ——1, 2,⋯, 16；

ω_{jk}——神经元j与神经元k之间的连接权值；

y_k ——输出层神经元的输出；

b_i ——阈值；

y_j ——隐藏层神经元的输出。

输出层选择purelin传递函数[①]，最终输出结果如式（6-7）所示：

$$y = b + \sum_{k=1}^{16} \omega_k y_k \tag{6-7}$$

式中 k ——1, 2,⋯, 16；

ω_k——神经元 k的权值；

y_k ——输出层神经元的输出；

b ——阈值。

---

① 周美玉，李倩．神经网络在产品感性设计中的应用[J]．东华大学学报（自然科学版），2011年8月：509-513.

2. 训练网络

设置网络的学习次数为10000，误差目标值为0.001，采用traingd（梯度下降）法，将表6-8中前15个样本的数据输入建立好的网络，对其训练完成后，网络即可建立由输入到输出的连接关系。网络在3983次训练时达到训练目标，停止训练，其训练的结果如图6-3所示。其实际训练的误差值为0.009 975 64。

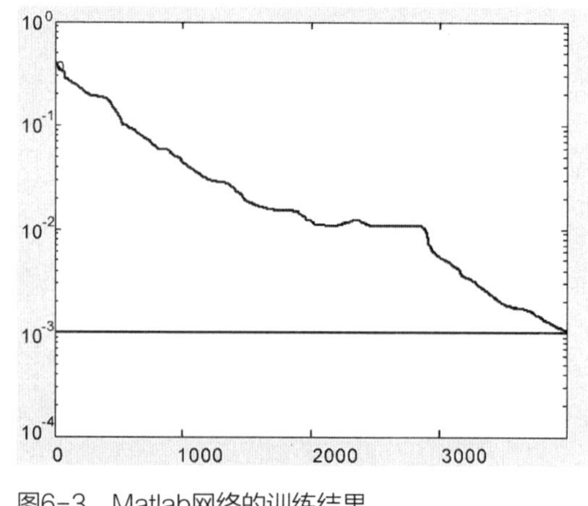

图6-3 Matlab网络的训练结果

3. 测试网络

用表6-8中的后5个数值进行测试，以检查网络的准确性。我们将这5个样本元素的组合从输入层导入神经网络，网络将会输出预测值，再与调查问卷中得到的数据进行比较，发现两者基本吻合。这说明了网络所建立的“设计元素-感性评价值”的映射是正确而有效的。

4. 模拟预测

计算8个包装元素相互组合的所有方式。共有4×4×3×4×4×4×4×4=49152种，将其分别导入神经网络的输入层，计算感性值。

6.4.3 神经网络预测结果分析

经过运算得出对应于“温和—强烈”红酒包装造型的设计方案有49152种。感性值最小的为2.3241，最大的是5.726，其对应的包装元素组合为2-2-2-2-1-1-1-2和3-1-1-1-1-4-4。由此可知，前一组元素组合方案的红酒包装形态是最温和的，后一组则最强烈的，两设计方案的设计元素组合如表6-9所示。

对照表6-9可以发现，开启方式和提手形态的表现为同一特征。表明这两个设计元素对于“温和—强烈”这个感性概念的影响度不大，设计师应该将注意力更多地集中在其他6个设计元素上，以提高设计的时效性。另外，在构建BP神经网络时，可以通过增加输出层的节点数来获得多个纬度的感性评价值，应用时要根据不同的需求设计BP神经网络结构，以获得预期效果。

红酒包装设计元素的精准组合　　表6-9

类别	设计元素	最温和的元素组合	最强烈的元素组合
形态整体效果	颜色A_1	暖色	复合色
	造型风格A_2	流线型	直线型
单个形态特征	长宽高比例A_3	约1：2：3	约1：1：5
	盒体形状A_4	圆形	方形
	开启方式A_5	天地盖	天地盖
	提手形态A_6	无提手	无提手
各面板关系	各面板形状匹配A_7	全部平面	曲面&平面
	各面板间的关系A_8	相统一	局部创意

6.5 包装感性意象坐标对照法的应用

人类设计的灵感可以来自于富有启发意味的图像，用户对商品或设计作品的评价也可以通过包装形态与意象经验的比较来进行。所以，设计师可以在广泛地收集各种意象、图片或造型概念的基础上，经由对比、联想而创造出新的包装形态，实现从图像意象到包装意象的感性转换。

意象对照实际上是集中了设计师认为可以传达包装造型特征的图像，这些图像不限种类与来源，既可能来自不同品牌的产品，也可能是同种产品的不同系列包装。这些图像可刺激受试者的感官，产生不同的情感反应，从而可对其感性意象进行归类。

该法的应用首先要对包装图像进行测试，该测试方法很简单，让受试者仔细翻看这些包装图像，并按主观偏好将感觉相同的放到一个类别，这就是适合用户不同偏好的形态与意象类别。接着将图像所代表的不同意象进行提炼和加工，提取出能够表达该种意象的特征量，进而重组为适合于目标包装的感性域。这种方法可辅助设计师形成设计决策。意象对照法的模型如图6-4所示。

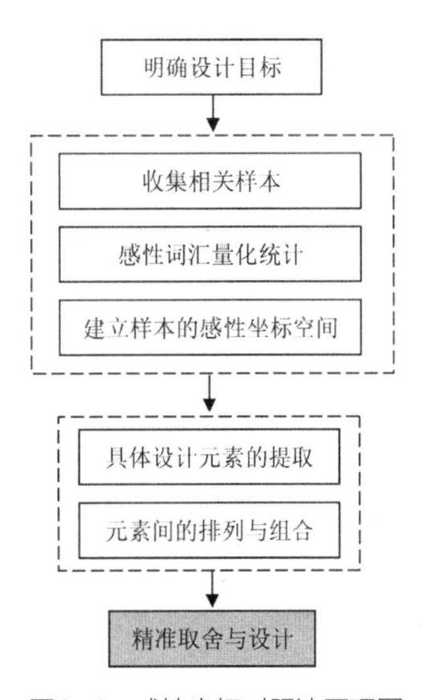

图6-4　感性坐标对照法原理图

在该方法应用的过程中，意象图形的分类与集合是很重要的一步，该步骤一方面可使设计师更直观更方便地寻找符合设计要求的造型，另外也可作为方案更改、修正、扩充或调整的造型依据来源。通过意象坐标的辅助，设计师可以大幅地缩短具有设计经验的专业人员与未经过设计训练的普通用户在造型认知上的差异，保证设计结果的均衡性。

6.5.1 设计目标的确定

通过意象坐标法进行包装设计的第一步就是明确设计目标，该目标的设定是以产品策略与市场状况共同决定的，包含物质功能、作品层次、市场效果等内容。

本节以某公司的茶叶包装为例，该公司新推出一款茶叶产品，为了适应市场的需要而提出新包装设计的目标与要求如下：

（1）能吸引中高端消费者，以男性为主；

（2）设计要大方优雅；

（3）设计要体现环保理念与天然气息；

（4）能包含浓厚的传统文化，并与现代感相结合；

（5）能与时代潮流相结合，具有较长的市场生命力。

结合公司的产品开发目标与市场分析情况，我们提取出高端、优雅、天然、传统、时代、创意这6个设计目标进行设计工作。

6.5.2 问卷调查与统计

1. 包装样本的收集与挑选

在第四章收集各种风格的茶叶包装图片中，首先挑选出具有一定代表性和区分度的30张，接着对这30个样本进行表决分类，合并同类项及剔除距离委托方指定语义过远的样本，最终选取20个样本，对其打乱顺序制成表格，如表6-10所示。

2. 问卷设计与调查统计

确定好样本后，即可运用SD法设计相关调查问卷，把前期讨论确定的高端、优雅、天然、传统、时代、创意6个词汇按1-7级设定量表。经过50位消费者打分，剔除无效数据，统计后得到如表6-11所示的结果。

如表6-11所示，20个样本在高端、优雅、天然、传统、时代、创意这6个设计目标中的得分都被详细地标明，我们可以从中进行对比与分析，以建立感性意象坐标。

茶叶包装样品及编号 表6-10

编号	样本	编号	样本	编号	样本	编号	样本
X1		X6	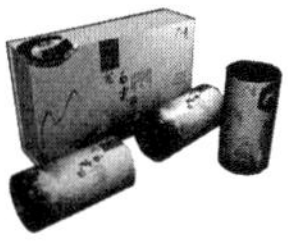	X11		X16	
X2		X7		X12		X17	
X3		X8		X13		X18	
X4		X9		X14	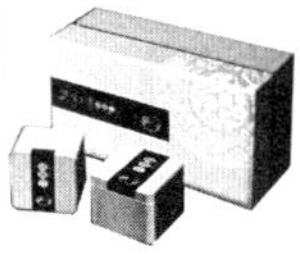	X19	
X5		X10		X15		X20	

茶叶样本的语意测评结果 表6-11

样本	高端	优雅	天然	创意	时代	传统	样本	高端	优雅	天然	创意	时代	传统
X1	5.2	3.2	5.3	3.4	2.1	2.4	X11	5.2	3.7	6.4	5.1	2.7	3.4
X2	3.1	3.2	3.2	6.7	3.5	6.6	X12	3.1	3.5	3.6	4.2	5.9	4.2
X3	4.1	6.4	3.4	4.2	6.7	4.8	X13	6.5	4.7	2.9	5.3	4.3	3.3
X4	4	6.8	3.6	5.6	5.3	4.2	X14	2.8	3.6	3.5	4.7	5.3	3.4
X5	4	4.3	4.2	4.3	4.5	3.7	X15	3.1	5.1	2.8	6.4	3.2	6.7
X6	4.8	4.2	4.2	6.1	5.2	5.6	X16	3.5	3.2	4.2	4.5	3.4	5.5
X7	4.6	4.5	4.3	5.3	5.3	4.6	X17	2.8	2.7	2.5	3.2	2.6	4.3
X8	3.1	3.1	2.2	3.4	4.6	4.5	X18	2.5	2.5	3.2	4.2	3.4	3.4
X9	2.3	4.2	4.3	4.2	3.2	4.6	X19	3.9	4.2	3.9	5.1	6.8	5.6
X10	6.7	3.8	6.6	4.2	3.4	4.7	X20	3.6	4.3	3.5	6.6	5.1	5.4

6.5.3 感性意象坐标的建立与分析

根据各类测评得分的情况，分别以“高端——优雅”、“时代——创意”、“天然——传统”为坐标维度，建立意象空间，把各类样本按照比较明显的特征进行分类，如图6-5～图6-7所示。各类样本在坐标中的位置即代表其所对应属性的程度。

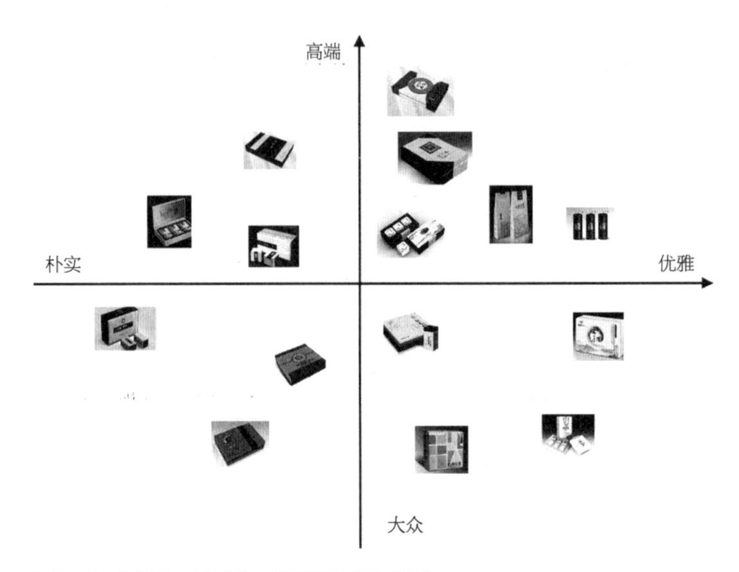

图6-5 “高端—优雅”包装形态意象坐标

如图6-5所示，我们可以看到各种茶叶包装在“高端—优雅”空间中的位置。从中可知作为礼品用途的茶叶在包装上要倾向与高端与优雅，其设计效果也相当讲究。

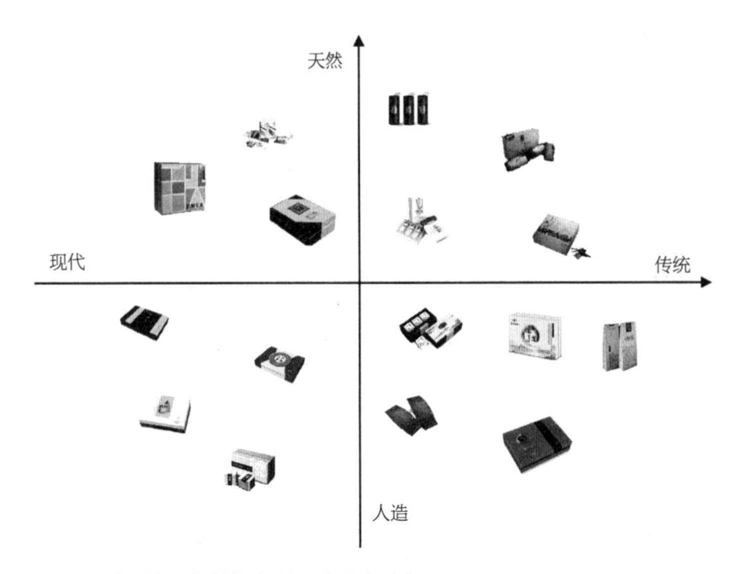

图6-6 “天然—传统”包装形态意象坐标

如图6-6所示，我们可以看到茶叶“天然—传统”的意象坐标。在该意象空间中的样本，都在天然与传统的坐标维系中有相应的体现。因为茶是取自天然植物的，所以在包装设计中也要更多体现天然元素。从坐标中可见，体现天然元素的方法有很多，在形态上可以进行借鉴与重组。

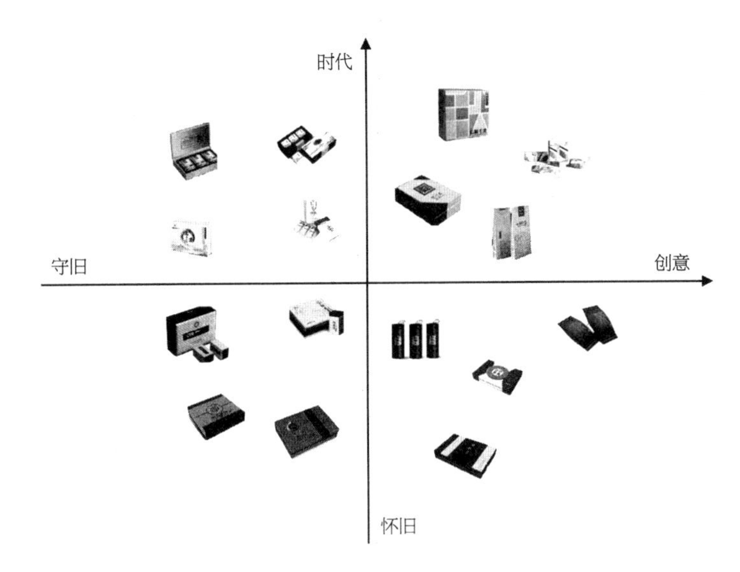

图6-7 “时代—创意”包装形态意象坐标

如图6-7所示，我们可以看到茶叶包装的“时代—创意”意象坐标。茶叶尽管是我们的传统用品，但是随着时代的发展也已经成了世界通用的商品，很多国家都非常崇尚中国的茶文化，因此在包装中体现时代意识和创意形态是必需的。从意象坐标中我们也能借鉴到具体的设计元素。

根据三个坐标维度的情况，我们可以综合总结，并得出以下设计细节，如表6-12所示。

意象坐标对照结果 表6-12

感性要求	造型特征	结构与细节
高端	方正、硬直、简洁	摇盖厚重，局部精美
优雅	长直、细薄	开口小巧，接缝考究
天然	仿生、有机形态	开关环节多，仿天然
传统	民间工艺品形态	红绳，饰件有吉祥含义
时代	动感、多变	斜线、多边形
创意	另类、不规则	不定型、局部突变

如表6-12所示，设计元素是相互独立的，而在整体包装设计中，我们需要处理元素之间的轻重与大小的问题，因此我们把以上通过坐标对照方式产生的设计元素按相关关系绘出如图6-8所示的组合关系。从中可见，各类设计元素主要是在3个相交圆形中体现其相关性、共性与个性，其重要性与次要性也一目了然。

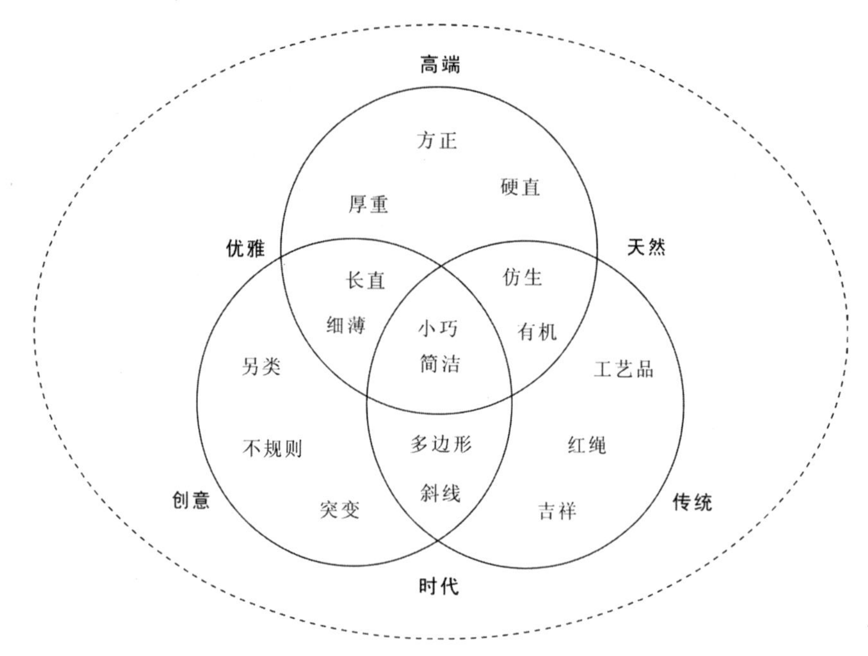

图6-8　茶叶包装形态设计细节

回头看本次茶叶包装的目标：高端、优雅、天然、传统、时代、创意，结合如图6-7所示的元素，可知要实现该设计方案要重点从小巧性与简洁性入手，在形态上主要考虑仿生形态，用到斜线和长直形态，至于其他非相交区域的元素则可以有选择性地运用。

至此，我们也精准地实现了包装感性造型意象的设计。

6.6　本章小结

包装造型设计中的意象表达是一个难题，解决这个难题的意义重大。本章主要研究用精准化的方法来实现包装造型意象的设计。要实现包装造型意象的精准化设计，我们必须要能把包装造型中的意象通过量化手段进行精准描述，并在此基础上进行准确的设计。

本章首先分析了包装造型的含义与意义，描述了其在现代经济社会中的多种功能，并就目前存在的问题提出了今后包装造型发展的6个方向。

接着，本章运用SPSS软件进行调查并统计分析，在因子分析与聚类分析的帮助下完成了包装造型意象的精准定位。并在定位的基础上通过神经网络完成了包装感性造型的匹配问题。同时还提出了新的“感性意象坐标对照法”，通过建立意象坐标辅助设计师完成设计决策。

从这些研究中我们可知，包装造型设计是一个需要充分考虑消费者意象感觉的设计内容，我们应该探索更多更好的方法，努力实现包装造型意象的精准化设计。

第7章

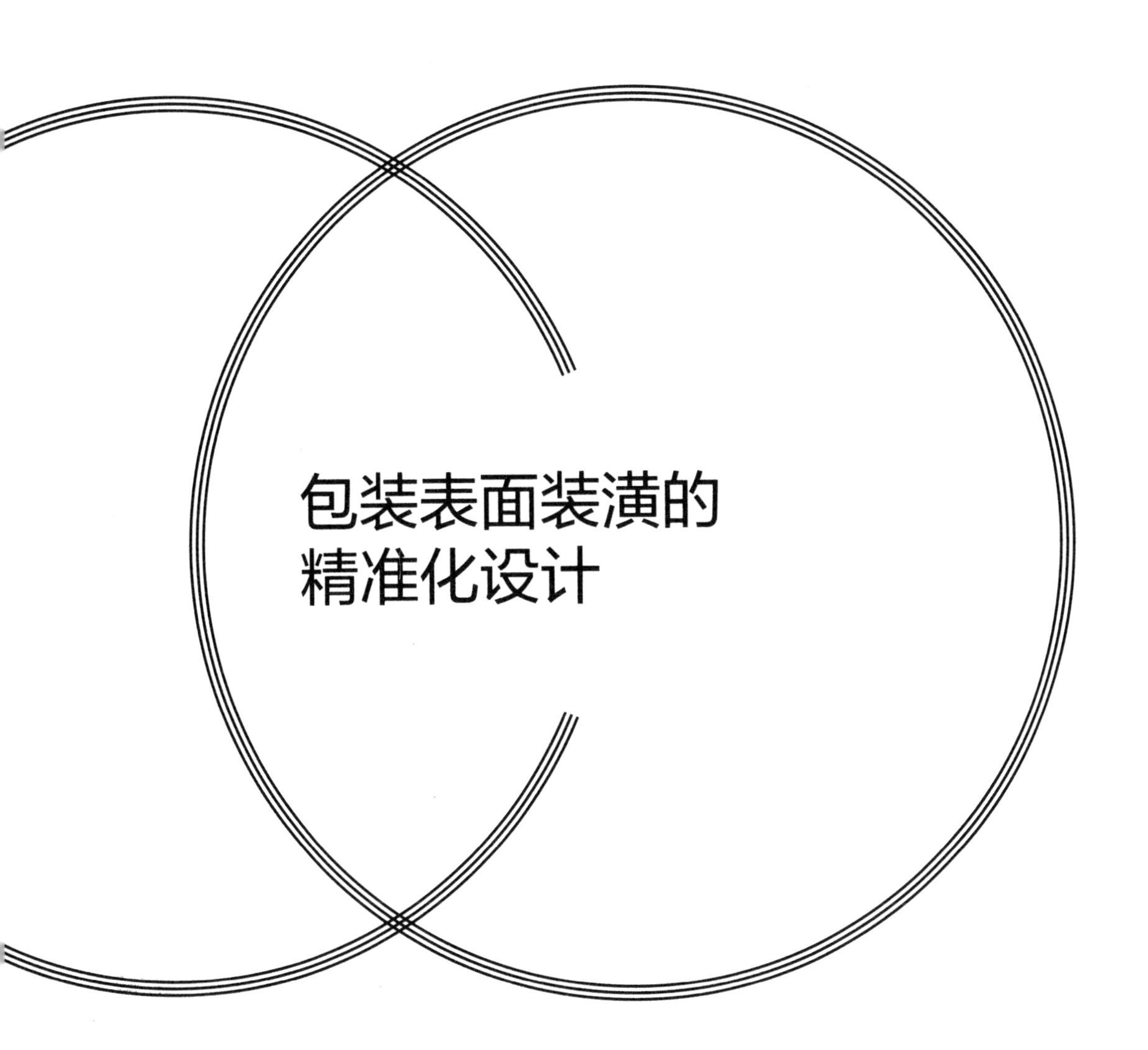

包装表面装潢的精准化设计

包装装潢设计是指由图形设计、色彩设计、文字设计、编排构成等方面组成的总体设计。它是直接美化商品和丰富消费者审美的装饰艺术。

包装装潢设计就其本质而言，是将商品的信息通过一定的形象或符号表现出来，传递给消费者，达到销售的目的。包装装潢设计的表现形式主要是在了解商品信息、市场竞争和受众期望的基础上，发挥创造力和想象力，运用联想、想象、抽象等方法，组织和加工已有的信息和素材来进行包装设计。包装装潢设计受内部因素与外部条件的制约，内部因素是指形态、规格、构图、色彩、文字、商标、表现技法等设计元素；外部条件指产品信息、企业状况、包装材料、印刷工艺、储运方法、市场生命周期、市场占有率、消费对象、营销方式、社会背景等一系列对包装设计有影响的因素。

包装装潢设计的决策依据是调查和资料分析，只有对外在的条件作详细的调查、综合分析，才能找准设计的突破口，精准处理好内部因素。

7.1 包装色彩的精准化配置

色彩是包装设计中的一个决定性因素，一个包装设计的好坏与成败，有60%是由色彩设计决定的。本节通过对包装色彩的精准化配置研究来解决包装色彩设计的问题。

7.1.1 现代色彩学的理念与系统

色彩这个词是指红、橙、黄、绿、青、蓝、紫、黑与白，以及所有这些颜色之间的混合的总称。色彩是包装设计中重要的组成要素，几乎所有包装都具有色彩，因为有色远比无色更易吸引常人的注意①。色彩比图形与肌理等元素更具直观性与冲击力。

① 种道玉．产品设计中的感性特征研究[D]．北京：北京工业大学，2007：33-38.

人们在观察、了解外界时，首先引起反应的是色彩，人类视觉在最初的20s内对色彩的注意力占80％，2min以后降至60％，5min以后还能占50％。色彩对视觉的认知优势使其能够通过人的感知传达大量信息。

在对色彩的研究中，色彩心理是一个重要的课题。色彩心理就是人们对客观世界产生的主观感觉，不同的色彩必然给人们带有不同的情感与心理活动[①]，影响着人们的感知系统，影响着身心状态，影响着人们的物质生活和精神生活[②]。

1. 光与色的产生原理

太阳光是以电磁波形式存在的辐射能，具有波动性和粒子性。根据波长的差异，我们把电磁波分为的伽马射线、X 射线、紫外线辐射、可见光、红外线辐射、无线电波等种类[③]。其中，波长约在380～780nm内的小部分电磁波能引起视觉反应，我们称之为可见光[④]，如图7-1所示。

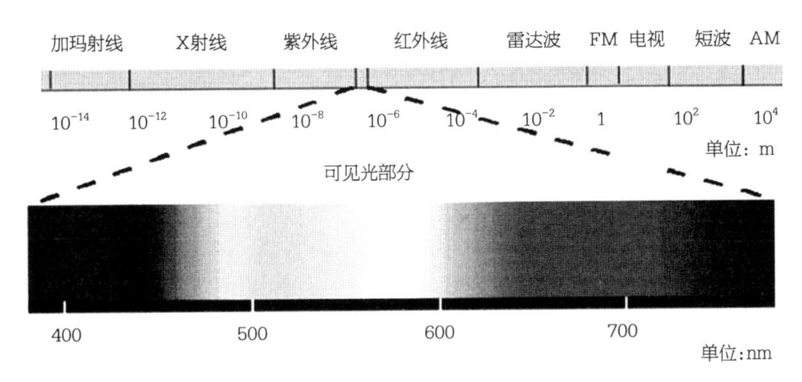

图7-1 电磁波中的可见光波

2. 色彩的三种属性

在有彩色体系中，任何色彩都有三种属性，它们分别是色相、明度和纯度[⑤]。他们都可以从客观存在与观察者的感觉两方面来描述。第一个属性的物理学概念是光的波长，其相应的心理学概念是色相。第二个是亮度，与之相对应的心理学概念是明度。

---

① 段殳. 色彩心理学与艺术设计[D]. 南京：东南大学，2006：18-21.

② 叶奕乾，杨治良，孔克勤. 图解心理学[M]. 南昌：江西人民出版社，1982：43-49.

③ 英国多林·肯德斯林有限公司编. 色彩图解百科[M]. 邹映辉译. 北京：外文出版社，1997：56-62.

④ Curtis，Barnes.Invitation to Biology：Fifth Edition[J].New York：Worth Publishers，1994：163-165.

⑤ 高敏. 色彩[M]. 重庆：西南师范大学出版社，1993：11-13.

第三个属性的物理学概念是纯度，其对应的心理学概念是饱和度①。其中黑、白、灰，这些无色彩只有明度这一属性，缺少色相和纯度。

（1）**色相**。又称色调，它是有色彩体系的首要特征。在光谱中，频率较低波长较长的电磁波显示为红色；频率较高波长较短的则显示为蓝色，如图7-2所示。色相的种类很多，色彩专业的人士可辨认300～400种，假如要细致分析，可有1000万种之多。

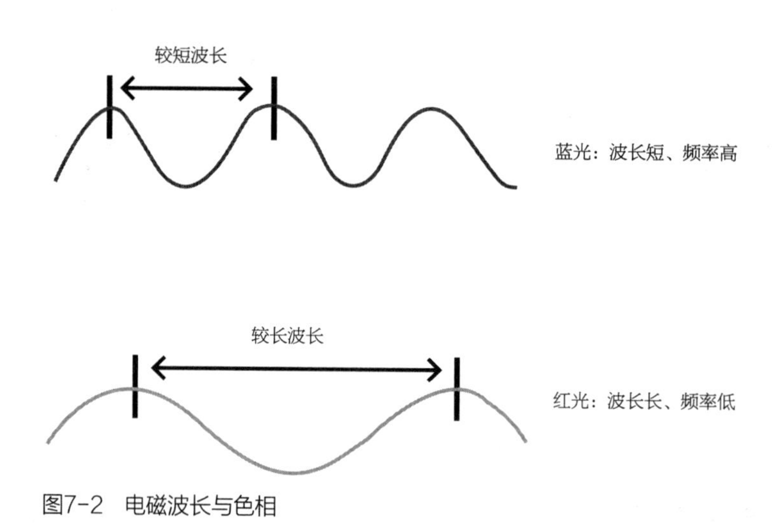

图7-2　电磁波长与色相

（2）**明度**。又称亮度，是色彩的明暗程度。根据色光的原理，光波振幅的大小决定了色光的强弱。当光波的振幅大时，光的能量就大，而明度就高（图7-3）。在有彩色系中明度最高的是黄色，最低的是紫色；在无彩色系中明度最高的是白色，最低的是黑色。其他颜色按明亮程度依次排列。

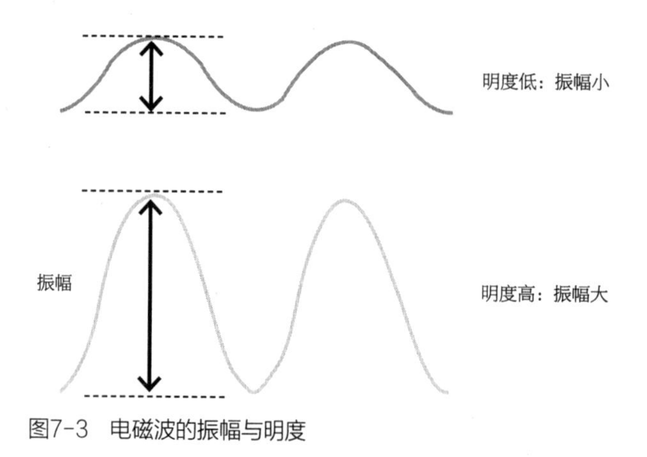

图7-3　电磁波的振幅与明度

① 荆其诚，焦书兰，纪桂萍．人类的视觉[M]．北京：科学出版社，1987：45-46.

一般情况下，我们将黑、白两色之间的灰色部分均匀分为9个层级，如图7-4所示。明度对人的心理较大影响，明亮的色彩给人的心理刺激大，使人易兴奋；阴暗的色彩给人的心理刺激性小，使人安静，有寂寞感[①]。

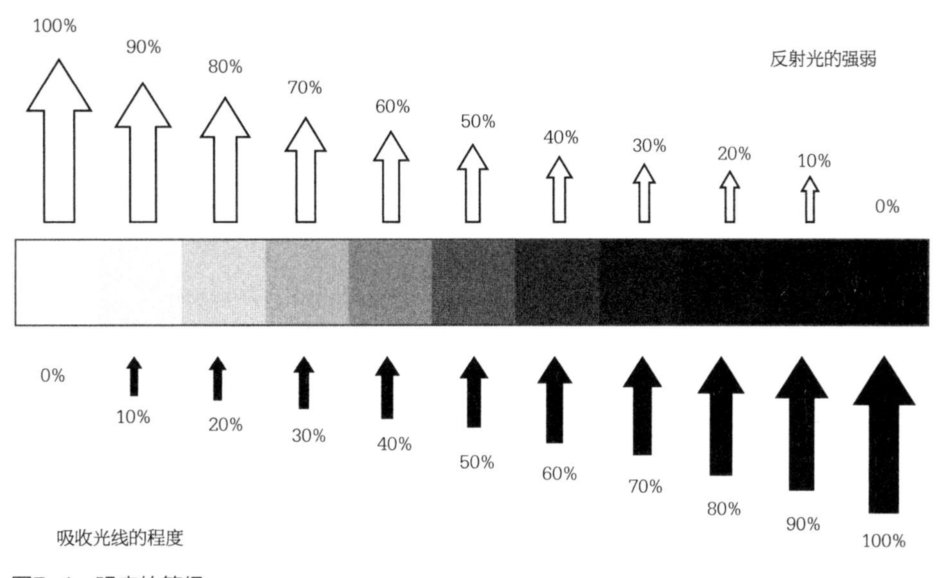

图7-4　明度的等级

（3）**纯度**。又称色度、彩度、色彩饱和度，它表示颜色纯净的程度。依照色光原理，纯度与色光波长的复杂程度相关，波长越单一，色光就越鲜亮，而纯度也就越高。据研究，纯度与明度也有关系，但不成正比。当纯度最高时，明度是处于中间层次，而明度偏大或偏小时，纯度都会降低。

3. 色相环

人们在研究色彩时，出于方便，将直线分布的光谱弯曲成圆环，并将其两端的颜色——红与紫巧妙地连接在一起，这个循环状的光谱，就是我们所说的色相环[②]。色相环的种类很多，如牛顿6色环和歌德7色环，伊顿12色环和奥斯华尔德24色环等。在这些色相环中，伊顿的12色相（图7-5）环有许多优势，如：12种色相具有相同的间隔，6 对补色分别处于色相环直径的对立两端。从该色相环中，人们可以轻而易举地看到各色相的关系，清楚地了解到三原色（红、黄、蓝），三间色（橙、绿、紫）以及复色所处的位置及成色规律。

---

① 胡祎琳. 浅析色彩在包装设计中的运用[J]. 科教文汇（上旬刊），2007,（6）：76-79.
② 李娟. 包装设计色彩[M]. 南宁：广西美术出版，2005：34-39.

4. 色彩系统

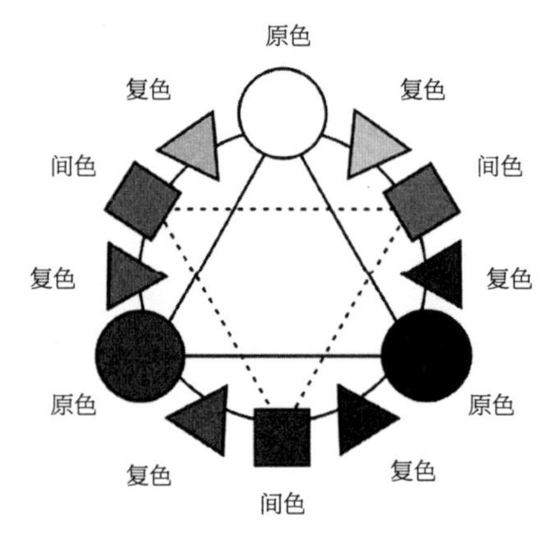

图7-5 伊顿的12色相环

为了更全面、更科学、更直观地表达色彩概念及其构成规律，我们需要把色彩三要素按照一定的秩序标号排列到一个完整而严密的色彩系统之中，这种色彩表示方法，就是色彩体系。色彩体系借用三维空间的形式来同时展现色彩的明度、色相和纯度之间的变化关系，我们称之为色立体①。色彩学家们用类似地球仪的模型来表现色立体，如图7-6所示。

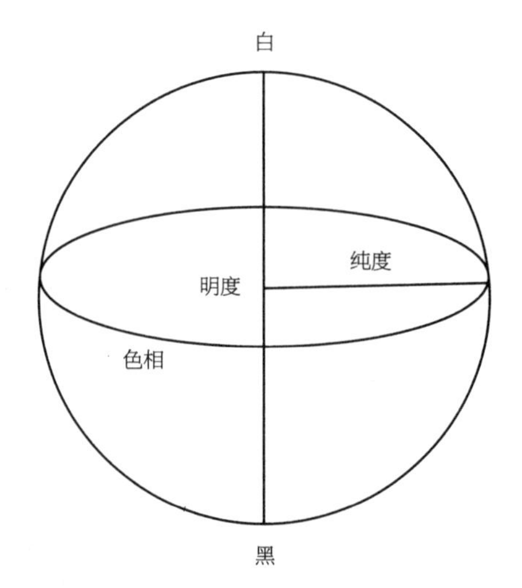

图7-6 色立体的构成

色立体的结构能直观地显示出色相、纯度、明度之间的关系，能使人们更深刻地全方位理解色彩体系，并方便地对其进行研究和应用。色立体用国际统一的编码标号来命名色彩，具有严谨的科学性与标准性，对国际交流非常有利。

色立体的种类很多，在结构上也是千姿百态的，但其原理大致相同。目前国际上较流行的色立体有孟塞尔色立体、奥斯瓦尔德色立体等。其中孟塞尔色立体（图7-7）把色阶变化与色彩层次的关系都清楚地显示出来，能精确地区别出各种色彩的细致差异。至于色彩的饱和度，该表示法根据不同色别的特殊性，以接近人类感觉的效果划分等级，摒弃了一刀切的分割方法。孟塞尔色立体在今天仍然具有很大的实用价值②。

奥斯瓦尔德与孟塞尔试图使色彩体系化，但他们的色彩表示法只适用于物体固有色，对光色无效。信号灯、彩色电视、彩色照片等需要使用范围更广的色彩。为此，1931年，国际照明委员会在原有光学测色法的基础上，颁布了新的测色体系：CIE 测色法，如图7-8所示，它是以太阳光谱为基准表示一切色彩的测色体系。

CIE 系统以光的原色为基础。如图7-8所示，可以看到白色光是红、绿、蓝三色光相混合的结果，当直线通过白色的光点坐标时，位于直线两端的色彩互为补色关系。

---

① 崔唯. 色彩构成[M]. 北京：中国纺织出版社，1996：7，30，63，65.
② 藤滎英昭. 色彩心理学[M]. 成同社译. 科学技术文献出版社，1989：205-289.

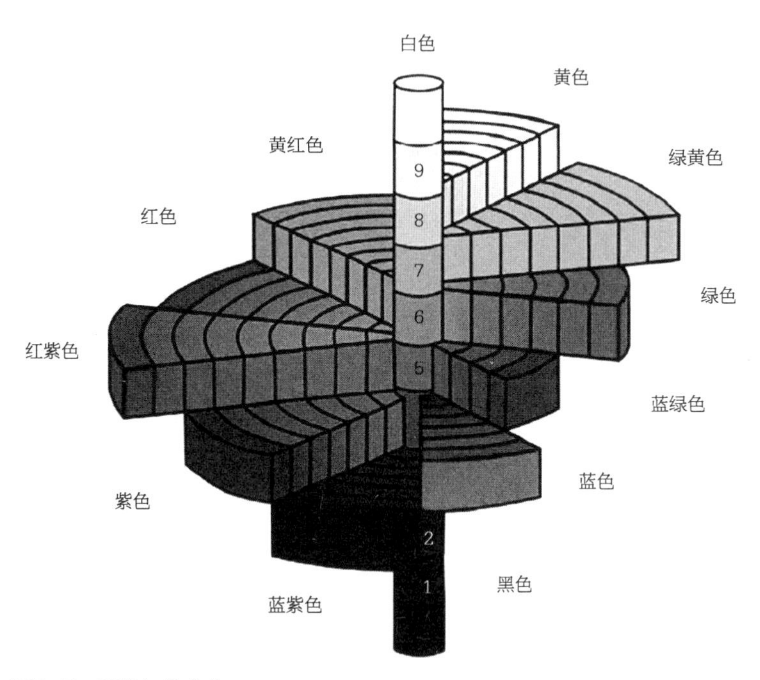

图7-7　孟塞尔色立体

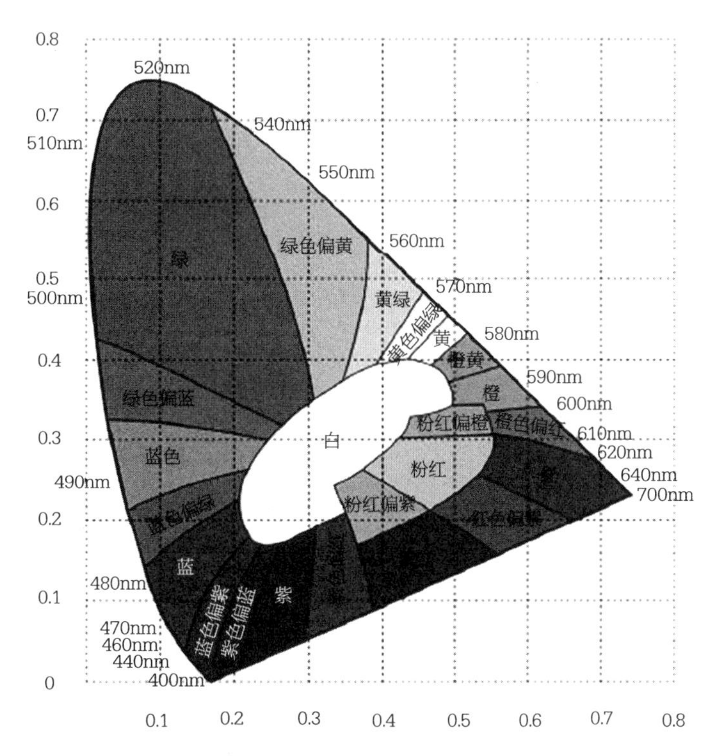

图7-8　CIE 测色体系

CIE 系统在显示不同光源的色彩变化方面非常有用，色彩协调详尽准确，但无法像蒙塞尔色彩系统那样有效地显示物体表面色彩的对比①。

7.1.2 色彩与心理情感的体现

色彩感受来自于色彩对人的视觉和生理刺激，以及由此而产生的丰富联想和想象。色彩作为物体的要素，不仅具备装饰效果，还具备语言符号的意义和情感的象征意义，对人们的心理状态和视觉感受都产生着深刻的影响。

色彩能给人带来强烈的心理感觉，如红色让人感到热情，紫色使人觉得神秘，黑色使人感到沉重等。色彩对人心理产生影响的方法是通过调整色相与明度、纯度等要素，并进行各种组合与变化来实现的②。

1. 色彩情感

情感，也称感情，是人的喜、怒、哀、乐等心理活动，是人在现实生活中对客观事物所持的态度和体验。鲁道夫·阿恩海姆说："色彩能够表现情感，这是一个无可辩驳的事实"③。色彩其自身并没有情感，但当其展现在人们面前的时候，能够刺激人的感觉，引起心理变化，唤起那些使人愉快、痛苦或使人积极、消极的情绪，这就是色彩情感。色彩对人们的视觉、味觉、触觉都能产生强烈的刺激作用④。

2. 色彩表情

表情，指因为内在情绪、情感的变化而在面部产生的喜怒哀乐状态。色彩表情则是指通过色彩刺激与知觉经验，给人带来的情感或精神上的某种表现。每一种色彩都有其独特的色彩表情，比如红色的热情奔放，黄色的明亮辉煌，绿色的生机勃勃。每一种色彩的明度、纯度发生变化时，色彩表情即不同，同时，颜色的不同搭配，以及周围环境的变化，都会使色彩表情发生变化。

我们在设计时要将色彩表情的变化巧妙地运用到作品中去，才能得到富有创意的表现，产生强烈的视觉感受和情感共鸣⑤。

---

① 斯蒂芬·潘泰克. 美国色彩基础教材[M]. 上海：上海人民美术出版社，2005：35，11，53.
② 种道玉. 产品设计中的感性特征研究[D]. 北京：北京工业大学，2007：67-75.
③ [美]鲁道夫·阿恩海姆. 艺术与视知觉[M]. 成都：四川人民出版社，2004：457.
④ 章志光. 社会心理学[M]. 北京：人民教育出版社，2001：187-206.
⑤ 崔静. 包装设计的色彩情感研究[D]. 临汾：山西师范大学，2012：87-93.

3. 色彩联想

从色彩心理角度来分析，色彩在视觉上容易增强形象感染力，能强有力地吸引顾客的注意力。色彩还有一种使人增强识别记忆力的作用，具有其他文字和语言无法替代的作用，能够突破各年龄层及各文化间的障碍，向消费者理性、有效表达各种特定的信息[①]。

色彩的联想，是人们对色彩下意识地考虑到相关联的事物的一种心理活动，色彩联想在表达情感中发挥着重要的作用，促进与消费者在感情和思想上的交流。色彩联想有具象和抽象的两种形式，通过色彩可以联想到空间与事物的温度、质量等。色彩联想的内容在消费者中有一定的共同性，但因为人们的年龄与经历、性格与喜好、职业与生活等各不相同，联想的内容也有差别。

4. 色彩象征

色彩具有对不同的宗教、民族等的象征性，它是一种视觉的心理结构。色彩象征是由不同地区与不同民族在长期的历史生活中积淀而成的，带有强烈的地域性与文化性，与人们的风俗习惯、宗教信仰等因素密切相关。

7.1.3 包装色彩在应用中的功能

在包装设计诸要素中色彩要素显得尤为重要，包装设计的优劣直接与色彩的选择、运用相关。包装是商品的外观形象，人们对包装的第一感受首先是色彩，其次才是图形和文字，色彩在包装中占据着重要的位置，是最能打动人心、吸引顾客的因素，也是视觉表现最敏感的因素之一，所以色彩是美化和突出包装的重要的因素，是包装设计的第一元素[②]。具体来说，色彩在包装中具有以下3中主要的功能。

1. 传递商品信息，促进商品销售

促进商品销售是包装设计最重要的功能之一。色彩是包装设计中最能吸引顾客的。包装色彩的合理应用，能够给消费者带来视觉上的冲击力，能有效地传递商品信息，使消费者在短时间内对商品进行识别，使商品从种类繁多的同类产品中脱颖而出，最后激发消费者的购买欲望，无形中提高了商品附加值。

适度的色调变化和色彩搭配可以让消费者在情感上保持平衡或形成依赖，这

---

① 张凌浩. 产品色彩设计的整合性思考[J]. 包装工程, 2005, 26（6）: 163-165.

② 严慧. 色彩与包装[J]. 艺术与设计（理论）, 2010年06期: 61.

对市场拓展工作的开展有非常大的帮助。调子明快、鲜丽的色彩可以被广泛应用于食品的包装设计中。茶叶包装用绿色调、巧克力用咖啡色等暖色调就是很好的例证，它们可以给人温暖、健康的感觉，调动人的食欲，这都反映了包装色彩的营销功能①。

2. 突出品牌色彩，提高品牌理念功能

在现代设计中，色彩是可以传递商品属性与价值的，我们要用巧妙的手法对包装进行色彩设计，以提高品牌价值。包装设计首先要突出商品的固有色与形象色，使消费者在任何环境与载体中都能准确地识别商品形象。如大米的包装必定要体现白色，年货的包装却不能过多使用白色与黑色等。另一方面，在包装色彩的设计中，还要了解同类产品的用色情况，要在一定程度上规避类同，才能有效地树立自身品牌，让消费者能快速地识别，扩大企业品牌的认知度。

商品的品牌形象是建立在消费者心理与记忆之上的，能够被识别和被记忆的品牌必定是畅销品牌。因此，能否抓住消费者的心理特点是进行包装色彩设计的关键，借助色彩的感官刺激及心理效应，商品的品牌理念才能得到树立。如红罐凉茶王老吉依据消费者心理与品牌形象，长期使用红色包装，成了消费者心中的牢固记忆，最终创造了不可估量的品牌价值。

3. 反映社会审美情趣，传达时代精神

包装色彩所传递出来的信息不单是商品本身的信息，实际上更是一种社会文化的信息。色彩文化随时代而变化，时代不同，人们对色彩的情感也不同。包装色彩所体现的审美意识融合了时代特征，具有社会文化的维度②。另一方面，色彩感知的现代性也成为现代人性的普遍表现③，当代青年人把黑色的头发染成金黄、棕红等色，是富有朝气的青年人求新、求异、求奇心理的表现。随着信息化时代的到来，人们追求另类色彩或个性化色彩的心情和欲望将成为一种时髦，一个全新的色彩时代已经到来。

色彩是不变的，但随着时代的变迁，人们赋予色彩的含义却在不断发展与变化。近年来，色彩主任、色彩工程师、色彩专家、色彩工作室等名词应运而生，人们对色彩选择从原来的盲目随意，发展到了今天的理性追求和个性化表现④。

---

① 朱君晔，罗薇. 包装设计中的色彩情感表达[J]. 大众文艺. 2011.（16）：45-48.
② 钱品辉. 论包装色彩设计的美学特征[J]. 包装工程. Vo.l 27 No.5 2006年10月：288-289.
③ 李广元. 色彩艺术学[M]. 哈尔滨：黑龙江美术出版社，2000：77-86.
④ 丁媛媛，秦岁明. 包装设计中的色彩与情感刍议[J]. 美与时代，2005年12与月下：37-38.

7.1.4 包装色彩选择与应用原则

1. 注意色彩的整体效果

在包装装潢设计中色彩是影响视觉感受最直接、最活跃的因素。设计效果的好坏，最终由色彩决定，商品的信息也主要靠色彩传递，因此色彩设计是否合理是一个重要的问题。在色彩应用中要注意整体效果，色彩的整体效果体现在两个方面。首先是处理好单个包装盒的四个面乃至是六个面色彩的连续关系。其次必须考虑商品在货架陈列后的效果，即商场效果，这也是检验包装设计成败的重要方面。

2. 规划好总体色彩基调

根据商品包装设计的需要，我们首先要确定设计的总色调，是华丽还是素雅，是浓艳还是淡雅。另外，包装用色要尽可能做到简洁、明快，纯色比混色视觉敏锐度更高，用色少比用色多更醒目，能用两色时则无须用三色。这样的用色原则决不意味着单调、贫乏，而是更深思熟虑，做到言简意赅，百看不厌，给人留下深刻的印象。

3. 优先使用商品形象色

对有些商品，几乎看到包装的色彩，便知是何种产品。原因很简单，因为其包装使用了商品本身色彩作主色调，如高橙、咖啡等饮料、罐头的装潢设计常用橙色与咖啡色，直观性强，便于认知与销售。

4. 应用消费心理情感色

在包装装潢设计中有些色彩是根据消费心理特征而选用的。不同年龄、性别、职业、阶层、地区、民族乃至宗教信仰和个人兴趣对色彩的感受和爱好都是不相同的。其中青年人特别是青年女士，还有少年儿童，他们对包装色彩最敏感，有很强的个人偏爱和情感性。即使对同一种色彩的包装，不同的人也会有不同的理解和联想，如一瓶红色的葡萄酒包装，青年人想到的是香醇可口，老年人想到的是滋补活络，而对于一个酒鬼来说可能关心的只是其度数是否满足自己的酒瘾而已。包装色彩或给人以清新明快、朴素无华之感，或给人以喜庆热烈、典雅华贵之感，它以无声的情感去打动消费者的心。

5. 大胆使用商品特异色

从信息论的角度看，包装色彩的应用，一是要迅速传递商品信息，要能引起消费者注意。二是要防止商品在市场销售中产生信息干扰，要与同类产品有明显的区别。为此，设计师们有时为了使某一商品能在市场上脱颖而出，而采用特异色彩。如在充满绿色包装的茶叶中，突然出现一种黑色包装，迎合消费者的好奇心，使黑色包装的茶叶销量大增。

6. 不可低估时代流行色

在服装设计上讲究的流行色，也会影响到商品包装设计的用色。如1988年法国高档化妆品用当时流行的黑白二色设计，迎合了喜欢赶潮流的青年的心理需求。因此，在销售包装设计中，我们不可低估流行色的作用和影响。

7.1.5 包装色彩的精准化选择与搭配

在包装色彩的设计中，我们追求的目标是色彩的使用与搭配对包装效果有大幅提升，实现色彩效果的最大化。要实现这个目标，我们就要通过科学的程序对色彩的感性进行量化，在此基础上再对色彩进行精准的选择与搭配。

1. 色彩感性词汇的确定

通过包装专业设计师的讨论与投票，我们从第六章收集到的100对词组（见附录2）中挑选出32对跟色彩感觉密切相关的词汇，如表7-1所示。这些词汇从不同的角度对色彩的感性信息进行描述。

色彩的感性词汇　　表7-1

编号	感性词汇	编号	感性词汇	编号	感性词汇	编号	感性词汇
1	浪漫—理智	9	含蓄—张扬	17	动感—静态	25	明亮—阴暗
2	丰富—单调	10	热情—冷淡	18	温暖—寒冷	26	阳刚—阴柔
3	温馨—冷酷	11	强烈—温和	19	舒适—不适	27	激情—平静
4	沉闷—欢快	12	明快—晦暗	20	压抑—轻快	28	忧郁—喜悦
5	庄重—随意	13	活泼—呆板	21	高雅—低俗	29	兴奋—沉静
6	安静—热闹	14	刺激—柔和	22	花俏—素净	30	华丽—朴素
7	夸张—内敛	15	保守—前卫	23	鲜艳—素雅	31	亲切—冷漠
8	悦人—扰人	16	古典—摩登	24	坚实—脆弱	32	紧张—松弛

2. 色彩感觉的调查问卷

定好感性词汇后，就要开始设计调查问卷。本节采用SD法针对12色相环中的三原色，红色、黄色、蓝色；二次色，橙色、紫色、绿色；三次色，红橙色、黄橙色、黄绿色、蓝绿色、蓝紫色和红紫色等12种色。同时，再把无彩色系中的白色、灰色、黑色一共15种常见色彩分别制作调查问卷，问卷中的色彩样本为相应色调的实物包装。问卷示例如表7-2所示（以红色为例）。

包装色彩（红色）的调查问卷　　表7-2

包装样本	感性词汇测量表
  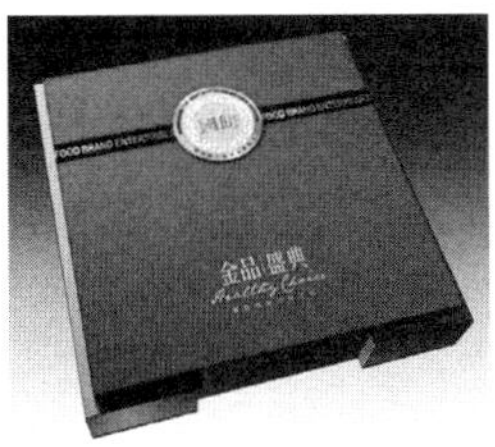	浪漫 [1][2][3][4][5][6][7] 理智
	丰富 [1][2][3][4][5][6][7] 单调
	温馨 [1][2][3][4][5][6][7] 冷酷
	沉闷 [1][2][3][4][5][6][7] 欢快
	庄重 [1][2][3][4][5][6][7] 随意
	安静 [1][2][3][4][5][6][7] 热闹
	夸张 [1][2][3][4][5][6][7] 内敛
	悦人 [1][2][3][4][5][6][7] 扰人
	含蓄 [1][2][3][4][5][6][7] 张扬
	热情 [1][2][3][4][5][6][7] 冷淡
	强烈 [1][2][3][4][5][6][7] 温和
	明快 [1][2][3][4][5][6][7] 晦暗
	活泼 [1][2][3][4][5][6][7] 呆板
	刺激 [1][2][3][4][5][6][7] 柔和
	保守 [1][2][3][4][5][6][7] 前卫
	古典 [1][2][3][4][5][6][7] 摩登
	动感 [1][2][3][4][5][6][7] 静态
	温暖 [1][2][3][4][5][6][7] 寒冷
	舒适 [1][2][3][4][5][6][7] 不适
	……

问卷中每组词汇的量尺标准设定为7阶感受量表，量表的分值越小表示感受越接近左边的词汇，分值越大表示感受越接近右边的词汇。

3. 问卷的调查与统计

感性词汇及试验样品都准备就绪后，即可进入另一个重要阶段——感性评价。本节选择在校大学生共40人为调查对象，其中男性20人，女性20人。在调查过程中，首先将样本统一编号，然后随机排列在调查对象的面前，并将标有样本编号的语意差分评价表下发给调查对象，由他们在详细观察与触摸每件样本后分别填写相应的评价表①。在评价时要时刻提醒调查对象要从消费者的角度作客观、谨慎的评价。

在对15种色彩都完成调查后，收集问卷进行整理，并计算出每种色彩对应的感性词组的平均值，保留小数点后一位小数，得到庞大的数据矩阵，如附录4所示。

根据附录4中的数据，我们针对每一种颜色对应的32组词汇的32个平均值进行比较，选出其中偏向性较大的1O组词汇。如果个别词汇的票数相同，那么就要追加问卷进行二次比较，如表7-3所示（以红色为例）。在每种颜色的统计数据中，平均值若接近“1”则表示其属于左边的感性形容词；若接近“7”则表示属于右边的感性形容词。最后得到的10个形容词便是该色彩的特征词汇。

色彩的特征词汇　　表7-3

红色		
感性词组		平均值（以偏离大小为序）
1	沉闷—欢快	6.9
2	忧郁—喜悦	6.9
3	温暖—寒冷	1.0
4	夸张—内敛	1.6
5	安静—热闹	6.4
6	明快—晦暗	1.9
7	鲜艳—素雅	1.9
8	活泼—呆板	2
9	保守—前卫	5.6
10	含蓄—张扬	5.8

① 吕学海. 基于感性工学的产品设计方法论初探[J]. 设计艺术（山东工艺美术学院学报），2007年6月：41-43.

为了进一步分析问题，我们将上表数据用折线图来表示，如图7-9所示。从图中我们可以更直观地看到红色对应的特征词汇及其强烈程度。

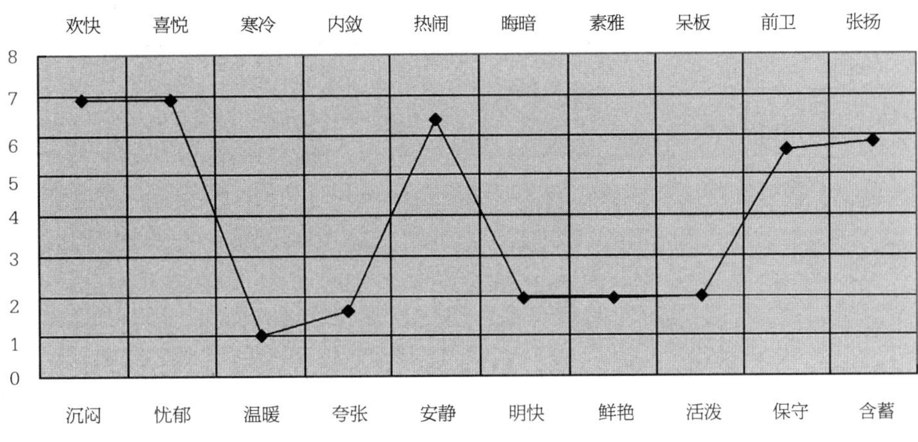

图7-9 红色的感性特征折线图

4. 包装色彩感性描述汇总

在用上述方法对其他15种颜色中6种常用的色彩进行分析后（分析方法不再赘述），可得到这些颜色特征最准确的描绘词语，按强弱程度对前10位进行排序，如表7-4所示。

常用色彩的感性描述结果 表7-4

色彩类型	感性描述						
白色	明亮	素净	安静	朴素	明快	寒冷	高雅
黑色	阴暗	冷漠	沉静	压抑	神秘	素雅	刺激
黄色	活泼	兴奋	明快	鲜艳	欢快	动感	张扬
蓝色	安静	忧郁	舒适	高雅	寒冷	内敛	科技
紫色	高雅	庄重	沉静	内敛	华丽	忧郁	浪漫
绿色	生命	舒适	明快	安静	鲜艳	悦人	发展

如表7-4所示，我们可知各种颜色对人们产生的心理感觉是非常微妙的，只有借助情感量化的技术才能用相应的形容词进行准确描述。

5. 色彩性格坐标的绘制

根据上述色彩总体性格特征的描述，我们结合12色相环，建立色彩的性格语言坐标，可以直观地表示色彩对应的感性词汇，能在包装设计中起到应用参考的作用，该坐标如图7-10所示。

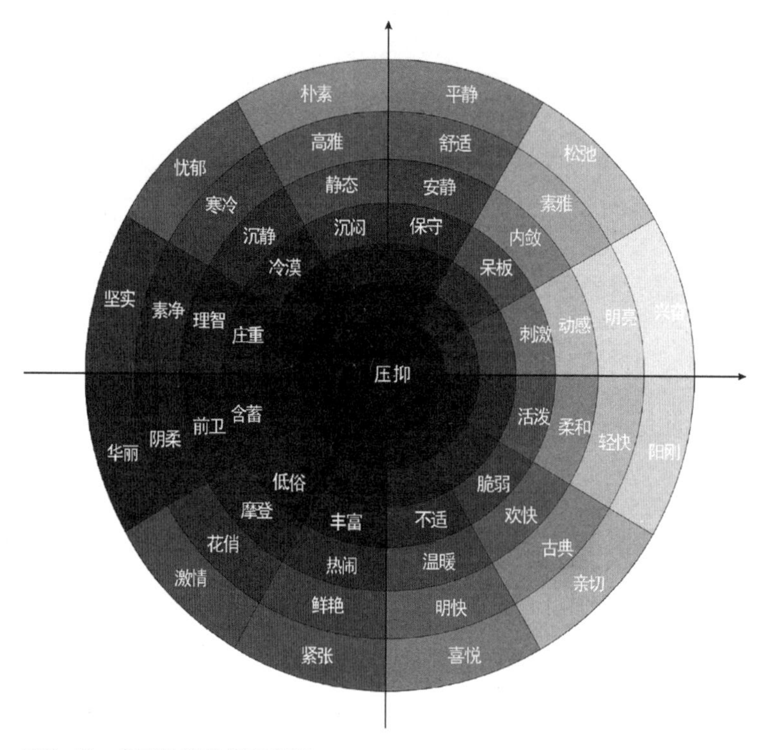

图7-10 色彩性格色相环坐标

以上关于色彩的感性特征研究主要是基于资料搜集与调查统计，其结论体现了社会大众的观点，具有相当的代表性。但包装设计是针对特定的消费人群的，具有较大的限定性与小众性。因此，我们对色彩感性的研究应该再进一步考虑设计服务的对象，使其能够根据目标对象的不同，精准选择可行的设计方案①。

6. 确定商品类别的性格感觉

在完成色彩的精准描述和量化后，我们就要根据包装的对象与目的进行色彩选择。其中包装对象（也即是商品类别）的属性可以通过SD法进行测定。根据淘宝网上对日常用品进行分类，我们可得到12种类型的商品。通过编号，可制订如表7-5所示的商品分类表。

① 丁媛媛，秦岁明. 包装设计中的色彩与情感刍议[J]. 美与时代，2005年12月下：37-38.

日常用品的分类与编号　　表7-5

编号	类别	编号	类别	编号	类别	编号	类别
X1	服装内衣	X4	珠宝手表	X7	护肤彩妆	X10	美食特产
X2	鞋包配饰	X5	手机数码	X8	母婴用品	X11	日用百货
X3	运动户外	X6	家电办公	X9	家纺家居	X12	文化娱乐

对商品类别编好号后，我们就需要用对色彩描述同样的32对感性词汇对每一类用品的属性进行量化。以美食特产为例，设计出如表7-6所示的感性量表。

美食特产类商品的感性词汇测量表　　表7-6

特产美食	感性词汇测量表
	浪漫 [1][2][3][4][5][6][7] 理智
	丰富 [1][2][3][4][5][6][7] 单调
	温馨 [1][2][3][4][5][6][7] 冷酷
	沉闷 [1][2][3][4][5][6][7] 欢快
	庄重 [1][2][3][4][5][6][7] 随意
	安静 [1][2][3][4][5][6][7] 热闹
	夸张 [1][2][3][4][5][6][7] 内敛
	悦人 [1][2][3][4][5][6][7] 扰人
	含蓄 [1][2][3][4][5][6][7] 张扬
	热情 [1][2][3][4][5][6][7] 冷淡
	强烈 [1][2][3][4][5][6][7] 温和
	明快 [1][2][3][4][5][6][7] 晦暗
	活泼 [1][2][3][4][5][6][7] 呆板
	刺激 [1][2][3][4][5][6][7] 柔和
	保守 [1][2][3][4][5][6][7] 前卫
	古典 [1][2][3][4][5][6][7] 摩登
	动感 [1][2][3][4][5][6][7] 静态
	温暖 [1][2][3][4][5][6][7] 寒冷
	……

设计好感性量表后，我们通过网络进行调查。在收到的200多份问卷中，经过整理与分析，得到有效的问卷134份。然后再将这些问卷内容进行统计，并运用SPSS统计工具进行聚类分析、因子分析（分析过程不再赘述），最后综合得到每类商品所对应的32组词汇的感性量，如附录5所示。

7. 包装色彩的感性选择

在得出上述数据的基础上，我们把色彩的感性词汇与商品的感性词汇在数据库中进行配对，从相对应的关系中找到能精准选择的依据与结果。于是，从“商品——感性词汇”、“色彩——感性词汇”的量化表中，我们以“感性词汇”为中介，根据感性词汇的量化数值相同或相近即可搭配的原则，就可实现，某类产品在包装设计时对色彩的精准选择。

以“服装内衣”为例，我们通过SD法对这类商品给人的心理感觉进行测试，经统计，可以得到较明显的前10项数据，如表7-7所示。

服装内衣的感性词汇简化表　　表7-7

感性词组		X1
1	温馨—冷酷	1.0
2	沉闷—欢快	5.6
3	悦人—扰人	1.2
4	强烈—温和	6.9
5	刺激—柔和	6.2
6	温暖—寒冷	1.2
7	舒适—不适	1.4
8	明亮—阴暗	1.6
9	忧郁—喜悦	6.1
10	亲切—冷漠	1.3

得到上表中的数据后，我们可以在附录4（色彩感性词组的平均值）中找这10对词组的分值，选取与上表中得分比较接近的颜色，即可实现颜色的精准选择。本例中所选择的颜色为：红、橙、红紫、绿、黄绿、蓝、黄，这些颜色就可以成为该类商品包装色彩的主色调或配色调。

8. 包装感性配色方法

我们在使用色彩进行包装设计时，非常讲究搭配效果，于是在确定主色调后就要进行配色。传统的配色方法有色相配色法、明度配色法、色调配色法等，他们都是基于物理学的配色法。本节在上述方法的基础上根据感性工学的情感量化技术讨论一种基于感性认知的配色法。

在色彩的各类感性认知中，我们根据其感性词汇表，可产生64种配色方案，每一对感性词汇的两边都可以成为一种配色主题，如表7-8所示。

包装感性配色主题列表　　表7-8

编号	配色主题	编号	配色主题	编号	配色主题	编号	配色主题
1	浪漫	17	含蓄	33	动感	49	明亮
2	丰富	18	热情	34	温暖	50	阳刚
3	温馨	19	强烈	35	舒适	51	激情
4	沉闷	20	明快	36	压抑	52	忧郁
5	庄重	21	活泼	37	高雅	53	兴奋
6	安静	22	刺激	38	花俏	54	华丽
7	夸张	23	保守	39	鲜艳	55	亲切
8	悦人	24	古典	40	坚实	56	紧张
9	理智	25	张扬	41	静态	57	阴暗
10	单调	26	冷淡	42	寒冷	58	阴柔
11	冷酷	27	温和	43	不适	59	平静
12	欢快	28	晦暗	44	轻快	60	喜悦
13	随意	29	呆板	45	低俗	61	沉静
14	热闹	30	柔和	46	素净	62	朴素
15	内敛	31	前卫	47	素雅	63	冷漠
16	扰人	32	摩登	48	脆弱	64	松弛

上表的主题配色方案几乎包含了包装设计所有可用到的方案，当我们要选用其中某一种时，只要通过其在附录4（色彩感性词组的平均值）中的数值，即可实现精准配色。

根据设计经验与色彩理论，按照距离远近和数值大小的比对，感性色彩的配色种类大致可分为8种，如表7-9所示。表中的数值表示感性量差的范围，我们只要使用在此感性数值范围内的色彩，即可实现相关种类的色彩搭配效果。

感性配色的种类与量差范围 表7-9

配色种类		感性量差范围	配色种类		感性量差范围
1	同种色组合	0.1～0.7	5	对比色组合	3.0～3.7
2	柔和色组合	0.7～1.5	6	互补色配合	3.7～4.5
3	中性色组合	1.5～2.2	7	冲突色组合	4.5～5.3
4	同类色组合	2.2～3.0	8	分裂色组合	5.3～6.0

然后以附录4（色彩感性词组的平均值）中的15种颜色中的某1种为主色，如表7-9所示，从其感性量中选取相邻或相远的感性量中相对应的色彩作为配色，即可实现相应的配色效果。

例如，以“浪漫”的配色主题为例，根据附录4与表7-9中数据，我们可以得出表7-10中的配色结果。

感性配色结果 表7-10

配色种类		感性量差范围	配色种类		感性量差范围
1	同种色组合	FF9966 FF6666 FFCCCC	5	对比色组合	999933 FFFFCC CC99CC
2	柔和色组合	FFCCCC FFFF99 CCCCFF	6	互补色配合	990033 006633 CCCC00
3	中性色组合	669999 CCCCCC 666666	7	冲突色组合	990033 CCFF66 FF9900
4	同类色组合	FF6666 FFFF66 99CC66	8	分裂色组合	99CC33 CCCCCC 000000

在进行包装设计时，我们就可以根据所设计的包装风格和配色效果进行搭配，实现精准性的设计。

7.2 包装图案与文字的选择与应用

在产品包装的设计中，图形和文字必不可少，了解包装图文的类型有助于我们在设计中作出科学的选择。现对他们分述如下。

7.2.1 包装装潢中图案的类型

图案作为一种用直观形象来传播信息、观念及思想的视觉语言，具有丰富的寓意象征性。图案在包装上是信息的载体者，它的功能主要有两个，一是告知内容物，二是强化产品印象，增强艺术感染力①。在包装装潢中，图案的主要种类有如下6种。

1. 绘画表现

高档传统工艺品、土特产品、文化用品、礼品包装等大多采用中国画、水粉画、水彩画、素描、版画等手法表现主体图形，具有格调高雅，艺术感强，品位高的心理感受。这一类包装在知识界和青年一代消费者中会受到欢迎。此外在儿童食品和方便食品中流行用漫画和卡通作装潢设计，具有较强的亲和力和亲切感。

2. 装饰表现

在装饰表现中由于图形经过变化处理都具有概括、凝练的特点，所以装饰表现的包装都具有较深刻的内涵。其常用的技法有以下几种。

（1）**勾线平涂**。这是在包装设计中使用得最多的一种表现方法，先平涂后勾线。勾线在于加强图与底的对比关系。当然，也有只用块面表现的。

（2）**用点、线、面来处理图形的明、暗、虚、实关系**。对实形用色块来表现，对虚形或底纹用点的不同疏密或线的不同粗细来表现。这种表现手法可表现明、暗、虚、实、立体关系，如在橘子的局部用白色点出高光，用一两种色可以将画面的主次和层次关系表现出来，具有用色经济的特点。

（3）**仿剪纸、蜡染效果**。在装潢的图形上仿制剪纸、蜡染效果，大多作底纹，具有浓厚的民间艺术特色，适合于传统土特产品的礼品包装设计。

3. 摄影表现

现代摄影技术的广泛应用给装潢设计带来了很多便利性，不仅增加了新的表现技法，也丰富了设计画面的多种表现视角。摄影图形能真实表现产品形象，采用特殊处理方法还可以形成特殊的艺术效果，是传递商品信息最好的一种表现方法。

4. 喷绘

喷绘技术从国外传到我国已经有半个多世纪了，一直被普遍应用于广告和包装设计中，它具有方便、快捷、涂色均匀、细腻干净等优点。适用于喷底、喷图等方面，

---

① 彭烈洪. 浅谈茶叶包装中图案的运用[J]. 中国包装，2012年6月：25.

喷完后再需用手绘修补。喷绘可以弥补手绘的不足之处，如涂色不匀等问题。

5. 转印

转印的方法主要用于包装设计的底纹处理。一种方法是将色彩调汽油，倒入水中，用生宣纸在水面上将颜色吸附后，形成类似大理石纹的图案，然后再将宣纸在卡纸上作装潢设计。第二种方法是将颜色调水后均匀地涂在大面积的玻璃或卡纸上，然后将一纸贴在上面将颜色转印过来，形成天然的肌理效果，再用作装潢设计。

6. 拼贴

利用与产品有关的图形和文字，将其拼贴成底纹或图形，用在包装上，既传达了商品信息，同时又具有独创性和新颖性。

7.2.2 包装装潢中文字的应用

文字是包装设计中必不可少的元素，在包装装潢中，如何利用文字进行设计是一项重要的工作，我们要对中西方文字有深刻的认知。

1. 文字的种类

一般使用的文字大致可以分为两类：汉字、拉丁文字[①]。这两种文字都来源于图形符号，分别都经过了几千年的演化和发展，最终成了现在的各具特色的文字体系。

其中，汉字至今还保留了象形文字给人的图画感觉，字体外形基本一样，形态还是方形，外观是规则的，但笔画间表现出丰富的变化和无穷的含义。如篆书的笔画古朴高雅，草书具有奔放流畅的气势，而隶书又颇显端庄雍容，黑体具有沉静的力量[②]。在包装设计中，每一个汉字都具有深刻的含义，这些文字要根据产品气质意形结合，才能在实现经济价值的同时取得良好的文化与艺术效果。

拉丁文字也起源于图画、符号[③]。最早的图画文字来源于埃及象形字。在公元前1600年，腓尼基亚人受到古埃及文化的影响，制定了历史上最早的字母文字。公元前30年，罗马帝国征服了埃及，同时也吸取了古希腊文化，改变了直线形的希腊字体。后逐渐完成了 26个拉丁字母，形成了完整的拉丁文字系统。在西方现代设计中，由于个性消费与情感娱乐时代的来临，人们开始注重现代、时尚、自由和个性的特质，文字设计越来越追求质朴、自然、轻松、随意的风格。在近几年的国内平面广告作品中，

① 王玉琉．浅析文字在平面广告中的情感述求[J]．致富时代，2012,(3)：66-69.
② 会芳．文字在平面广告设计中的应用研究[D]．武汉：华中师范大学，2013：12-13.
③ 彭烈洪．浅谈茶叶包装中图案的运用[J]．中国包装，2012年6月：25-27.

拉丁文字的使用频率越来越高。

2. 包装文字的基本内容

在包装装潢设计中，文字所处的位置十分重要，一个包装设计可以没有图形，但不可没有文字，文字是传递商品信息的主要成分。包装中的文字有以下几个方面。

（1）基本文字。含产品名称、品牌、批准文号、企业名称、拼音字母等，一般安排在包装的主面板上。企业名称有时也可以编排在侧面或背面。品牌文字一般可做规范化处理，有助于树立产品和企业形象。拼音字母不能大于品名文字，字体风格要与汉字相符合，拼音与汉字要有相对应的位置。

（2）资料文字。包括产品的成分、容量、型号、规格等，多编排在包装的侧面、背面，也有少数安排在正面，采用规则的印刷字体。

（3）说明文字。说明产品的用途、功能、使用方法、生产期、保质期、保修期、生产技术水平、信誉度等，文字忌虚假、烦琐，一般安排在包装的侧面或背面，采用规则的印刷字体，并以说明书的形式放置盒内。

（4）广告文字。这是宣传商品的推销性文字，要求做到真实、简洁、生动，切忌浮夸不实。广告语虽然不是包装设计中的必要文字，但在礼品包装、手提袋的设计中经常用到，并有被广泛运用的发展趋势，如企业已导入CIS计划，广告语则应与该企业视觉设计中的广告语相一致。

7.2.3 包装图文精准化选择的方法

在包装精准化设计方法的研究中，包装图文的精准化选择是重要内容，我们需要结合感性工学的原理和方法，在设计中精确选定图文元素，然后再进行构图与搭配。本节我们主要运用阶层类别分析法与语意差分法，通过对包装对象与包装图文的对应关系来研究实现包装图文的精准化设计的程序。

在阶层类别分析法中，我们以三星S6500手机销售包装为例，通过对手机包装概念的逐阶分解，可以精准地选出合适的图形和文字。这些图形和文字要符合某设计理念的感官要求并体现物理性能，能够精准地表达出产品的属性与消费者的审美特征。

1. 包装对象的感性定位

在此阶段，我们首先建立一个设计团队，用语意差异分析法（SD法）对该手机作一个感性市场的调查，找出潜在消费者对该手机的主观感觉与期待的形象。经过网络和杂志、消费者访谈等方式，我们最终选择了10对感性形容词，建立了11级语意差分量表，如表7-11所示。

三星S6500手机消费者认知量化表　　表7-11

左端	量表	右端
尖锐的		圆润的
柔弱的		强壮的
粗糙的		光滑的
积极的		消极的
温暖的		冷峻的
紧张的		轻松的
湿润的		干燥的
稳固的		发展的
激进的		保守的
舒服的		不安的

该调查表分11级，为了让消费者能够更自由地表达内心的真实感觉，特意不标明级数，在统计时才由统计者标示。通过80份问卷的调查统计，在问卷汇总后，结合聚类法与因子分析法，可以知道消费者对该手机的认知大致如图7-11所示的趋势。

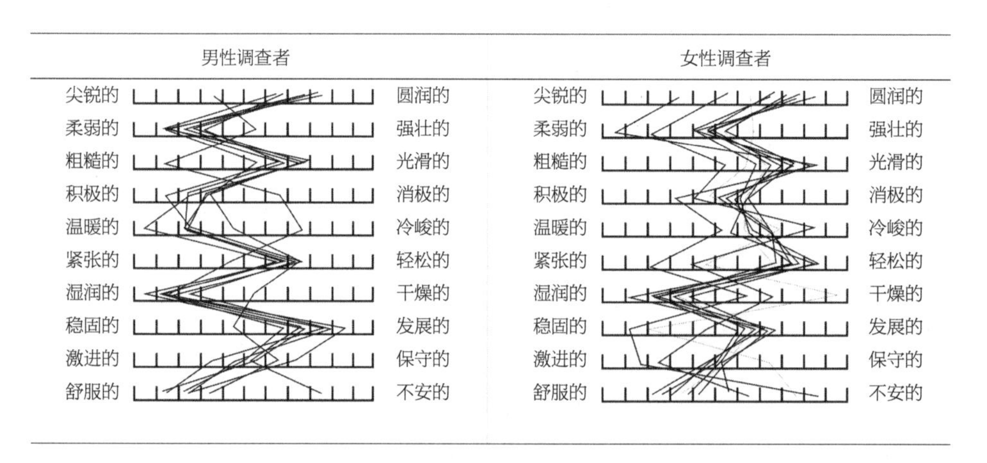

图7-11　三星S6500手机的消费者认知图示

2. 包装概念的阶层类别分析

如图7-11所示，我们可以提取关于三星S6500手机“圆润的”、“发展的”、“舒服的”等3个0阶概念。他们是在包装装潢设计中要体现的概念，我们需要找到能体现这些概念的具体图像或文字种类。于是我们运用阶层类别分析法逐阶向下分析，如图7-12～图7-14所示。

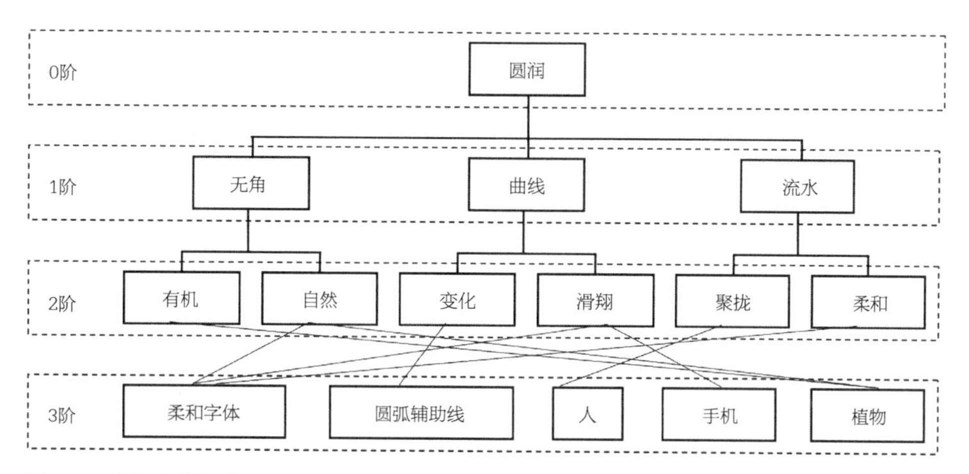

图7-12 “圆润的”阶层类别分析过程

如图7-12所示，“圆润的”概念经过3阶的分解后得出了柔和字体、圆弧辅助线、人物、手机原物、相关植物等5个具体的设计元素。这些元素都能从不同的角度来表达“圆润的”概念，但表达的力度会有强弱的不同。

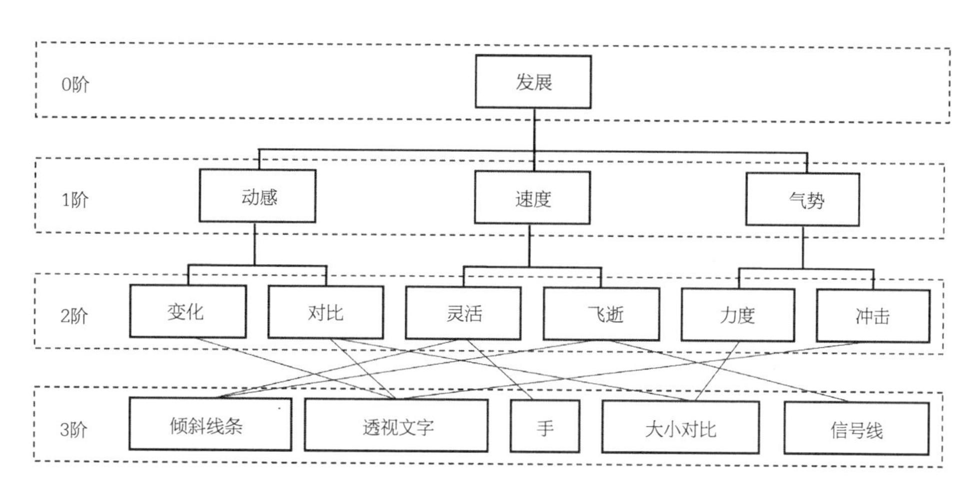

图7-13 “发展的”阶层类别分析过程

如图7-13所示，“发展的”概念经过3阶的分析后，得出了倾斜线条、透视文字、手、大小对比、信号线等5种具体的设计元素。在设计实践中，我们知道，能表达“发展的”概念的元素有很多，但从综合与得当的角度看还是以上5种更有代表性。

如图7-14所示，“舒服的”概念经过3阶分解后，得到文字搭配、粗细线条、视觉空间、手机外形等4个具体的设计元素。这些元素与前面2个设计概念分析出来的设计元素在某些程度上有紧密的关联，需要在后续的研究中进行整合与归类。

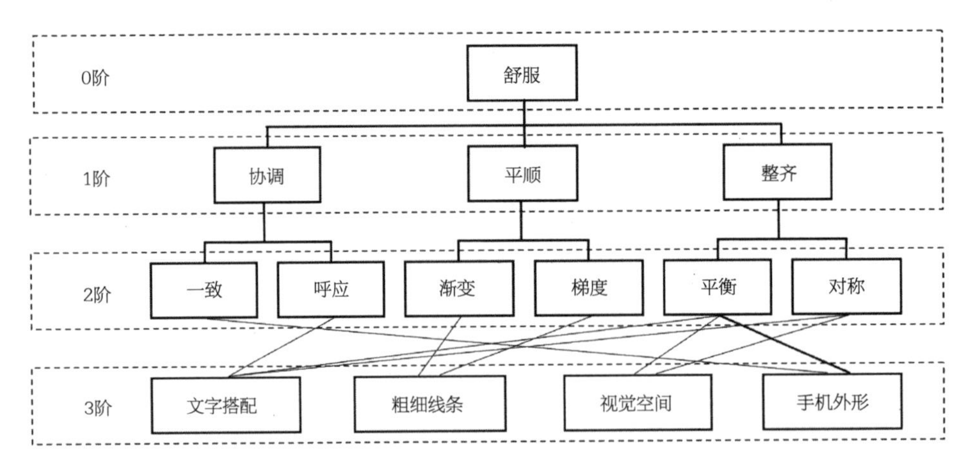

图7-14 “舒服的”阶层类别分析过程

3. 包装图文元素的整合与相关度测试

综合3个0阶概念的阶层类比分析，我们整合出了14种设计细节。这14个细节不可能都用在包装设计中，只能通过语意差异分析法进行量化，然后再根据量化数值进行精准整合与选择，最后把一种或几种元素融合进包装设计里面。

在这个研究方向中，我们需要确定这14种图文元素的重要程度及相关度，于是需要再将其进行与手机的相关度测量。基于这个目的，我们设计如表7-12所示的问卷。

三星S6500手机包装元素的相关度测量 表7-12

样本	编号	包装元素的相关度测量表
	1	柔和字体 [1][2][3][4][5][6][7] 手机
	2	圆弧辅助线 [1][2][3][4][5][6][7] 手机
	3	人 [1][2][3][4][5][6][7] 手机
	4	手机 [1][2][3][4][5][6][7] 手机
	5	植物 [1][2][3][4][5][6][7] 手机
	6	倾斜线条 [1][2][3][4][5][6][7] 手机
	7	透视文字 [1][2][3][4][5][6][7] 手机
	8	手 [1][2][3][4][5][6][7] 手机
	9	大小对比 [1][2][3][4][5][6][7] 手机
	10	信号线 [1][2][3][4][5][6][7] 手机
	11	文字搭配 [1][2][3][4][5][6][7] 手机
	12	粗细线条 [1][2][3][4][5][6][7] 手机
	13	视觉空间 [1][2][3][4][5][6][7] 手机
	14	手机外形 [1][2][3][4][5][6][7] 手机

设计好问卷后，选定50名调查对象，其中7名具有与设计相关的专业背景，均为男性，年龄段为25～40岁；12名具有管理和市场营销背景的客户代表，年龄在25～50之间，其他为普通消费者，共31名。通过回收问卷，并进行统计，得到如表7-13所示的数值。

三星S6500手机包装元素的相关度统计结果 表7-13

图文元素	相关值	图文元素	相关值
手机	6.8	柔和字体	5.3
手机外形	6.7	粗细线条	5.2
圆弧辅助线	6.5	倾斜线条	4.7
文字搭配	6.1	大小对比	4.6
透视文字	6.1	人	4.6
信号线	5.6	视觉空间	4.3
手	5.4	植物	4.2

如表7-14所示的数据可知，表7-12中的大部分元素都与手机密切相关，阶层类别分析法的正确性与可行性得到了验证。对各类相关的设计元素，我们把相关度在5.0以下的进行舍去，同时合并表意接近的元素，可以最终确定该包装用手机外形轮廓线、大小搭配并有透视的文字、手或其他姿态动作等3个元素作为手机包装的主题元素。

7.3 包装构图的精准化设计

包装构图设计的含义是将各种设计元素进行创意性的编排与组合，以表达某些特定的意义或美感。包装构图设计是包装装潢中必不可少的重要环节，各种形态元素只有经过构图设计才能体现它们的内涵与审美价值。在包装设计中，创意和构图是一个不可分割的整体。

在包装构图的精准化设计中，主要的方法是将包装构图进行分解，形成多种构图方式，并用量化的方法对每种方式的审美效果进行测量，最后与表示设计目标的感性形容词进行匹配而形成能精准表现设计意图与目的的构图。

7.3.1 构图的传统理论与方法

在装潢设计中，构图包括版面的编排方法、图形与文字的编排方式、形式美的法则、色彩的运用等。构图设计是包装版面设计的主要内容，决定了版面的设计效果。对构图理论与方法的研究是进行包装装潢设计的基础与前提。

1. 构图的基本要求

包装装潢设计的构图首先要注意整体感，这种整体感不仅指单个包装盒的整体效果，同时也必须考虑商品的货架展示的整体效果。此外还要能体现设计创意与审美法则，并能有助于包装商品信息的传达，树立起商品的品牌形象。

2. 构图的主次关系

装潢设计构图要注意处理好主次关系。在包装设计的主要展示面要将品名、商标、批准文号、图形、企业名称等文字和图形信息安排进去，在侧面或背面要安排产品说明、企业地址、电话、邮编、条形码、广告语等必备信息。只有主次关系明确的构图才能在包装信息传达中实现有效的信息传播。在构图时我们先安排好结构，用点、线、面代表文字、图形和商标的位置，把主次、大小、前后、疏密、比例、空间和位置等关系编排好，再进一步刻画出具体的图形和文字。

3. 构图的基本方法

古今中外的艺术家和设计家对构图的规律和方法都从不同角度进行过潜心研究，并总结了许多宝贵经验，为推动现代包装装潢设计提供了理论上和实践上的依据。以下介绍几种主要的构图方法。

（1）传统的构图方法。传统构图法在我国传统设计文化中是比较推崇与常用的设计方法，这些方法有比较长的应用历史，在人们的心理中具有广泛的认同度。在现代比较讲究个性体现的包装设计潮流中，传统构图也依然具有它的应用价值。

①**对称式构图**。分为左右对称和四面对称。左右对称也称轴对称，四面对称也称中心对称，它的特点是有严格的中轴线或中心点，图形和文字的编排需受其规限。对称式构图在传统的包装设计中占有很大的分量。

②**均衡式构图**。在均衡式构图中使版面平衡的方法有两种：一种是等量不等形，以数量求平衡；另一种是以距离求平衡，大的形象（文字）靠中心近，小的形象（文字）距中心远。对称和均衡的形式不仅是具体的构图方式，也是形式美的重要法则。

（2）点、线、面的构图。点、线、面的关系从本质上反映了大自然中普遍存在的对比统一的关系。一般在一个构图中，点、线、面的成分兼而有之才能得到视觉上的满足。在特定的场合，有以点为主、以线为主或以面为主的构图格局。在现代包装设计中，点、线、面既可以作为形象元素直接构成设计，也可以像代数中的字母，由它们代替一切具有点、线、面性格的图形和文字。

①**点的构图**。可分为自由式格局和规律式格局两种。自由式格局中点的数量不限，但要注意点的主次、大小、疏密、方向、位置的变化。规律式的格局是用固定的有一定组织规律的空间来规范点的位置与相互间的联系。

②**线的构图**。它包括自由线的构图格局和规线的构图格局。自由线指徒手绘制的自由线形与偶然线形，通过粗细、长短、疏密、主次、明暗及位置的处理达到特定的视觉效果，表现特定主题。规律线的构图格局，是指用不同方向、性质、数量和粗细的线组成重复、渐变、放射、旋转等形式的构图。这种线的构图表现出严格的作图规律，具有特定的内涵，规律性线形可用于现代高科技产品的装潢设计。

③**面的构图**。形象元素中最大的是面。面的形象可以分为抽象形（几何形、徒手形和偶发形）和具象形（各种动物、植物、人物、风景、建筑物、工具、用具等）。面的构图也可分为自由式格局和规律式格局。

（3）**分割式构图**。分割式构图法始于20世纪二三十年代的德国包豪斯时代。由于这种构图方法的严谨性和科学性，并使人产生视觉上的舒适感和秩序感，同时又由于这种构图方法易于掌握，且可灵活运用，因此迅速流传到世界各国。目前在装潢设计、广告设计、展示设计、封面设计等领域均被广泛运用。分割式构图包括三大类：

①**自由分割**。这是一种非数理性的分割，按设计需要可采用任何一种线形来分割画面，如水平分割、垂直分割、交叉分割、框架分割、弧线分割、曲线分割等，然后再安排文字和图形。

②**数理性分割式构图**。包括相等分割（网络分割）、不相等分割、数学级数分割等。相等分割，有单向等分分割和双向网络等分分割。不相等分割一般按一定的比例同时作水平垂直分割。如2：3、3：15：8等。数学级数分割构图，按数学中的等差等比的关系来分割画面，分割的方法较多，可适宜多种需要。

③**黄金分割在画面上利用**。用黄金分割的方法分成若干个具有黄金比的面可直接构成设计，此外在画面的黄金比位置安排主体图形和品名文字，可使之成为视觉中心。

7.3.2 包装构图的精准化方法

基于感性工学的包装构图精准化方法主要是通过对已有的包装设计进行分析，把版面分割为几个板块，然后通过大量的样本的分析，得到相关评价，再利用该评价来指导目标版面的布局，进行意象匹配，从而达到其设计成果能与市场需求精准匹配的目标。最后，依据研究结果，建立感性数据库，为包装布局设计提供科学的建议和参考。本节以餐具包装为例进行说明。

1. 收集样本

餐具包装在市场上种类繁多、风格各异，本节通过市场调查、网上搜索资料等方法找到大量的包装案例，然后通过组建分析团队，由团队成员从市场占有率、消费者认可度、设计美感等角度综合挑选出具有代表性的12个样本作为设计分析的对象。如表7–14所示。

餐具包装分析样本　　表7–14

编号	样本	编号	样本	编号	样本	编号	样本
X1		X4		X7		X10	
X2		X5		X8		X11	
X3		X6		X9	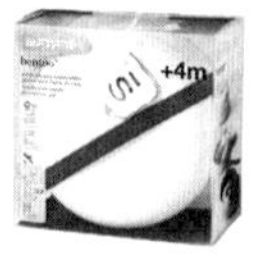	X12	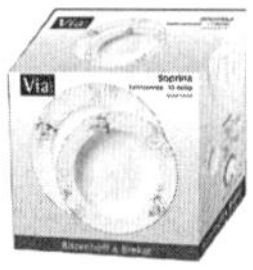

以上样本基本包含了目前市场上餐具包装的现状与水平，从这些样本中，我们可以了解到各种版面设计的样式与风格，通过对它们进行分析处理，我们能从中提取到能用于精准化设计的指标与参数。

2. 样本设计效果测定

本阶段我们要对以上样本通过调查问卷的方式进行主观评价测定，目的是为了探讨包装主面板设计元素的配置和不同意象感觉的对应关系，以作为后续资料分析处理的依据。问卷设置如表7–15所示。

该调查问卷主要是针对7个形容词（即“个性的”、“简洁的”、“高档的”、“精致的”、“形象的”、“时尚的”、“实用的”）来进行，通过对它们的量化来反映这些包装样本的设计情况。

样本X1的包装设计效果测量表　　表7-15

样本X1	包装设计效果测量表
	普通的 [1] [2] [3] [4] [5] [6] [7] 个性的
	繁杂的 [1] [2] [3] [4] [5] [6] [7] 简洁的
	低档的 [1] [2] [3] [4] [5] [6] [7] 高档的
	粗糙的 [1] [2] [3] [4] [5] [6] [7] 精致的
	抽象的 [1] [2] [3] [4] [5] [6] [7] 形象的
	落伍的 [1] [2] [3] [4] [5] [6] [7] 时尚的
	无用的 [1] [2] [3] [4] [5] [6] [7] 实用的

问卷设置好后，我们由30位包含各个层次与年龄的受测者根据自己的主观感觉对上述12个包装主面板样本进行评定，在相应的量表上进行打分。然后再由工作人员对问卷进行统计，得出评价均值如表7-16所示。

样本包装设计效果的测量结果　　表7-16

样本	个性的	简洁的	高档的	精致的	形象的	时尚的	实用的
X1	3.6	4.8	6.7	6.7	4.8	4.3	5.2
X2	5.3	3.3	3.7	4.9	6.5	4.6	3.7
X3	3.8	3.6	5.3	6.8	4.4	3.9	5.3
X4	6.9	6.8	5.2	5.6	5.5	5.3	4.7
X5	2.2	3.6	3.5	4.6	4.4	3.8	5.2
X6	4.3	6.9	3.2	3.2	4.2	4.2	4.8
X7	3.5	3.2	3.4	3.6	2.7	2.5	4.3
X8	3.2	4.8	4.7	4.3	2.2	3.7	5.7
X9	5.6	6.5	5.2	5.4	5.7	6.8	4.2
X10	5.3	5.5	3.9	4.5	4.3	5.9	2.7
X11	3.4	5.3	4.2	4.3	3.2	4.5	5.6
X12	3.6	4.9	4.6	3.6	4.6	4.8	6.7

如表7-16所示，我们可以了解到各个包装主面板设计元素的不同配置与这7个形容词的符合程度。表中的数值越大，所反映的界面样本与形容词的契合程度也越高。

因此，从上表中我们可以得出这样的结论：在12个实验样本中，样本4的设计最为个性，样本6的设计最简洁，样本1的设计最高档，样本3的设计最精致，样本2的设计最形象，样本9的设计最时尚，样本12的设计最有实用性。

然而，这只是对调查数据的初步统计结果，想要进一步了解各构图设计要素对使用者的影响，还需要作进一步分析。

3. 包装构图的分解与测评

在上述包装构图的总体设计效果测量中，我们已经成功地对12个样本进行了精确的量化。接下来我们就要对样本的构图元素进行分解，并以各类形容词的最高分样本为代表，对各种构图属性值的贡献率进行调查统计。

为了确保评价标准的统一，本次调查依然在上述30名受试者中进行，由他们按照相关度从低到高分别以1−7为尺度对每种结构方式的效果进行打分。经统计汇总后，得出如表7−17所示的数值（精确到0.1）。

包装版面设计与效果的相关度　表7−17

属性	属性值	个性的	简洁的	高档的	精致的	形象的	时尚的	实用的
结构形式	一体性	6.6	6.4	5.8	4.4	3.5	6.4	4.9
	水平分栏	4.2	5.6	5.2	5.1	4.7	5.1	5.5
	垂直分栏	4.3	5.9	6.2	5.2	4.2	5.3	5.6
	区域分块	5.9	4.2	3.3	6.2	5.0	4.4	3.1
	自由布局	6.1	5.5	4.2	5.2	6.5	5.2	4.5
主图文位置	居中	6.3	5.0	6.6	5.0	5.4	5.0	6.3
	左右放置	3.3	4.3	5.0	4.2	3.1	4.1	5.7
	上下分割	3.2	4.2	5.2	4.2	4.0	4.4	5.3
	边角放置	5.6	5.1	3.1	3.4	2.1	5.7	2.4
色彩搭配	强烈对比	6.8	3.2	5.8	5.4	4.5	6.2	3.0
	中性色搭配	2.5	5.7	4.0	4.4	4.2	4.0	5.9
	单种颜色	4.6	6.2	6.6	5.0	5.7	5.5	4.2
辅助元素	无或极少	5.2	6.0	6.7	2.3	5.5	5.7	3.3
	与产品图像结合	4.6	5.1	5.6	5.1	4.0	4.8	6.6
	与主元素相呼应	4.8	4.3	4.8	4.3	3.8	3.3	4.2

如表7−17所示，我们可以看到各个样本代表在各种包装面板构图方式中所占的分量，同时也可以看到不同构图方式对达到该包装主题效果的贡献率。通过该表的数据，我们可以清楚地了解到要实现某种设计效果应该应用何种构图方式。

4. 通过联合分析得出结果

在上述的分析中，我们可以得到各种构图对某种包装效果的影响，但是并非每种构图方式的影响力都一样，它们是有强弱侧重的。因此我们需要考虑每种构图方式对构图效果的影响比重的问题。在现代统计学中，各个因素比重的得到主要是依靠SPSS软件进行联合分析。

联合分析（Conjoint Analysis）也称为交互分析、多属性组合模型、状态优先分析等，它是一种处理多元因素的统计与分析方法。联合分析法始于人们对生活用品或各种服务好坏的总体喜好判断，如渴望程度、购买意向、偏好顺序等，它在1964年被首次提出，当时主要在市场营销中用于评估产品的不同属性对消费者的重要性，并对产品属性与消费者影响强弱进行分析的统计方法。目前，联合分析法不单在市场营销中使用，它已经在管理、生产、设计、文化等领域中成为不可或缺的工具，在本文的研究中，联合分析法被用来分析包装构图的多方式如何影响包装整体设计效果的问题。

我们将问卷调查所得的数据资料输入SPSS软件，运用联合分析法可得到设计要素的因子比重，以“个性的”为例，其分析结果如表7-18所示。

包装布局个性化的联合分析结果　　表7-18

属性	属性水平值	水平值效度 没个性——有个性		因子比重
结构形式	一体性		0.6321	40.33%
	水平分栏	-0.8208		
	垂直分栏	-0.3105		
	区域分块		0.3548	
	自由布局		0.8244	
主图文位置	居中		0.1322	19.12%
	左右放置	-0.1932		
	上下分割	-0.1831		
	边角放置		0.312	
色彩搭配	强烈对比		0.8021	28.21%
	中性色搭配	-0.2136		
	单种颜色		0.2855	
辅助元素	无或极少		0.1657	12.34%
	与产品图像结合	-0.2213		
	与主元素相呼应	-0.3122		

如表7-19所示，我们可以清楚地看到包装构图的结构形式是导致使用者认为包装具有“个性的”主要因素（因子比重40.33%），其中自由式的构图最能体现出包装的个性，其次是一体性构图，而分栏式则被认为是最不能体现个性的构图方式。究其原因是由于自由式的构图面板往往安排的信息内容比较少，结构清晰，因此会给使用者“个性的”感觉。至于一体式的构图，由于信息以块状的结构显示，形式较为简洁，也会给使用者带来“个性的”感觉。而分栏式构图，常常用于信息量大的包装，比较难组织好信息和图文的布局，以致给使用者带来没个性的感觉。

通过表7-18的详细数据与相关结果的对照，我们就可以找到个性化包装的精准构图方式。至于其他感性词汇的分析也按此方法开展，这里不再赘述。

在后续的设计应用中，我们可以应用此法准确选择适应某种设计目标的构图方法。

7.4 本章小结

包装装潢设计是指由图形设计、色彩设计、文字设计、编排构成等方面组成的总体设计。包装装潢设计对包装设计效果的表现具有重大作用，在设计中应得到重视。

本章首先研究了包装色彩的精准化配置问题，从色彩的基础原理中研究其心理情感，接着分析色彩情感在包装中的功能。然后再通过SD法调查色彩某个词汇的感性量，研究包装色彩的选择与搭配问题。在研究中笔者绘制了色彩性格坐标图，以供在包装设计时进行参考。在色彩的搭配中，本章通过“商品——感性词汇”、“色彩——感性词汇”的量化表中，以“感性词汇”为中介，实现对某类产品在包装设计中对色彩的精准选择。

在包装图文的选择与定位研究中，本章主要通过阶层类比分析法进行，通过对商品的概念进行阶层分析，最终得到准确的设计元素。

在包装构图设计方法中，本章通过对包装构图属性的分解，并进行感性效果的测评，通过SPSS的联合分析法确定每个属性的因子比重，再与包装总体意象量化的数值进行匹配，最终确定能与某种情感量相匹配的构图方式，从而实现包装构图的精准化设计。

第 8 章

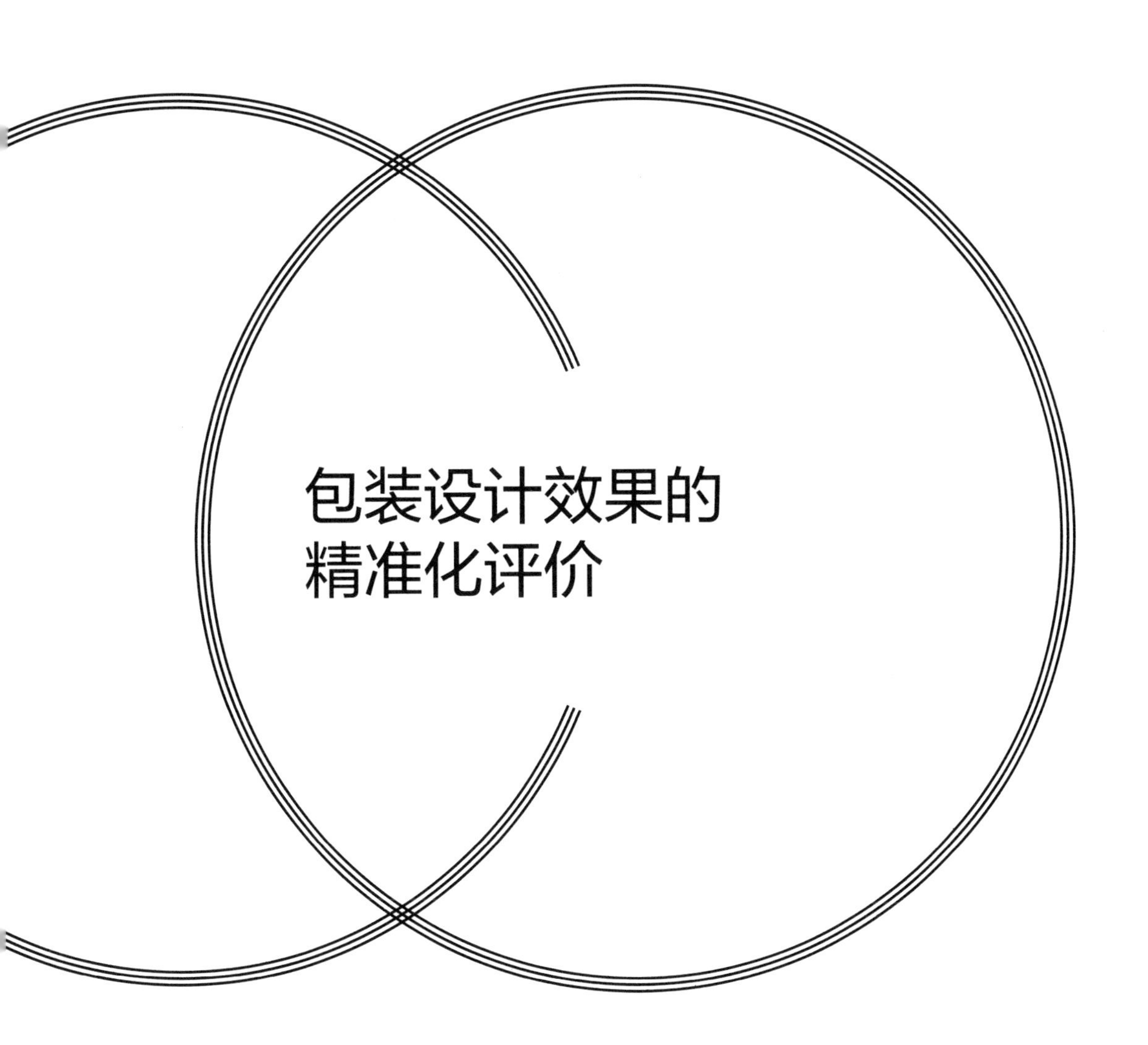

包装设计效果的精准化评价

包装的设计与评价是两个既独立又相互联系的过程，没有设计就无从谈评价，而没有评价设计也会迷失方向。因此，包装评价是时刻存在且与设计相辅相成的。要发挥评价的最大作用，必须建立科学的精准化包装评价体系，该体系包含以下3个方面。

1. 包装评价指标

指标是指反映某种社会现象在特定时间、条件和背景下的结构、规模、比例等概念与数值[①]。包装评价指标是指表征产品包装各类特性的数值类型，多个具有相互关系及内部结构的指标就组成了指标体系。在包装的精准化评价指标体系中，主要包含功能性、人机性、市场性、文化性、情感性几方面及相互的关系体现。

2. 包装指标权重

指标权重就是在指标体系里每个指标属性对总指标产生的重要度或贡献度，是各指标在总体评价体系中的价值系数，权重不同，评价结果也会有很大的差别。包装评价的指标根据运输包装、销售包装、礼品包装、日用品包装等不同类别，可设置不同的指标权重。

3. 包装评价方法

由于包装用途各异，所以各类包装方案的差异很大，评价指标与权重也各不相同。在这种情况下，探索合适的包装评价方法至关重要。而包装评价过程也不是只用一种方法的，而是根据不同的阶段与目的综合应用多种不同的方法，最后，综合各方法的评价结果，才是总的评价。

本章主要在包装情感性方面建立评价体系，并研究了3种评价方法的应用。

① 在线新华字典：http：//xh.5156edu.com/html5/z28m31j20195.html.

8.1 包装评价模型重合法的应用

本节通过对已有的包装设计案例进行评估，把消费者的感性意象认同率与设计师的感性意象重要度进行匹配，根据匹配的程度来得出评价的结果，检验设计目标的实现情况。该评价模型如图8-1所示。

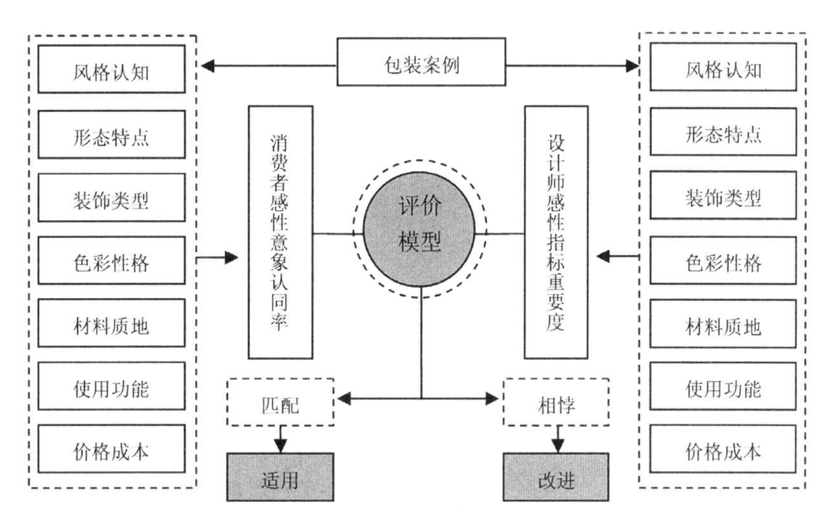

图8-1 消费者与设计师的评价匹配模型（作者自绘）

8.1.1 包装图样与评价指标的选定

在本节我们需要以某一个具体的包装作为案例来进行测试，经过对比，笔者选择了一款市面上的茶叶包装作为评价案例，该包装案例在材料、造型、装潢等方面都能较好地代表这一类包装的特点与水平，能满足评价试验的需要，如图8-2所示。

针对该案例，本文从包装风格、形态、色彩、装饰、材料、功能和价格等7个评价项目出发，一共建立了34个评价指标，如表8-1所示。该指标比较齐全，把茶叶包装可能会涉及的因素都考虑进去了，能较全面评价一个包装的优劣性。

图8-2 消费者评价模型案例（来自网络）

包装评价指标体系（作者自制） 表8-1

评价项目	细化指标	评价项目	细化指标
风格	中国传统	装饰	装饰与功能适应
	民间特色		表面装饰新颖
	异国风情		提高了包装品质
	现代风格		带来大的附加值
	后现代主义		具有艺术性
	风格繁杂	材料	质量上乘
形态	优美、精致		多种材质搭配
	简洁大方		肌理效果好
	新颖、时尚		卫生环保性好
	与功能匹配		与产品适应
	整体与局部匹配	功能	开启方便
	造型视觉感稳定		存放方便
色彩	适应产品风格		携带方便
	与消费者及环境吻合		使用舒适感
	符合潮流要求	价格	比较贵，不实用
	具有鲜明个性		不贵，适合使用
	符合使用者要求		贵，但能体现身份

8.1.2 受测对象的选定与成分分析

完成评价指标的设定工作之后，接下来开展消费者的感性评价实验。本节选择50名消费者进行测评，获取他们对此包装的感性偏好，从而对包装设计作出感性评价。

在50名受测者中，男性28名，女性22名，基本比较均衡。在年龄方面18～22岁的有9名，23～28岁的有12名，29～35岁的有16名，36岁以上的13名，分布也大体均匀。如图8-3所示。

8.1.3 消费者评价过程及结果分析

在确定受测者后，我们就要进行测试实验。在评价时受测者要放弃个人的偏见，从一个正常消费者的角度对样品作出客观的评价。评价结果如表8-2所示。

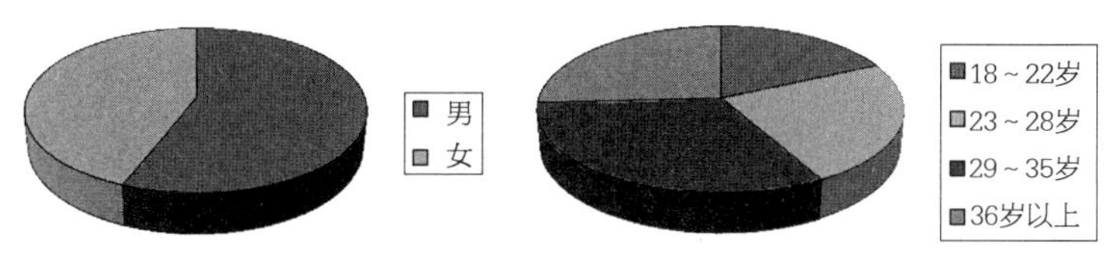

图8-3　受测者的性别与年龄比例图（作者自绘）

消费者包装评价汇总结果（作者自制）　　表8-2

评价项目	细化指标	认同率	评价项目	细化指标	认同率
风格	中国传统	92.33	装饰	装饰与功能适应	86.4
	民间特色	92.46		表面装饰新颖	87.22
	异国风情	12.16		提高了包装品质	90.1
	现代风格	23.11		带来大的附加值	85.46
	后现代主义	11.21		具有艺术性	83.2
	风格繁杂	67.56	材料	质量上乘	91.3
形态	优美、精致	87.6		多种材质搭配	93
	简洁大方	54.32		肌理效果好	80.43
	新颖、时尚	64.3		卫生环保性好	86.4
	与功能匹配	77.64		与产品适应	90.33
	整体与局部匹配	82.6	功能	开启方便	53.3
	造型视觉感稳定	92.11		存放方便	65.42
色彩	适应产品风格	96.5		携带方便	78.5
	与消费者及环境吻合	87.26		使用舒适感	86.43
	符合潮流要求	82	价格	比较贵，不实用	78.3
	具有鲜明个性	79.6		不贵，适合使用	73.65
	符合使用者要求	86.5		贵，但能体现身份	85.4

如表8-2所示，消费者对该包装样品比较肯定的人数占了70％以上。可见消费者总体上对该包装较为认同。从表中的数据我们还可以看到消费者在选择产品的过程中非常关注包装的形态、色彩、装饰等的外观要素，因为这些因素是在进行产品宣传与销售中最容易感知并能直接影响消费者的购买决定。而材料、功能、价格等内在因素则在一般的接触中较少深入考虑。

我们进一步把表中的指标分为两种类型，一种是感觉属性，包含了风格、形态、色彩、装饰4个方面；另一种是物质属性，包含材料、功能、价格3方面。我们对其评价结果分别用折线图展示，如图8-4、图8-5所示。

如图8-4所示，在消费者的感觉属性方面，该包装持续走高位，除了风格中的“异国风情”、“现代风格”、“后现代风格”方面的得分较低外，普遍认同率有80%以上，在“适应产品风格”方面更是将近100%，可见该包装的感觉属性基本是合格的。

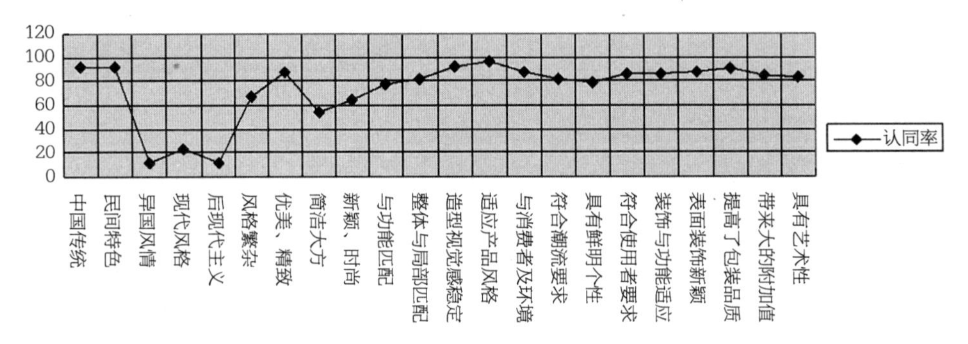

图8-4　消费者对包装案例的感觉属性认知（作者自绘）

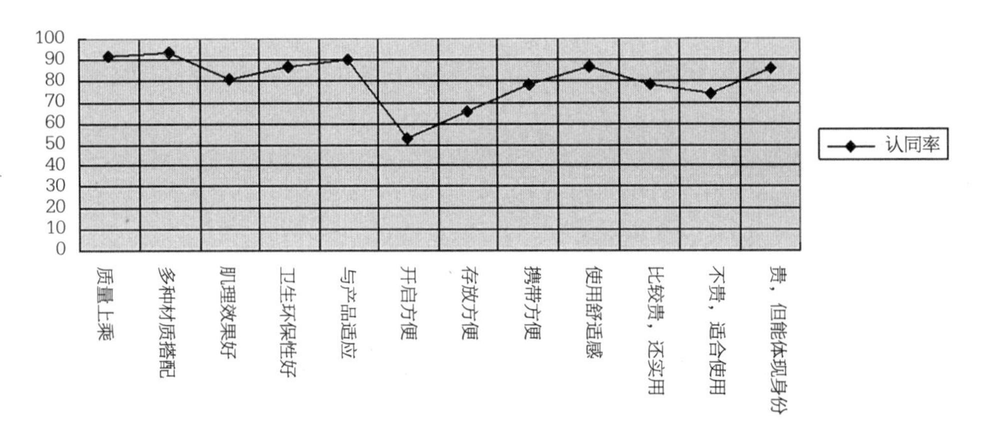

图8-5　消费者对包装案例的物质属性认知（作者自绘）

如图6-5所示，在消费者的物质属性方面，该包装的认同性也比较高，除了功能中的“开启方便”这个指标与价格中的“不贵、适合使用”指标的得分较低外，普遍认同率也有80%以上，同样可见该包装的物质属性上也是基本合格的。

8.1.4　设计师认知与评价模型的建立

在包装评价中，设计师团队对包装也会有自己的评价与认知系统，而且该评价往往比一般消费者的评价更深刻。因为设计师往往注重理性的评价思维，不同于消费者的感性思维。本节通过对包装设计评价指标制作调查问卷，并用词义量化整合法进行标度，即可获得设计师的感性认知评价模型[①]。然后通过设计师的认知量化结果，以及其与消费者评价的对比，则可更科学地了解或判断一个包装的设计成败。

通过对设计团队的10位不同设计师的访谈与问卷调查，我们获得了设计师关于该包装设计评价指标的感性偏好与重要度数据。如表8-3所示。

设计师包装评价指标及调查结果汇总（作者自制） 表8-3

评价项目	细化指标	重要度	评价项目	细化指标	重要度
风格	应体现中国传统	90.21	装饰	装饰与功能适应	86.4
	注重民间特色	90.45		表面装饰新颖	82.3
	可渗入异国风情	24.5		能提高包装品质	80.24
	结合现代风格	33.27		带来大的附加值	85.46
	应用后现代主义	15.8		艺术性的体现	87.2
	多种风格共存	50.41	材料	质量上乘	75.4
形态	尽量优美、精致	80.24		多种材质搭配	80.13
	适当的简洁大方	67.44		肌理效果好	79.15
	追求新颖、时尚	75.48		卫生环保性好	90.4
	必须与功能匹配	87.56		与产品适应	94.22
	整体与局部匹配	91	功能	使用的方便性	91.5
	造型视觉感稳定	87.2		储运的便利性	85.42
色彩	结合产品风格	92.35		购买携带方便	90.14
	与消费者及环境吻合	84.32		使用舒适安全	87.5
	流行色的应用	86.1	价格	贵，但不实用的	64.3
	色彩性格的体现	72.5		大众化的价位	79.66
	符合使用者要求	90.4		贵，但能体现身份	87.5

如表8-3所示，针对包装设计师的认知项目及评价指标有风格定位、造型、色彩、装饰、功能、材料、结构和工艺以及价格定位等，他们与消费者的指标相配合但有一定的差异。表中的数据体现了设计师对该包装的认知与偏重程度。

设计师对包装设计指标的重要度认识也分为感觉属性与物质属性，将其与消费者

① 陈祖建. 消费者和设计师的家具产品感性意象模型研究[J]. 工程图学学报，2010年10月：56-62.

的评价认同度相结合，可知一款包装设计目标的实现程度，同时也能综合评价该包装的市场适应程度。

8.1.5 消费者与设计师评价模型的对比

将包装的感性属性，即风格、形态、色彩、装饰4类方面的设计师的指标偏重度与消费者的认同率相结合匹配，并以曲线图的形式显现，如图8-6所示。

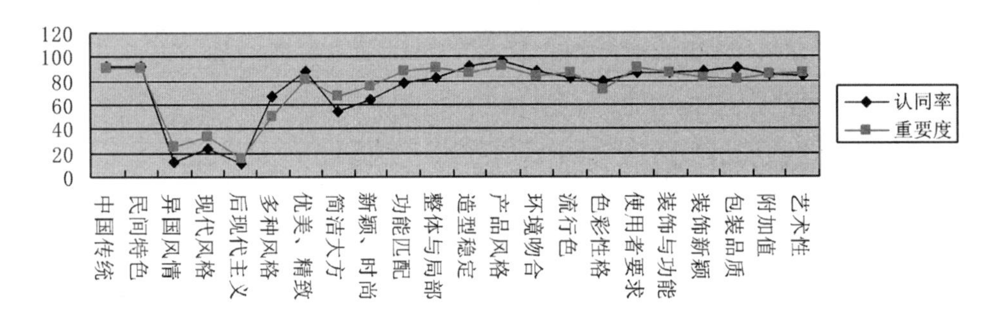

图8-6 包装感性属性指标重要度与消费者认同率的结合分析（作者自绘）

如图8-6所示，设计师的认知系统及对各设计指标的偏重度与消费者对包装的认同率大致相同，只是个别指标有上下的浮动，这表明设计师认知的包装流行趋势，符合当前消费者关注的造型优美、使用方便、体现环保、注重装饰和关注地域特色等设计潮流。该包装感性设计目标大致得到实现，并能适应市场的发展与需要。接着我们将另一种指标类型：材料、功能、价格等3类物质属性用折线图展示，如图8-7所示。

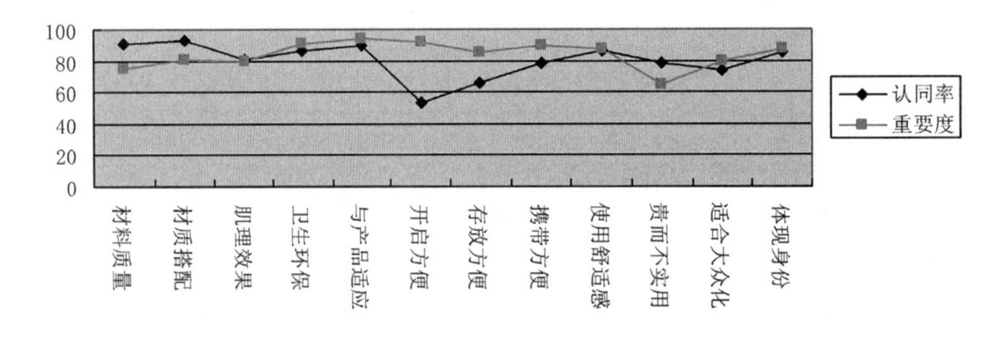

图8-7 包装物质属性指标重要度与消费者认同率的结合分析（作者自绘）

如图8-7所示，设计师认知的设计指标偏重度与消费者对已有包装的认同率大致相同，但在包装外形、色彩、材质和使用功能方面，消费者和设计师对评价指标的数值存在差异性。特别是“开启方便”、“存放方便”这两方面偏差较大，可见该包装在这两方面是不能满足消费者要求的，应加以改进。

8.2 QFD在包装评价中的应用

QFD在包装评价中的应用方法是先通过市场调查确立消费者期望达到的设计目标，然后在质量的“左墙”中输入消费者需求和重要程度的信息，在“天花板”中输入该包装的技术措施，接着在“房间”矩阵中体现顾客需求与技术需求之间的关系，在“右墙”中通过对比同类产品分析该包装的市场竞争力状况，在“地下室”中分析该包装的技术竞争能力状况，包括技术需求的指标及其重要程度。

通过这一系列的分析与对比，我们可以从消费者期望、技术状况、市场竞争力等多个层面与角度了解该包装的总体设计效果，能较为科学全面地对包装设计状况进行客观精准的评价。下面对评价的全过程进行详细的论述。

8.2.1 消费者需求的确立

市场中所有包装及产品都是为消费者服务的，因此消费者的需求就是我们的设计目标。在QFD包装设计评价的过程中，消费者需求的提取是最为关键也是最重要的一步，它包括需求内容、需求重要度以及同类产品在这些需求的表现。

在质量屋中，消费者需求不能是设计师想当然的“被需求”，而必须是经过广泛调查、归纳后所形成的普遍需求。本节以节庆用茶的包装为例来说明。在还没有接触到具体包装方案时，我们先去调查人们对于节庆用茶包装的需求情况。

通过市场调查、商店销售记录、售后服务信息分析等手段，我们获得了原始的消费者需求，然后进行整理、分析，共得到关于节庆的感性词语24对，如表8-4所示。

关于节庆的感性描述词组（作者自制） 表8-4

编号	感性词组	编号	感性词组	编号	感性词组	编号	感性词组
1	浪漫—理智	7	理性—感性	13	现代—传统	19	夸张—内敛
2	常规—另类	8	刺激—柔和	14	抽象—具象	20	流行—怀旧
3	含蓄—张扬	9	神秘—无奇	15	花俏—素净	21	激情—平静
4	时尚—古朴	10	新奇—平淡	16	阳刚—阴柔	22	稳健—轻盈
5	华丽—朴素	11	强烈—温和	17	庄重—随意	23	鲜艳—素雅
6	纤细—粗犷	12	实用—虚幻	18	豪华—朴实	24	古典—摩登

然后设计“-3、-2、-1、0、1、2、3”七级SD法调查问卷，由50位消费者（其中男性23名，女性28名；40岁以上者34名，40岁以下者26名）进行测量打分。再将结果进行统计与因子分析（分析过程见5.4.2），可以得到人们对节庆的认知与需求情况。取绝对值大的词汇从高到低排列依此为：鲜艳、华丽、强烈、传统、庄重、新奇等7个词语。这7个词语就是节庆用茶包装设计应达到的目标与顾客的需求。在这些需求中既有顾客的基本需求，也有顾客的潜在需求[①]。然后我们还可以利用头脑风暴法和KJ法对得到的顾客需求进行筛选和补充，建立顾客需求间的层次关系。

8.2.2 设计特性的评价

得到消费者对节庆用茶包装的总体需求，我们进行具体的案例评价。案例的选择要体现包装的普遍性，要能代表节庆用茶包装设计的当前水平。选择结果如图8-8所示。

图8-8 节庆用茶包装设计案例（来自网络）

该案例设计上的主要特征是以方块造型表达节庆的庄重，以红色表达喜庆，以印章与红绳表达传统与祝福，用红色调的背景表达喜庆气氛。在材质上以厚纸板加面纸的复合材料，印章用镂空工艺，文字用击凸效果，提手用红绳。把这些设计要点及技术输入质量屋，并请专家、设计师、消费者代表对质量需求的与设计特性之间的相关矩阵进行评定，也对设计特性之间的正负相关性进行分析，得到如图8-9所示的矩阵：

如图8-9所示，在质量功能屋中，顾客需求和设计特性的关系通常采用一组符号来表示其相关程度。用黑圆点来表示强关系，即改善某个设计特性与满足其对应的

① 蔺麦田，曹岩. QFD 中“质量屋”的系统开发及应用[J]. 现代制造技术与装备，2008，第2期：12-14.

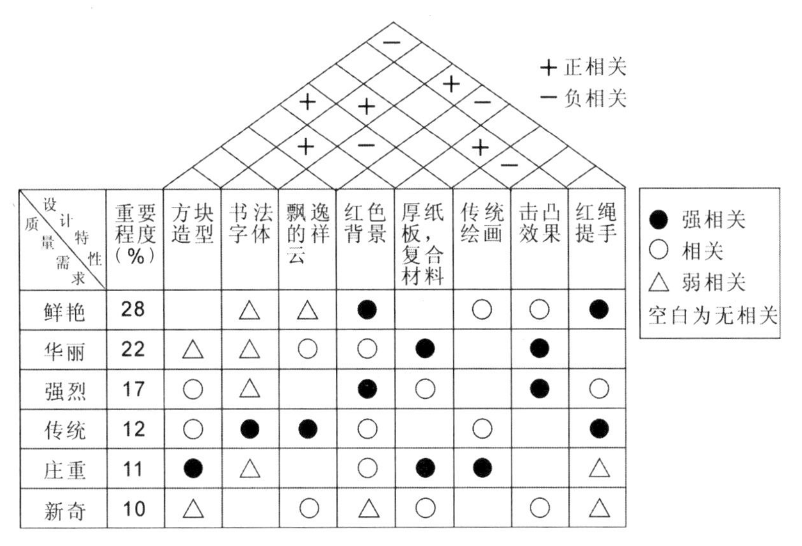

质量需求＼设计特性	重要程度（%）	方块造型	书法字体	飘逸的祥云	红色背景	厚纸板，复合材料	传统绘画	击凸效果	红绳提手
鲜艳	28		△	△	●		○	○	●
华丽	22	△	△	○	○	●		●	
强烈	17	○	△		●	○		●	○
传统	12	○	●	●	○		○		●
庄重	11	●	△		○	●	●		△
新奇	10	△		○	△	○		○	△

图8-9　包装需求与设计特性关系质量屋（作者自绘）

顾客需求具有较强的关系。用空圆来表示中等关系，即改善某个设计特性与满足其对应的顾客需求中等相关。用三角形来表示弱关系，即改善某个设计特性与满足其对应的顾客需求弱相关。空白则表示两者没有相关关系。顾客需求与设计特性之间的关系矩阵直观地说明了设计需求是否满足了顾客需求，如果关系矩阵中关系符号很少或大部分是弱相关符号，则表示设计特性没有很好地满足顾客需求，应对它进行修改①。

如图8-9所示的关系矩阵中可见，总体上各类相关符号占了75%，可以认为是该案例基本符合要求。具体来看，对“传统”与“庄重”这两个需求，设计特性矩阵中各有三个强相关符号以及大量的相关或弱相关符号，这说明了案例中的设计对这两个方面有了比较好的表现。在“鲜艳”、“华丽”、“强烈”这三个需求中，各自只有两个强相关符号，说明了能够表现这个需求，但表现效果不突出，可作加强或改进。在“新奇”这个要求中，则只有相关或弱相关符号，表明在这点上的设计是失败的，应该重新考虑设计的方向。

从纵向来看，“红色背景”这一列对“鲜艳”与“强烈”都有强相关的关系，表明其较为重要，应予保存。“传统绘画”这一列对各类需求的关系较少，可考虑更改。

在屋顶中，我们可以看到各种设计特性之间的关系，如方块造型与厚纸板等5个“+”的是正相关关系，改善其中一个设计特性会有助于提高另外一个设计特性的效果，它们的完成与否将对顾客的满意度有决定性影响，若将改造的重点置于这些设计

① Day R G.Quality function de-ployment: Linking acompany with its customers[M]. ASQC Quality Press, Milwaukee, WI, 1993: 67-69.

特性之上，必然也可以节省大量的物力与财力[1]。而飘逸祥云与厚纸板等3个“-”是负相关的关系，会相互影响，应考虑进行修改或舍弃。

8.2.3 市场竞争力评估

在质量屋中市场竞争力的评价主要是在右墙中进行的。评价方法主要从顾客的角度评估本行业（含竞争者）的产品或服务的满意程度，可把市场现有产品或服务的优势、弱点、需改进点显示出来[2]。其数据通过市场调查得到。

在竞争力的评估中首先要选取竞争案例，本节从市场中选择主要竞争对手的4款节庆用茶包装，图示及其编号如表8-5所示。

节庆用茶包装竞争对手图例（来自网络） 表8-5

编号	图例	编号	图例	编号	图例	编号	图例
A		B		C		D	

对这些竞争对手的情况，我们要和包装案例一起，用经过收集概括的“鲜艳”、“华丽”、“强烈”、“传统”、“庄重”、“新奇”等7个词语进行打分，设计1-7级SD法评价问卷，经过相同的50名消费者打分，然后再用因子分析法、聚类分析法进行数据处理统计，把得分情况输入竞争力矩阵中，如图8-10所示。

质量屋中的市场竞争能力指数可以用以下加权平均公式来计算：

$$M=(K_1P_1+K_2P_2+K_3P_3+\cdots+K_nP_n)/(K_1+K_2+K_3+\cdots+K_n) \quad (8\text{-}1)$$

式中 P——消费者需求项目的得分；

K——消费者需求项目的比重。

经过统计，案例与竞争对手的得分情况如表8-6所示。

① 刘渤海，倪大伟. QFD在新产品开发中的应用研究[J]. 机械工程与自动化，2009年2月：57-59.

② Takeo Kato，Yoshiyuki Matsuoka. Proposal of Quality Function Deployment Based on Multispace Design Model and its Application[J]. ICORD'13 Lecture Notes in Mechanical Engineering，2013：61-71.

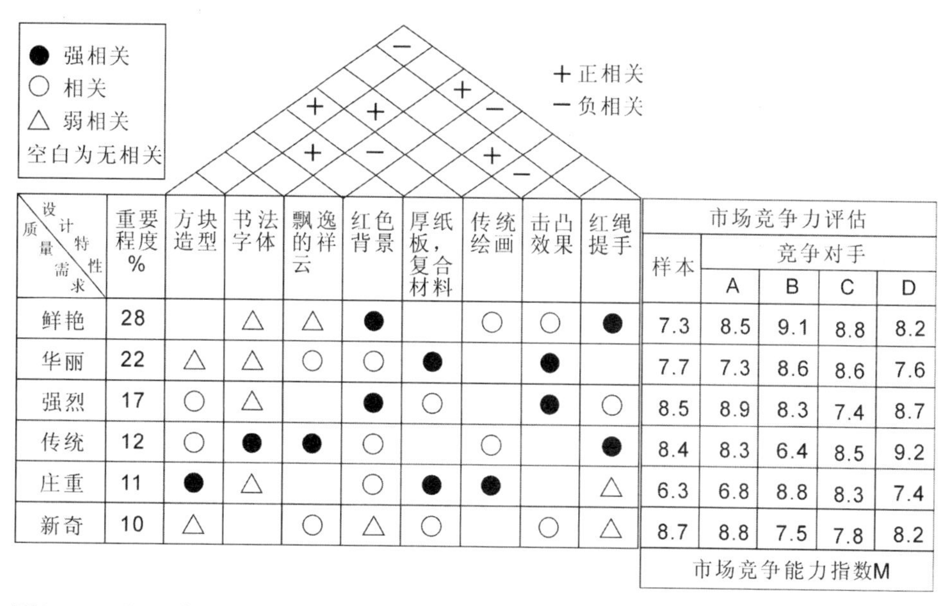

质量需求＼设计特性	重要程度%	方块造型	书法字体	飘逸的祥云	红色背景	厚纸板，复合材料	传统绘画	击凸效果	红绳提手	样本	A	B	C	D
鲜艳	28		△	△	●		○	○	●	7.3	8.5	9.1	8.8	8.2
华丽	22	△	△	○	○	●		●		7.7	7.3	8.6	8.6	7.6
强烈	17	○	△		●	○		●	○	8.5	8.9	8.3	7.4	8.7
传统	12	○	●	●	○		○		●	8.4	8.3	6.4	8.5	9.2
庄重	11	●	△		○	●	●		△	6.3	6.8	8.8	8.3	7.4
新奇	10	△		○	△	○		○	△	8.7	8.8	7.5	7.8	8.2

图8-10 质量屋竞争能力分析（作者自绘）

评价案例的市场竞争力指数排名（作者自制） 表8-6

项目	案例	A	B	C	D
竞争能力指数	7.778	8.143	8.324	8.322	8.193
竞争能力排名	5	4	1	2	3

如表8-6所示，受测案例在那么多竞争对手中是最没有竞争力的。由此可知，包装设计的成败不能只看自身情况，更要参考市场中竞争对手的情况。该案例包装的设计元素很多，但是总体情况跟消费者的需求还有比较大的差距，设计方向不是非常正确。

8.2.4 技术竞争力分析

在质量屋里，地下室是技术竞争能力评估矩阵，包括技术需求的指标及其重要程度，还有相关目标值等。技术竞争力分析的目的是确定应优先改善的技术需求，以及如何改善等。

在该环节，我们首先要对当前行业中的设计技术种类进行归纳，并按照其重要程度设定相关权值，然后把测评案例和竞争对手A、B、C、D一起，通过消费者测评打分，再统计算出平均分，所得的结果如图8-11所示。

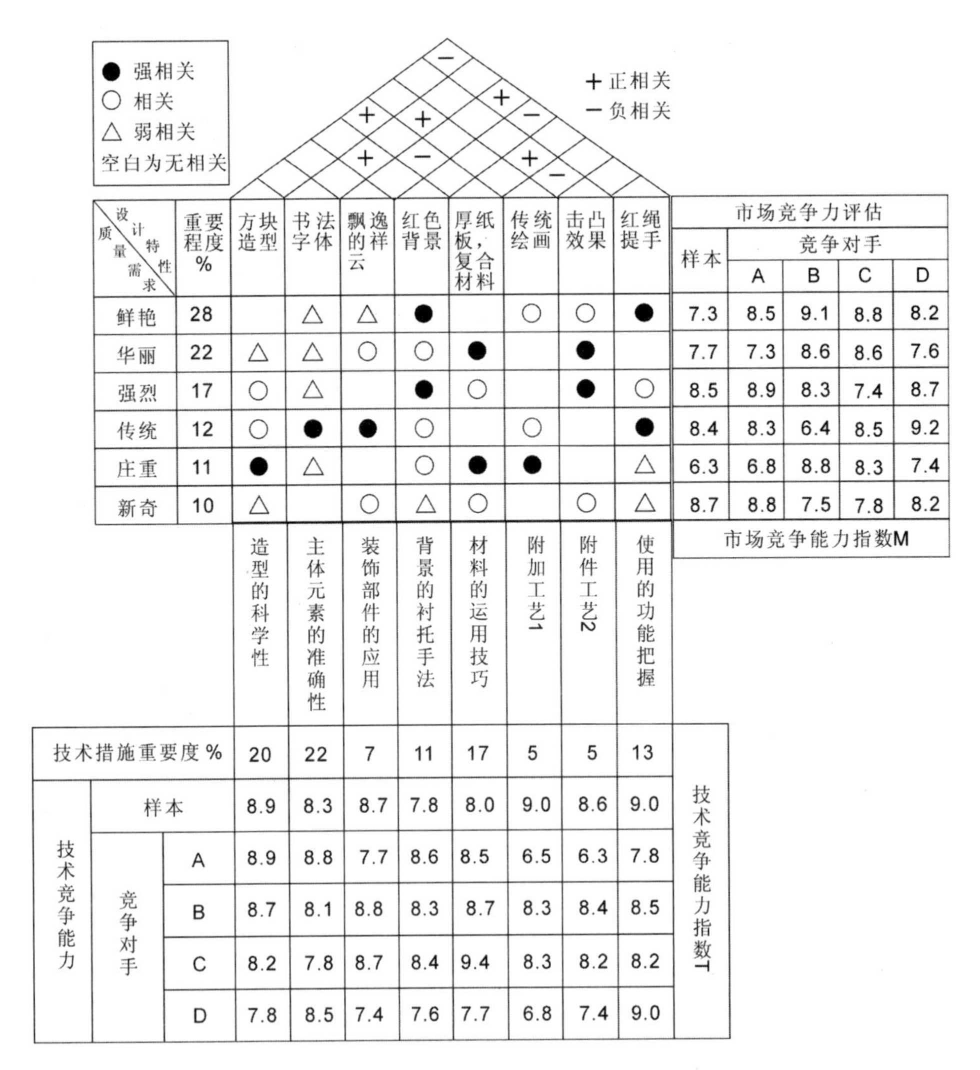

图8-11 质量屋的技术竞争能力测评（作者自绘）

质量屋中的技术竞争能力指数可以用以下加权平均公式来计算：

$$T=(C_1H_1+C_2H_2+C_3H_3+\cdots+C_nH_n)/(H_1+H_2+H_3+\cdots+H_n) \tag{8-2}$$

式中 C——技术项目的得分；

H——技术项目的比重。

经过计算，案例与竞争对手的得分情况如表8-7所示。

评价案例的技术竞争力指数排名（作者自制） 表8-7

项目	案例	A	B	C	D
竞争能力指数	8.483	8.300	8.382	8.378	7.973
竞争能力排名	1	4	2	3	5

如表8-7所示，受测案例的技术竞争力指数是最高的，因为案例的设计是用了比较多的手法，技术含量较高。由此可见，在设计技法方面，案例是处在领先地位的。但是结合在市场竞争力中比较差的情况，该包装需要加强在消费者心理感受方面的把握，更多考虑节庆用茶包装的需求。

至此，质量功能屋的全部结构已经展现，也完成了包装评价的所有内容。质量功能屋在包装评价的应用优势主要是能综合考虑各方因素，能从消费者的需求与设计特性的关系，从市场竞争指数及技术竞争指数等多方面去衡量一个包装的优劣。

8.3 眼动仪在包装评价中的应用

眼动仪是通过人的眼睛轨迹来观测人们对事物的关注点的工具。眼动仪在包装评价中的基本思路是将眼动信息通过数学方法处理，形成评价数据，然后结合相应的评价指标对包装外观设计进行感性评价①。其整体流程如图8-12所示。

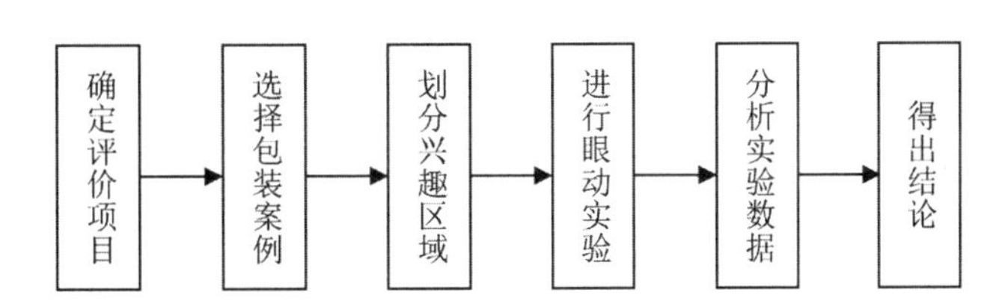

图8-12 包装设计眼动评价流程图（作者自绘）

在包装设计评价中，应用眼动仪可以非常精准而快捷地完成评价任务。本节通过Smarteye5.4 眼动仪的使用，记录消费者对不同包装进行观察和识别的眼动情况，通过目标搜索任务进行视线跟踪、整理数据、分析评价，从中筛选出最合理的包装设计。

8.3.1 实验开展的准备工作

1. 被试者与设备的选定

本次实验以20名消费者为被试者，其中男8名，女12名。所有被试者视力或矫正视力正常，均没有色盲、色弱等眼疾患者，且均为自愿参加，并有高质量完成实验过程的能力。

① 柳卫. 基于感性工学的工程机械设计评价及定位研究[D]. 济南：山东大学，2011：18-19.

本次试验所用的实验仪器为瑞典生产的 Smarteye5.4 眼动仪，其测量原理为角膜反射，采样频率为60/120 H。该眼动仪可耦合到17英寸的显示器，并可作相应的调整。在测试时，显示器的色温、亮度和对比度都可调节到令受测者感觉舒适，并在显示器前方约90cm的地方摆放有稳固的座椅，使受测者对显示器的观视距离约为70cm。

2. 包装案例的选定

本节选取市场上的特产包装16例，然后通过SD法从中选出得分最高的两款包装，并将其分成四个区域，分别标为A1、A2、A3、A4，如图8-13所示。

图8-13　包装测试案例（1）、（2）（作者自绘）

其中产品图像为A1，开启处为A2，产品文字与A3，产品其他信息为A4。这些表示的区域就是我们在眼动仪中要进行观测实验的区域。

8.3.2　实验过程及数据分析

1. 实验操作

实验过程由随机选取不同年龄、行业和阶层的20名消费者完成，被试人群首先进行眼动仪实验，之后再进行访谈，了解其注视动机并进行语意差异法数据采集。通过被试者的视线轨迹观测包装设计效果。

不同的人们对包装外观的评价不尽相同，由于消费者年龄与阅历、地域与风俗等诸多条件都对人们的审美产生影响，以致在包装成本、功能、审美、文化等方面有不同的认识与选择。这些客观的差异性使消费者对包装有着不同的认知，从而使眼动实验的参数不可避免地会有一些误差[①]。为了保证实验的精准性，整个实验过程分为前期练习与正式操作两个部分。

（1）**前期练习**。前期练习主要在是进行正式实验之前的调试与校准工作，该工作分为几个步骤：

①对被试者做眼部校准，调整眼睛与被试物的距离与位置，同时调整光线至眼部舒适为止。

②固定姿势，提醒被试者在做好眼校准后要保持姿势，不可以有大幅度的动作。

③内容讲解，向被试者详细说明实验的注意事项。

④测试练习，需提供一张图片给被试者进行练习，直至其熟悉程序，并使测试效果大致正常。之后，便可开始正式实验。

（2）**正式实验**。正式实验的操作程序要较为严格，也较为复杂，主要分以下几个步骤：

①被试者再次根据练习过程的注意点重新调整坐姿与眼部状况。

②按照指导语的提示，在所给的包装图片中，根据日常观察习惯，浏览包装，结束按空格键。

③在同上的包装图片中找出包装开启的方式，完成后按空格键。

④在同上的包装图片中找出所包装产品的主要特征，完成后按空格键。在实验的过程中，主试者要一直跟踪记录被试者的眼动信息并对异常情况进行调整。

2. 实验分析

在完成实验操作的所有步骤后，我们进入分析环节，主要包括3个方面，现详述如下。

（1）**浏览包装分析**。设置此项任务的主要目的是分析被试者进行包装浏览时的眼动顺序，得出一般规律，并根据规律设计包装。同时，也是让被试者了解并熟悉包装的形态，为下一步实验做准备。经过测试与统计，我们得到表8-8、表8-9中的数据。

案例1的区域浏览时间表（作者自制） 表8-8

记录项目	A1	A2	A3	A4
所占时间	4.53	3.22	2.14	2.67
所占时间比例	36.07%	25.64%	17.04%	21.26%

① 冯成志，沈模卫．视线跟踪技术及其在人机交互中的应用[J]．浙江大学学报，2002，29（2）：225-232.

案例2的区域浏览时间表（作者自制） 表8-9

记录项目	A1	A2	A3	A4
所占时间	5.12	4.51	3.25	2.87
所占时间比例	32.51%	28.63%	20.97%	18.22%

从表中可知，消费者视线在每个兴趣区所占的比例是：A1＞A2＞ A3＞A4。说明不管包装如何设计，消费者重点关心的都是产品名称版块。在两个案例的对比中可见，案例2所花的时间比案例1的多，被试者需要投入更多的浏览时间才能完成认知过程。由此看来，案例1的设计更简洁，能在更短的时间内就完成认知工作。

（2）找出包装开启的方式。该任务的设计是为了观察哪种包装可更快的引导被测者找到开启的位置与方式，以考量包装的易用性。案例1与案例2完成任务的实验数据整理如表8-10所示。

被测者完成任务（2）的参数表（作者自制） 表8-10

变量	案例1	案例2
观察时间长度（s）	4.331	5.018
第一次到达目标兴趣区时间（s）	0.023	0.018
丢失时间（s）	0.245	0.185
目标的平均注视点数	345	323
目标注视次数百分比（%）	98.54	96.77

如表8-10所示，两个案例中的被试者都可以成功地完成寻找任务，视线轨迹在目标中出现的比例都接近100%，说明两案例的开启方式设计效果很显著。

在两者的比较中发现，案例2中视线首次进入目标A2所用的时间比较短，可以很快地进入搜索状态，说明其设计效果较为突出，能够最快地吸引浏览者的注意。在目标区域中案例2的注视点数相对较少，表明不需要进行过多烦琐的思考就可以很容易地找到开启方式。但从完成任务的时间来看，案例1却比案例2胜出很多，这表明，在对包装不是很熟悉的情况下，案例2比较容易吸引消费者，在使用一段时间后，案例1将更适合使用。

案例1与案例2的热点如图8-14所示。从热点图中可见，案例1的热点区域比较散，形成了4个比较大的热点区域，这表明浏览者受案例1中版面上干扰元素的影响较大，在进入后视线停滞不前。

而在案例2中的热点图则相对集中，表明浏览者能较快地锁定开启位置，有效地避免了认知困难与视线混乱。

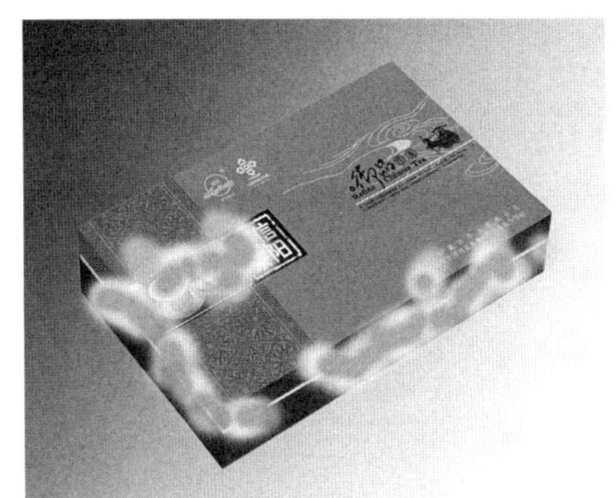

图8-14 完成任务（2）的热点图（作者自制）

（3）找出产品的主要特征。这个任务的设计是为了观察包装主面板的产品信息设置是否合理，是否能被受测者较快地找到。通过实验分析，案例1与案例2完成任务的实验数据如表8-11所示。

被测者完成任务（3）的参数表（作者自制） 表8-11

变量	案例1	案例2
观察时间长度（s）	5.843	4.324
第一次到达目标兴趣区时间（s）	0.042	0.021
丢失时间（s）	0.316	0.224
目标的平均注视点数	297	315
目标注视次数百分比（%）	100	99.26

如表8-11所示，被试者在成功完成任务（3）时，案例1中的目标平均注视次数百分比略高于案例2，说明案例1在避免视线散失中有一定的优势。案例1在首次进入目标注视点的平均时间明显高于案例2，说明案例2在产品信息在包装中显现的程度更明显。案例1的目标平均注视点数比案例2少，说明完成任务平均时间比案例2的要短，这是因为案例1的版面设计比较简洁，各主体元素的形象较为突出。

案例1与案例2的热点图如图8-15所示。从图中可知，案例1的热点区较为集中，表明浏览者很快就可以找到目标，但案例2的热点区比较分散。究其原因，是因为案例1的设计比较简洁，而案例2的包装主面板上容易引起视线分散的元素比较多。

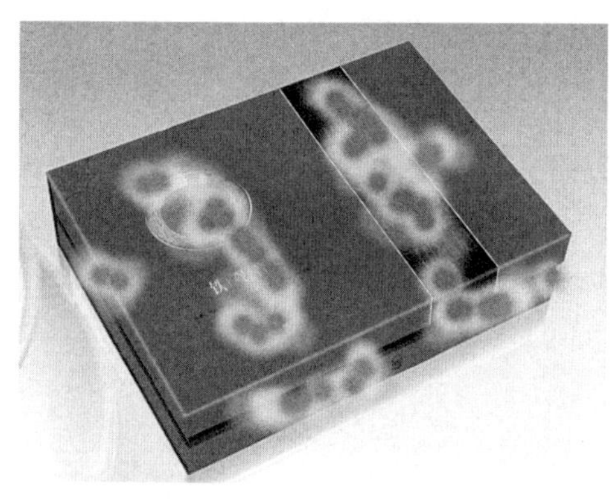
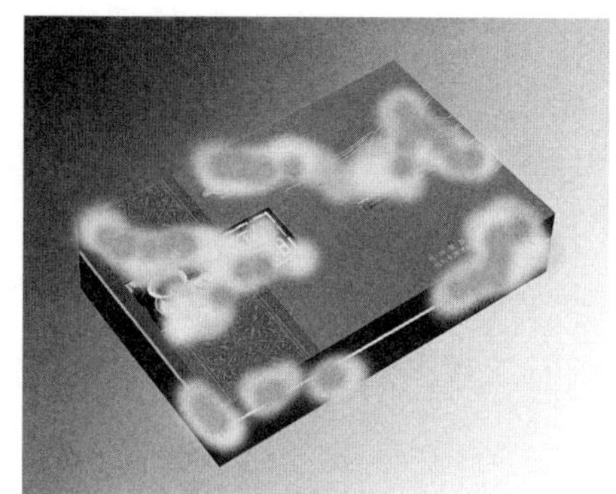

图8-15　完成任务（3）的热点图（作者自制）

8.4　本章小结

包装的设计与评价是不可分割的两个过程，包装评价的精准化可以有效地为包装设计评定效果与指明方向，能在包装的设计生产与商品的市场推广中进行把关与修正，在包装工业与经济发展中发挥着重大的作用。

本章首先分析了精准化包装评价体系的内容，建立是包装感性评价指标，然后在此基础上提出了消费者与设计师意象对比评价法，把设计师的感性意象偏重度与消费者的感性意象认同率进行匹配，通过两者感性模型的匹配来评价包装，根据匹配的程度来得出评价的结果。

本章利用QFD法，以节庆用茶的包装设计为案例，用词义量化整合法从感性词汇库中目标消费者心中的设计概念，接着通过质量功能屋中的各类矩阵对包装的消费者需求、技术特性、市场竞争、技术竞争等多个方面对设计效果进行评价，综合考量包装设计效果的好坏，避免片面评价的问题。

最后，本章用先进的心理学测量工具——眼动仪，通过受测者在眼动仪上完成的"浏览感兴趣区域"、"找出开启方式"、"找出主要特征"等3个测试任务的完成情况来反映消费者对包装的设计的接受情况，从中实现了对包装进行全方位的测试的目标。

包装的精准化评价技术的原理也是对消费者情感的把握，无论是意象匹配还是用到质量屋矩阵，甚至使用先进的测量工具，我们的目的都是探索人们心中对包装效果的真正想法，这与包装精准化设计技术是异曲同工的。通过这3种方法的综合应用，本章成功地实现了对包装感性设计效果的精准评价，为包装设计的发展提供了良好的保障，并在一定程度上指明了包装设计的方向。

第 9 章

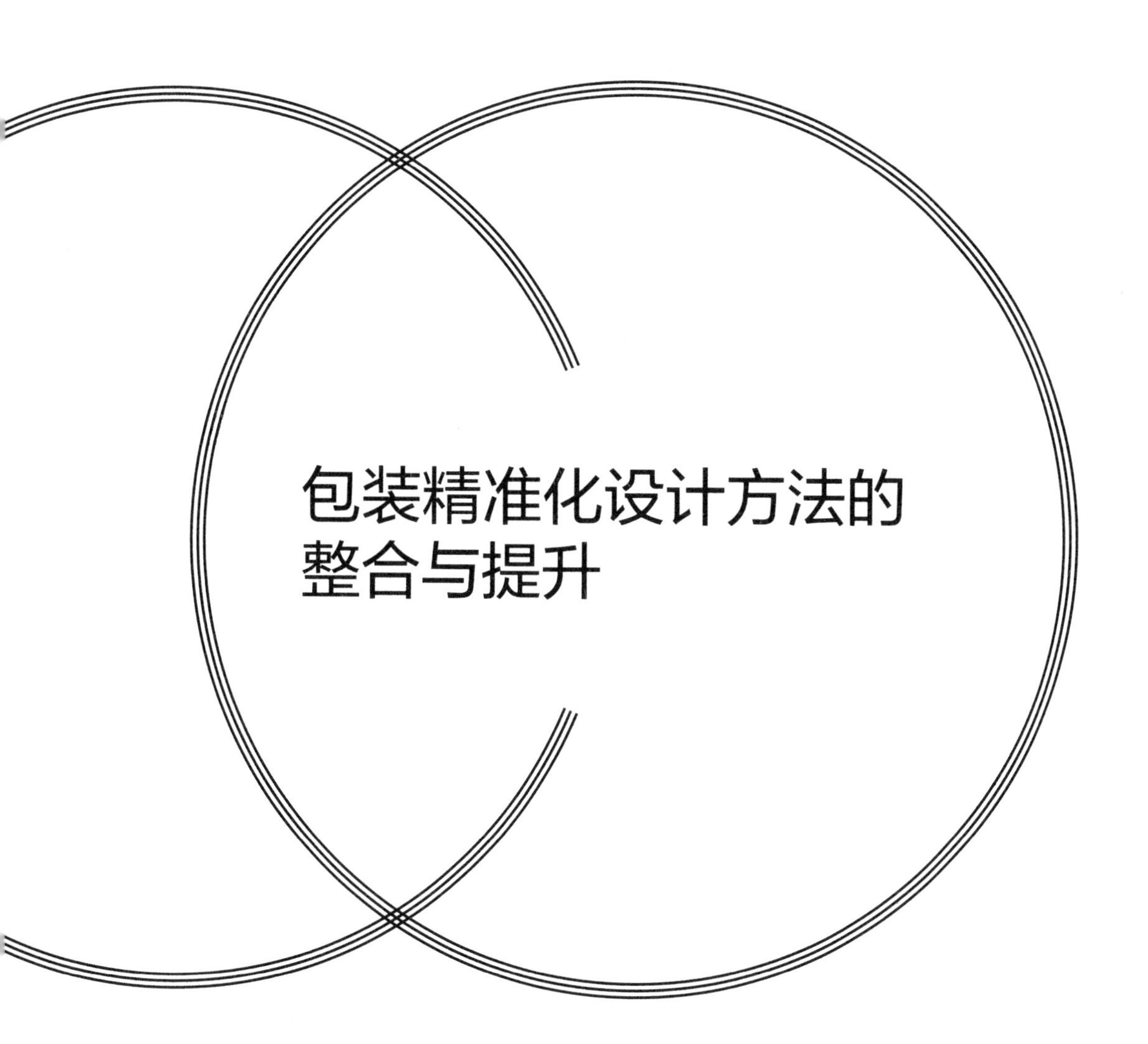

包装精准化设计方法的整合与提升

本文研究的是设计方法，我们先来反观一下方法的原始含义。“方法”在古代是指量度方形的法则，而现代的含义则较广泛，在哲学、科学、生活中均有着不同的定义。但总的来说是指为达到某种目的而采取的途径、步骤、手段等。在前面的七章内容中，我们以茶叶包装为例，从包装的文化与审美方向的设定、包装材料的匹配与选择、包装意象造型的设计、包装颜色与图文的搭配、包装设计效果的评价与反馈等多方面应用了调查统计法、词义量化整合法、概念拆解交融法、预测反馈归一法、人工神经网络、矩阵对比分析法等一系列的方法。这些方法之间的共同点就是以人的感受为出发点，对情感信息进行精准量化并在设计中进行体现。本章在这些方法的应用基础上进一步分析它们的内在联系，并进行整合与提升。

9.1 包装精准化设计方法的应用原则

本文研究的所有方法都建立在感性工学的基础上。感性工学以工程学的方法研究人的感性，并将人们模糊不清的感性需求及意象进行量化，再寻找出该感性量与工学中的各种物理量之间的关系，最后将人的感性信息与产品或服务的设计要素结合起来进行新产品的开发研究。在这个基础之上，所用到或扩展的感性设计方法都有相互关联的部分，在应用中能交叉或整合起来应用。

包装感性设计的方法是系统的方法，只有在相应的环节交叉、综合应用才能充分发挥精准化设计的功效。在包装设计的流程中，各方法的应用情况如图9-1所示。

如图9-1所示，在包装设计的整个环节中，大部分方法都存在反复应用、交叉应用的情况，而且有一定的先后顺序关系，它们在包装设计过程中形成复杂的网络结构，共同为包装感性精准化设计服务，左右着包装设计精准化的方向和效果。总的来说，对它们的应用要遵循以下两个原则。

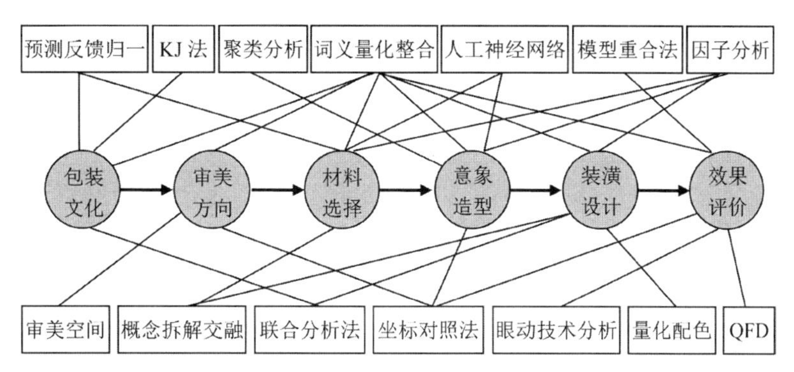

图9-1 包装感性精准化设计方法的应用情况（作者自绘）

1. 结合对象，综合使用，交叉进行

感性工学是一种顾客导向的产品人因工程发展技术，其依托数学、统计学、心理学、工程学和设计学等多门学科的理论支持，利用设计中感性和理性之间的相互关系，将设计的理性技术与人的感性信息充分融合并加以发展，是在包装感性设计中的一条新思路。因为感性工学涉及的学科门类很多，因此以此为依据建立起来的感性精准化设计方法都是相互结合，内嵌在彼此之中的，一种方法的实施必须有另外的方法作为前提，每种方法的发挥都要在前期方法应用的基础上交叉进行才能发挥最大功效。

其中，词义量化整合法在所有包装设计的过程中都有用到，因为它是感性设计中的基础方法，只有通过它把表达情感的词汇进行量化与整合，才能准确地了解消费者的感觉程度，并通过整合去除过多的干扰信息，准确地抓住主要感性信息。

另外，因子分析法也被反复应用，它是调查统计中处理数据的必需方法，能对权重设置、因子整合等关键技术进行处理，使人们准确地抓住主要因素，精准地控制设计的效果。此外，坐标对照法也被多次应用，通过对照，我们能很容易地知道不同元素之间的相互位置，从而能精准地进行对比与设计。而有些方法如眼动技术分析法、QFD法等虽然只用在包装评价上，但其原理和思路是和其他方法一脉相承的。

总体而言，在这些方法应用的过程中，我们必须交叉的进行，只有通过整合和交融，才能发挥包装情感精准化设计应有的效果。

2. 不能僵化地应用，要保持创意的生动性

人的情感是复杂微妙的，也是灵活多变的，再精准的设计方法也无法完全替代人的感性系统。因此，我们在应用这一系列精准化方法进行包装感性设计时，也不能完全依赖测量的数据，不能把设计过程变成僵化的套用公式过程，要关注感性信息的多变性，预留有适当的容变空间，依然保持设计创意与生动。

因此本文在这些方法的应用中，每一种都有一定的感性操作自由度，比如在感性词汇收集的过程中，就有很多依靠个人经验来进行的成分，如果思维不够放宽，头脑比较僵化的话反而收集不到真正代表消费者感觉的词汇。另外，在基础方法——词义量化整合法的整合阶段，也需要设计师发挥主观能动性，才能把同类的词语充分整合。

综合而言，本文是在努力建立一套能够填补感性设计随意性与虚幻性不足的精准化设计方法，但并不意味着否定设计创意的多样性与丰富性，我们应该把两者相互结合，才能真正实现优秀设计的目标。

9.2 包装精准化设计方法的相互关系

科学的方法不是一成不变的，也不是单一存在的，其理论和方法基础、思维原则、方法和运作程序等构成要素以整体的形式相互影响，不断变化①。同样，在包装感性精准化设计的方法中，也存在着紧密的相互关系，因为它们是属于一系列的方法，每个方法都不是单一存在的，它们相互间有着衔接或配合的关系，其功能的发挥要依靠其他方法的配合与支持。下面对在包装感性精准化设计中的各个环节所用的方法进行综合分析。

9.2.1 词义量化整合与调查统计的配合

词义量化整合法是在包装精准化设计过程中首要使用的方法，也是对感性词汇进行量化的核心技术，它的应用范围几乎涵盖了包装精准化设计的全过程。在词义量化整合法的使用过程中，必然和调查统计法相结合。因为收集的原始数据量比较大，在这个过程中，需要用到加权平均值，这就涉及统计法。在词义量化整合的应用过程中，统计法是主要应用的基础，我们必须通过统计法进行数据的搜集、分析、整理、描述，推断所测对象的本质，甚至预测对象未来。同时，词义量化整合也不是应用的终点，其量化的结果是很多方法的基础或前提。因为有量化数据的作用，也能在进行包装配色时避免个人主观预测现象的发生。

在词义量化整合法的应用之初，我们如何通过各种调查途径收集感性词汇，如何使消费者的调查更加准确，如何根据量化结果进行定位分析，这些过程都要在数值之

---

① 王健．从系统思维到信息思维——当代科学思维方式的新趋向[J]．西安交通大学学报（社会科学版），2014-01：8-9.

外发挥设计团队的智慧，要把设计经验、创意与量化数据相结合。

紧接着我们就要收集包装案例进行调查统计，案例收集的好坏会影响消费者评价的准确与否，因此在收集时要综合考虑各方意见，同时为了数据的客观稳定，要选择比较多的测量对象，并且对包装审美也分多个维度来考量。这些都是为了词义量化整合法能够更有针对性地进行。该法在核心理念上与矩阵对比分析法相呼应，是进行情感量化时的简易方法。

9.2.2 概念拆解交融法的应用效果分析

概念拆解交融法是在包装感性精准化设计中的一个比较重要的方法，初始的感性包装概念是模糊和混沌的，必须经过层层拆解才能得到更加具体的设计细节。在概念拆解交融法的应用过程中，跟其他方法的配合是必可不少的，因此要考虑承上启下的关系。但该方法是否达到应有的效果，关键是看设计师团队如何进行拆解和交融，这个步骤虽然简单，但技术含量极大，因此该方法应用效果的控制就在于如何选择设计团队。

在概念拆解交融法的应用中，确定设计概念占了很大的一部分内容。而在有了设计概念之后的拆解交融过程虽然简单，但是非常重要，是能否成功的关键。因此设计团队成员之间的合作经验、分析水平以及对材料的认知非常重要。

由此可见，概念拆解交融法的效果发挥要有前序与后续的方法相配合，要注重对拆解元素的深入处理与分析。

9.2.3 多种矩阵对比分析法的功能异同

矩阵对比分析法是一个很广泛的概念，所有通过图形或图表的对比来分析的方法都在其范畴之内。因此，矩阵对比分析法包含了多种子方法，每个方法之间的应用范围与功能各不相同，下面分别进行对比与分析。

1. 意象坐标对照法与包装造型设计

意象坐标对照法是一个简单而灵活的方法，它通过词义量化整合法对包装造型案例进行量化，然后根据统计得出的数值在坐标中定位，以此了解相互的位置和距离，然后可进一步整合出具体设计元素。

意象坐标对照法的应用前提是词义量化整合法，因为坐标的定位要依靠数值，所以通过各种方法来得出准确的数值是关键。在得出精准的坐标位置后，才能进行更多的分析，但该方法在应用时也带有一些感性的成分，我们要进行一些科学的处理，既不能没有调查数据的支撑，也不能过于僵化地全部依赖数据，要让设计创意与调查数据相结合。

2. 评价模型重合法与包装效果评价

对于很多设计来说，完成设计只是第一步，设计效果的评价才是最重要的，因为不管一个设计多么优秀，如果消费者不认同或不能接受那就是无效的。因此，包装的设计与评价是两个不可分割的过程，有了包装评价才可以对包装作品进行效果评定和信息反馈。

评价模型重合法是通过消费者的评价模型与设计师的认知模型在同样的维度中进行匹配，根据匹配的程度可以对设计效果进行相应的评价。当它们的匹配度高时，就可以认为所设计的产品符合要求。

评价模型重合法的应用效果是否良好关键不在模型对比本身，而在形成模型的数据是否准确。为了使评价的模型更加准确，我们在进行模型评价分析时，大量的工作都用在了调查分析中，因此出来的结果也是较为准确的。

3. 质量功能展开法与包装效果评价

质量功能展开法是利用质量功能屋的各类矩阵，从包装的消费者需求、技术特性、市场竞争、技术竞争等多个方面对包装设计效果进行评价。该评价的维度与内容非常多，可以对包装的设计效果进行全方位的测评，进而在更大程度上检验一个包装设计的好坏并指导包装设计的方向。

质量功能屋中的各项对比内容非常清晰，环节也不是太复杂，但在每一个步骤中包含的内容都是非常丰富的。另外，该法的应用基础也是词义量化分析法，必须通过对设计细节的量化才能在各个矩阵中进行对比。

9.2.4 人工神经网络功能实现的前提

人工神经网络是计算机领域的内容，主要是通过编程来模拟人的神经元，并通过数据输入来训练神经网络，然后通过输入同类型的数值，便可输出一组预测值[①]。在包装感性的精准化设计中，人工神经网络的应用范围比较大，预测效果也较为精确。

人工神经网络的应用过程相对复杂，设计团队在编程方面也具有一定的认识水平。另外，虽然神经网络的大量运算是通过计算机来完成的，但对其运算出来的数据处理

① 韩力群. 人工神经网络理论、设计及应用[M]. 北京：化学工业出版社，2007：21-13.

与最终选择适当的材料方面需要设计团队的判断与综合，这也需要具有一定的经验与认识水平。

在这个方法中，词义量化得出的感性值输入到神经网络里去，可以说没有词义量化分析法，神经网络就发挥不了作用。

9.2.5 KJ法与预测反馈归一法的共同点

KJ法与预测反馈归一法在包装精准化设计中主要用在专家的预测分析里，他们的共同特点就是不用通过量化的数据就可完成。它们之间既是相互配合和修正的关系，也是相互验证的关系。其中KJ法就是一个比较成熟而得到公认的一个，它主要是通过选择各领域的专家组成团队，然后对某个设计主题的分析，综合提出各类意见，并对它们进行归类，从各个方向来分析与预测审美方向①。而预测反馈归一法来源于德尔菲法，也有着深厚的理论基础。

这两个方法的操作步骤是比较简单的，但其核心内容不在操作流程而在专家意见的正确与否，专家们的经验与感性认知水平是达到应用目标的关键。同时，在这两种方法的应用中，为了避免片面与偏激，很多感性信息还要经过充分讨论与整理，在建立拓扑模型时在不同的意见之间能有一些对照与比较，这也用到了矩阵对比分析法的一些原理与方法，他们共同作用才能发挥更大的功效。

9.3 包装精准化设计方法的提升与发展

因为包装设计是一个系统工程，包装感性精准化设计方法也是一个庞大的体系，各个方法之间有着复杂的背景与千丝万缕的联系，因此，包装感性精准化设计方法功效的发挥就必然和彼此之间的相互配合有密切关系。要实现这些方法应用效果的提升，就要分析它们更深层次的内在联系，并以开放的机制去随时适应这些方法的扩展与升级。下面分2点进行论述。

1. 精准化设计方法的提升方法

包装感性精准化设计方法虽然是被提出来了，但是其应用效果的发挥却不是固定的，因为在操作上还有很多可发挥灵活性和创意性的地方，所以不同的人用不同的操

① [日]川喜田二郎. KJ法[M]. 东京：中央公论社，1986：16-17.

作方式会出来不同的结果。基于此，我们要研究这些方法如何在应用时得到提升，以适应时刻变化着的设计潮流。

首先，我们要严格遵守操作规范与步骤，特别是在调研阶段要按照规定的数量和质量去完成，不能偷工减料，更不能伪造数据。另外在操作中如果有其他情况的出现而要改变原定方式时一定要提交设计团队讨论，不能以一己之见去替代团队或消费者的意见。在严格的规范下，包装感性精准化的应用效果才能得到有效的保障。

其次，富有经验的设计团队能更加有效地发挥精准化设计方法的作用，因为在各个设计指标与参数的确定，在量化数据的分析过程中，设计创意的经验非常重要。因此在设计过程中，项目主持人要非常严格地挑选团队成员，包括在KJ法与预测反馈归一法中聘请的专家，他们的能力状况与所提出的意见能决定设计质量的高低。

最后，要使精准化设计方法的应用得到提升也要考虑各项基础条件是否达到要求，例如各项知识与技术是否储备充分，是否可靠；在各项方法的实施过程中是否有科学完善的设计管理制度，是否有与市场及生产体系结合的机制；同时设计者之间是否具有整合诸多因素的能力与精诚合作的能力。随着基础条件的不断改进，各方法之间的结合会更加紧密，其效果的发挥才会得到较大的提升。

2. 精准化设计方法的发展空间

包装感性精准化的设计方法不是封闭和固定的，它们有很多后续的发展空间。随着计算机科学、心理学、人机工程学、设计学、包装工程等相关学科的发展，很多关于交互设计与情感设计的方法还会不断提出，他们能极大地丰富感性精准化的设计领域，而他们和精准化设计方法的交融与演变将会得到更大的发展空间。

要使包装感性精准化设计能得到发展，我们首先要做到不故步自封，要正视目前的精准化设计方法存在的不足，并在应用时预留适当的外延空间。其次要不断总结相关的经验教训，完善原有的应用机制。同时密切留意相关领域的最新发展状况，关注有关设计方法的最新理论成果，并时刻与现有的方法相结合。这样才能使包装感性精准化设计方法能适应设计发展的需要，拥有更大的发展空间。

9.4 本章小结

在传统设计方法出现能耗过高、定位不准、创意模糊、效果不佳的情况下，我们从农业及管理、营销行业中出现的“精准化”理念中发展出“精准化设计”理论。通过各种监测技术、信息化手段、数字化技术、人工智能、计算机辅助设计等技术[①]，针对市场和客户的需求，科学、高效、优质、准确地建立设计系统，最快、最好、最准地拿出设计方案。

但精准化设计方法的功效发挥要满足很多应用前提，他们之间存在着错综复杂的相互关系，我们在使用时要结合对象，综合使用，交叉进行。同时还不能把设计过程变成僵化的套用公式过程，要关注感性信息的多变性，预留有适当的容变空间，保持设计创意与生动，要把两者相互结合，才能真正实现优秀设计的目标。

要使包装感性精准化设计方法得到提升，首先要严格遵守操作规范与步骤，不能偷工减料和伪造数据，不能以一己之见去替代团队或消费者的意见。其次要非常严格地挑选团队成员和专家。最后，要确保各项基础条件达到要求，各方法之间结合才会更加紧密，其效果的发挥才会得到较大的提升。

包装感性精准化的设计方法不是封闭和固定的，随着计算机科学、心理学、人机工程学、设计学、包装工程等相关学科的发展，很多关于交互设计与情感设计的方法还会不断提出，我们不能故步自封，要在应用时预留适当的外延空间，同时密切留意相关领域的最新发展状况，并时刻与现有的方法相结合。这样才能使包装感性精准化设计方法拥有更大的发展空间。

---

① 苏建宁，江平宇，李鹤岐等. 计算机辅助造型设计支持系统构建方法研究[J]. 计算机集成制造系统——CIMS，2003，9：61-64.

总结与展望

包装在现代经济发展与人们生活中的作用是不可替代的。但它也是一把双刃剑，在促进经济发展的同时也污染着环境，在美化产品的同时也因过度包装而对人们的审美认知产生了一些不良的影响。因此，如何在包装的经济效益与社会效益中、在环境效益与精神效益中找到平衡，是包装设计界不倦的追求。

本文通过调查统计法、词义量化整合法、概念拆解交融法、BP人工神经网络、质量功能展开、眼动追踪技术，以及罗克奇价值观调查表、预测反馈归一法、KJ法等相关的感性工学方法，根据感性工学的原理来测定顾客对产品与包装的感受，以此来获得设计的信息，实现包装感性设计的精准化。本文的工作主要有以下4方面。

（1）通过对感性工学理论的产生背景、定义内涵、优势特点、应用领域等方面的概述，在农业精准化、管理精准化、营销精准化的应用发展中提出了感性精准化设计的概念，并分析了精准化设计的特点、优势、实施基础、应用流程以及基本方法，并通过层层深入的案例验证了其可行性与科学性，丰富了人们对感性工学以及精准化设计理念的认识。

（2）对包装设计的基础内容与系统知识在感性设计的方向上进行了较为全面的梳理、汇总和分析，把包含了设计文化与审美、包装材料的选择与应用、包装造型的设定、包装装潢设计在内的包装设计系统在感性设计的领域内进行了全面的论述，为实现高效、优质、精准的包装设计打下了基础。

（3）通过对原始资料的搜集整理，对专业人士的走访与座谈，本文在包装文化与审美、材料与造型、装潢与评价等几个大的方面建立了丰富的茶叶包装词汇库及合理的测量指标，同时组织了学生、消费者、设计师、专家等人根据词义量化调查问卷对各类商品属性以及茶叶包装的各类感性数值进行了共计1000多人次的测量，并利用SPSS统计软件和因子分析、聚类分析等统计方法对大量数值进行了处理，得到了丰富的原始数据。

（4）通过茶叶包装的案例进行了具体的精准化设计实践，丰富了人工神经网络、质量功能展开等方法的应用，并在SD法、阶层类别分析法、德尔菲法原有的基础上提出了词义量化整合法、概念拆解交融法、预测反馈归一法等在包装感性设计中具体应用的方法，并进行了综合应用、交叉应用，得出了相应的设计成果。此外还应用了矩阵对比分析法验证了其可行性与科学性，推动了情感化设计理论的进一步发展。

在上述工作的基础之上，本文的创新之处有以下三点。

（1）对人的感性需求及意象进行量化研究，并根据设计要素的相关性进行融合，从市场和客户需求的影响因素考虑设计方案。情感量化是感性工学的核心理念，也是包装感性精准化设计的基础方法。本文通过一系列方法首先对包装文化内涵进行量化，实现了对包装文化设计进行预测的目标。接着对消费者的审美方向、材料信息、造型数据、图文组合等进行了量化研究，同时在量化过程中对设计要素进行融合，从消费者需求、包装工艺、市场推广等方面综合考虑，最后得出精准化设计方案。

（2）对包装设计精准化的需求进行分析，研究各关联因素并建立精准量化模型。消费者对产品与包装的需求是复杂而多变的，本文对消费者心理、情感认知、实际应用、后续评价等各个相关联的因素进行综合分析，并在这些需求信息中建立量化模型，为准确化设计方向的设定与所用元素的组合提供参考与依据。

（3）对色彩、造型、构图等属性进行拆解融合分析，并得出优化方案。本文以茶叶包装为例，在色彩、造型、构图等包装感性设计的各个环节中都进行属性的拆解与融合分析，并最终得出优化方案。

本文在以下两方面还有待进一步研究。

（1）基于目前的技术条件，本文研究的感性精准化程度还不够高。随着其他学科如计算机科学、人机工程学、信息工程学、人工智能等领域的进一步发展，包装感性设计可在更全面的感性信息，更高精度的设计效果上得到进一步丰富与提高。

（2）为了使包装感性精准化设计方法的应用具有连贯性，也考虑到论文结构与篇幅的关系，本文只用了茶叶包装为案例，今后可在其他产品类型的包装设计中展开，在应用广度方面可进一步的拓宽。

展望：

随着艺术与技术相结合的方法日益深入，情感化设计逐渐成了产品设计的主流，这也带动了产品包装情感化设计理念的产生。因为情感的模糊性与多变性，要准确地在包装设计中体现消费者的情感具有一定的难度，因此在感性工学的理论基础上研究包装情感设计精准化具有重大意义与研究价值，可促进包装的差异化的发展，提升产品的品牌形象力，促进经济与环境的可持续发展。

随着感性工学、计算机科学、人机工学、设计学、心理学等相关学科理论的研究深入，将来的感性设计技术会在感性信息的多样化、情感捕捉的准确化、情感预测的精准化、感性信息表现的丰富化等几方面发展。产品意象的认知机理、协同设计、产品族等研究将依然是未来一段时间的热点。而未来的包装设计将更注重产品信息与风格的准确体现，更重视人们在使用包装过程中的心理感受，将在设计方法、设计内容、设计效果等方面取得新的成果，能有效解决目前设计行业中存在的定位不准、效果不佳的问题，其在人们的经济生活中也将发挥着越来越大的作用。

附录1　罗克奇价值观调查表

终极价值观	工具型价值观
舒适的生活（富足的生活）	雄心勃勃（辛勤工作、奋发向上）
振奋的生活（刺激的、积极的生活）	心胸开阔（开放）
成就感（持续的贡献）	能干（有能力、有效率）
和平的世界（没有冲突和战争）	欢乐（轻松愉快）
美丽的世界（艺术和自然的美）	清洁（卫生、整洁）
平等（兄弟情谊、机会均等）	勇敢（坚持自己的信仰）
家庭安全（照顾自己所爱的人）	宽容（谅解他人）
自由（独立、自主的选择）	助人为乐（为他人的福利工作）
幸福（满足）	正直（真挚、诚实）
内在和谐（没有内心冲突）	富于想象（大胆、有创造性）
成熟的爱（性和精神上的亲密）	独立（自力更生、自给自足）
国家的安全（免遭攻击）	智慧（有知识、善思考）
快乐（快乐的、休闲的生活）	符合逻辑（理性的）
救世（救世的、永恒的生活）	博爱（温情的、温柔的）
自尊（自重）	顺从（有责任感、尊重的）
社会承认（尊重、赞赏）	礼貌（有礼的、性情好）
真挚的友谊（亲密关系）	负责（可靠的）
睿智（对生活有成熟的理解）	自我控制（自律的、约束的）

附录2　产品相关的感性词汇

编号	感性词汇	编号	感性词汇	编号	感性词汇	编号	感性词汇
1	浪漫—理智	26	美丽—丑陋	51	现代—传统	76	创新—守旧
2	规矩—叛逆	27	创意—模仿	52	温暖—寒冷	77	文明—野性
3	紧密—松散	28	年轻—老成	53	柔软—坚硬	78	激情—平静
4	时尚—古朴	29	激动—沉稳	54	光滑—粗糙	79	宁静—喧嚣
5	精致—粗劣	30	强烈—温和	55	高雅—低俗	80	大众—个性
6	优雅—俗气	31	焦躁—平和	56	新颖—陈旧	81	自由—束缚
7	常规—另类	32	新鲜—陈旧	57	动感—静态	82	卓越—平庸
8	科技—手工	33	圆润—锐利	58	天然—人工	83	稳健—轻盈
9	优雅—粗俗	34	理性—感性	59	正式—随便	84	帅气—土气
10	含蓄—张扬	35	纯洁—肮脏	60	趣味—乏味	85	轻巧—笨重
11	热情—冷淡	36	自然—人造	61	流线—几何	86	明亮—阴暗
12	专业—业余	37	灵巧—笨拙	62	豪华—朴实	87	高级—低级
13	斯文—狂野	38	舒适—不适	63	丰富—单调	88	气派—寒酸
14	明快—晦暗	39	开放—拘束	64	温馨—冷酷	89	整齐—杂乱
15	活泼—呆板	40	阳刚—阴柔	65	沉闷—欢快	90	独特—普通
16	稳定—多变	41	坚实—脆弱	66	韵律—无序	91	协调—突兀
17	庄重—随意	42	忧郁—喜悦	67	压抑—轻快	92	华丽—朴素
18	积极—消极	43	兴奋—沉静	68	质朴—做作	93	纤细—粗犷
19	安静—热闹	44	典雅—庸俗	69	和谐—冲突	94	亲切—冷漠
20	厚重—单薄	45	刺激—柔和	70	花俏—素净	95	简洁—复杂
21	稳重—轻佻	46	神秘—无奇	71	成熟—稚气	96	尊贵—卑贱
22	夸张—内敛	47	新奇—平淡	72	严肃—轻松	97	激昂—冷静
23	流行—怀旧	48	抽象—具象	73	豪放—拘谨	98	愉悦—悲哀
24	女性—男性	49	悦人—扰人	74	保守—前卫	99	鲜艳—素雅
25	古典—摩登	50	高尚—卑俗	75	昂贵—便宜	100	紧张—松弛

附录3　茶叶包装造型案例图示

编号	案例	编号	案例	编号	案例	编号	案例
X1		X10		X19		X28	
X2		X11		X20		X29	
X3		X12		X21		X30	
X4		X13		X22		X31	
X5		X14		X23		X32	
X6		X15		X24		X33	
X7		X16		X25		X34	
X8		X17		X26		X35	
X9		X18		X27		X36	

附录4　色彩感性词组的平均值

感性词组		红	黄	蓝	橙	紫	绿	红橙	黄橙	黄绿	蓝绿	蓝紫	红紫	白	灰	黑
1	浪漫—理智	2.8	3.9	6.0	3.5	1.0	5.9	3.8	3.5	5.5	6.9	1.5	2.4	6.9	5.5	6.9
2	丰富—单调	3.8	3.0	5.9	3.7	2.8	3.0	3.5	3.9	3.2	5.2	2.7	3.8	6.5	5.2	6.7
3	温馨—冷酷	2.3	2.8	4.9	4.2	4.9	4.6	4.8	2.2	4.9	4.3	4.6	2.9	5.6	4.6	6.9
4	沉闷—欢快	6.9	5.8	3.3	5.8	3.5	6.3	5.9	5.7	6.8	3.7	3.9	6.3	4.9	1.2	1.5
5	庄重—随意	2.4	5.3	2.8	4.7	5.9	5.7	4.0	5.8	5.8	2.3	5.3	2.9	5.9	2.3	1.8
6	安静—热闹	6.4	4.9	2.3	6.2	3.1	4.3	6.7	4.9	4.1	2.7	3.9	6.3	1.6	3.9	1.9
7	夸张—内敛	1.6	5.3	5.9	4.8	4.3	5.9	4.3	5.0	5.9	5.1	4.9	1.5	6.5	5.0	2.5
8	悦人—扰人	3.9	5.1	4.3	3.6	2.8	2.1	3.9	5.9	2.0	4.5	2.7	3.8	3.7	4.9	5.9
9	含蓄—张扬	5.8	6.1	3.2	5.8	5.6	4.8	5.6	6.8	4.9	3.0	5.7	5.4	5.9	3.2	5.2
10	热情—冷淡	2.5	3.6	6.8	2.2	5.1	4.0	2.9	3.1	4.1	6.9	5.1	2.2	4.6	5.0	5.8
11	强烈—温和	3.7	4.0	4.3	3.5	4.7	5.7	3.8	4.4	5.8	4.0	4.9	3.1	4.9	4.3	2.9
12	明快—晦暗	1.9	2.4	5.9	3.9	5.1	2.2	3.0	2.7	2.1	5.5	5.0	1.0	1.6	5.9	6.2
13	活泼—呆板	2.0	2.9	4.4	2.0	4.9	2.1	2.9	2.0	2.1	4.9	4.1	2.6	3.9	5.0	5.8
14	刺激—柔和	2.7	3.2	5.9	4.0	2.2	3.1	4.6	3.7	3.8	5.1	2.8	2.9	4.0	4.4	1.5
15	保守—前卫	5.6	6.4	5.0	5.2	6.0	5.9	5.3	6.9	5.3	5.8	6.0	5.2	3.0	2.9	1.2
16	古典—摩登	3.7	4.4	6.4	4.9	5.4	4.7	4.4	4.0	4.9	6.0	5.4	3.2	4.9	3.2	4.8
17	动感—静态	2.9	2.2	5.2	3.3	4.9	2.2	3.8	2.9	2.0	5.9	4.2	2.9	4.6	4.0	5.9
18	温暖—寒冷	1.0	3.4	4.8	2.5	5.2	4.5	2.2	3.2	4.7	4.3	5.9	1.0	5.9	5.9	5.5
19	舒适—不适	3.8	5.9	3.0	3.2	4.2	2.8	3.8	5.2	2.9	3.3	4.5	3.8	4.0	4.0	4.9
20	压抑—轻快	4.6	5.2	2.7	3.7	3.0	6.5	3.9	5.7	6.2	2.6	3.2	4.9	6.2	4.7	1.8
21	高雅—低俗	4.9	3.0	2.8	3.0	2.4	4.9	3.0	3.3	4.4	2.9	2.2	4.3	3.9	3.3	2.5
22	花俏—素净	2.6	2.0	5.5	2.0	5.0	5.0	2.0	2.3	5.9	5.0	5.8	2.0	6.2	4.4	5.9
23	鲜艳—素雅	1.9	2.4	5.2	2.3	4.9	4.6	2.9	2.2	4.2	5.9	4.2	1.8	6.9	4.8	4.5
24	坚实—脆弱	3.2	5.8	2.9	4.2	3.3	4.2	4.2	5.8	4.8	2.2	3.9	3.5	5.2	2.4	1.2
25	明亮—阴暗	3.6	1.9	5.2	2.2	4.8	2.6	2.9	1.0	2.0	5.9	4.2	3.5	1.9	5.2	6.8
26	阳刚—阴柔	4.9	6.2	4.9	5.4	5.2	4.2	5.4	6.9	4.4	4.4	5.2	4.9	4.8	5.7	5.9
27	激情—平静	2.8	2.4	5.2	2.9	2.8	4.3	2.9	2.3	4.9	5.2	2.9	2.5	5.2	4.9	2.2
28	忧郁—喜悦	6.9	5.1	2.9	6.1	2.6	5.0	6.2	5.1	5.9	2.6	2.1	6.2	4.9	2.1	4.9
29	兴奋—沉静	3.2	2.9	5.1	2.2	4.0	4.1	2.9	2.1	4.4	5.0	4.8	3.9	4.5	5.9	4.2
30	华丽—朴素	2.9	3.1	4.8	3.1	2.2	3.1	3.8	3.1	3.7	4.1	2.2	2.0	6.2	4.1	6.8
31	亲切—冷漠	3.8	2.6	4.8	2.6	5.2	2.0	2.0	2.8	2.8	4.1	5.8	3.2	5.9	5.1	6.8
32	紧张—松弛	3.2	1.1	5.9	4.1	3.1	6.9	4.6	1.8	6.1	5.9	3.1	3.3	6.8	4.3	1.9

附录5　各类商品的感性属性调查汇总

	感性词组	X1	X2	X3	X4	X5	X6	X7	X8	X9	X10	X11	X12
1	浪漫—理智	1.6	3.2	2.2	3.2	4.7	5.9	4.2	1.9	5.5	6.9	1.5	2.8
2	丰富—单调	1.9	2.2	3.8	5.2	2.9	2.2	3.9	3.2	3.2	5.2	2.7	3.8
3	温馨—冷酷	1.0	5.8	3.9	5.7	6.2	5.9	4.2	3.6	4.9	4.3	4.6	2.3
4	沉闷—欢快	5.6	4.2	5.4	6.9	4.4	4.4	5.2	4.9	6.8	3.7	3.9	6.9
5	庄重—随意	2.9	3.9	2.9	2.3	4.9	5.2	2.9	2.8	3.8	2.3	5.3	2.4
6	安静—热闹	3.2	5.0	6.2	5.1	5.9	2.6	2.1	6.9	4.6	2.7	3.9	6.4
7	夸张—内敛	4.3	4.4	4.0	1.9	1.8	3.8	4.6	3.7	4.9	5.1	4.9	1.6
8	悦人—扰人	1.2	3.8	2.9	5.3	6.9	5.3	5.3	6.9	2.6	4.5	2.7	3.9
9	含蓄—张扬	4.0	2.2	3.2	4.4	4.0	4.9	4.4	4.0	1.9	3.0	5.7	5.8
10	热情—冷淡	1.9	3.8	5.2	3.8	2.9	2.0	3.8	2.9	5.3	6.9	5.1	2.5
11	强烈—温和	6.9	3.9	5.7	2.2	3.2	4.7	2.2	3.2	4.4	4.0	4.9	3.7
12	明快—晦暗	3.2	3.0	3.3	3.8	5.2	2.9	3.8	5.2	3.8	5.5	5.0	1.9
13	活泼—呆板	3.4	2.0	2.3	3.9	5.7	6.2	3.9	5.7	2.2	4.9	4.1	2.0
14	刺激—柔和	6.2	2.9	2.2	3.0	3.3	4.4	3.0	3.3	3.8	5.1	2.8	2.7
15	保守—前卫	4.2	6.4	5.0	5.2	6.0	5.9	2.0	2.3	3.9	5.8	6.0	5.6
16	古典—摩登	3.0	4.4	6.4	4.9	5.4	4.7	2.9	2.2	3.0	6.0	5.4	3.7
17	动感—静态	5.8	2.9	2.2	3.8	5.1	2.8	6.4	5.0	5.2	5.9	4.2	2.9
18	温暖—寒冷	1.2	5.3	6.9	5.3	5.8	6.0	4.4	6.4	4.9	4.3	5.9	1.0
19	舒适—不适	1.4	4.4	4.0	4.9	6.0	5.4	2.9	2.2	3.8	3.3	4.5	3.8
20	压抑—轻快	6.4	3.8	2.9	2.0	5.9	4.2	5.3	6.9	5.3	2.6	3.2	4.6
21	高雅—低俗	2.4	2.2	3.2	4.7	4.3	5.9	4.4	4.0	4.9	2.9	2.2	4.9
22	花俏—素净	4.0	3.8	5.2	2.9	3.3	4.5	3.8	2.9	2.0	5.0	5.8	2.6
23	鲜艳—素雅	4.0	3.9	5.7	6.2	2.6	3.2	2.2	3.2	4.7	5.9	4.2	1.9
24	坚实—脆弱	5.2	3.0	3.3	4.4	2.9	2.2	3.8	5.2	2.9	2.2	3.9	3.2
25	明亮—阴暗	1.6	2.0	2.3	5.9	5.0	5.8	3.9	5.7	6.2	5.9	4.2	3.6
26	阳刚—阴柔	5.2	5.9	5.0	5.8	2.6	4.2	5.4	6.9	4.4	4.4	5.2	4.9
27	激情—平静	5.1	4.2	5.9	4.2	1.9	3.9	2.9	2.3	4.9	5.2	2.9	2.8
28	忧郁—喜悦	6.1	4.8	2.2	3.9	3.2	5.0	6.2	5.1	5.9	2.6	2.1	6.9
29	兴奋—沉静	4.9	2.0	5.9	4.2	3.6	4.1	2.9	2.1	4.4	5.0	4.8	3.2
30	华丽—朴素	4.2	4.4	4.4	5.2	4.9	3.1	3.8	3.1	3.7	4.1	2.2	2.9
31	亲切—冷漠	1.3	2.6	4.8	2.6	5.2	2.0	2.0	2.8	2.8	4.1	5.8	3.8
32	紧张—松弛	4.9	1.1	5.9	4.1	3.1	6.9	4.6	1.8	6.1	5.9	3.1	3.2